钳工操作基础

施迎春　刘文涛　张振德　主编

石油工业出版社

内 容 提 要

本书按钳工岗位必需的基础知识和操作技能要求所编写,主要包括钳工基础知识、钳工基本操作、设备维护与检修以及安全生产及制度规范等内容。

本书可供化工设备维修人员学习、使用。对于其他装置检修人员也可起到举一反三的作用。

图书在版编目（CIP）数据

钳工操作基础/ 施迎春,刘文涛,张振德主编.
北京:石油工业出版社,2016.7
ISBN 978-7-5183-1376-1

Ⅰ. 钳…

Ⅱ.①施… ②刘… ③张…

Ⅲ. 钳工-基本知识

Ⅳ. TG9

中国版本图书馆 CIP 数据核字（2016）第 162601 号

出版发行:石油工业出版社
（北京安定门外安华里 2 区 1 号　100011）
网址:www.petropub.com
编辑部:（010）64523738　图书营销中心:（010）64523633
经　　销:全国新华书店
印　　刷:北京中石油彩色印刷有限责任公司

2016 年 7 月第 1 版　2016 年 7 月第 1 次印刷
787×1092 毫米　开本:1/16　印张:14.5
字数:366 千字

定价:64.00 元
（如出现印装质量问题,我社图书营销中心负责调换）
版权所有,翻印必究

《钳工操作基础》
编 委 会

主 任：郑 军

副主任：施迎春　牛占文

成 员：于宝才　袁海涛　谭剑慈　姜新风

　　　　沈晓峰　刘 涛

主 编：施迎春　刘文涛　张振德

编 写 组

组 长：牛占文

副组长：刘 涛

成 员：刘文涛　张振德　马 亮　马 波

　　　　姜德华　周太文　张鹏龙　吴 春

　　　　孙宏庆　徐 峰　董春雨　郭苏敏

　　　　肖林东　杨晓东　潘晓庆　姜云庆

　　　　刘永昌　任兴亮

前　言

　　化工机械和设备是从事化工生产的重要物质基础。设备在正常的使用过程中，不可避免地会发生性能减退、零部件失效。要保持设备良好的性能，就必须及时地进行高质量的维修和维护。只有保证设备具有良好的性能，才能使整个装置达到安、稳、长、满、优运行的目的。

　　本书根据钳工的实际需求和工作特点，以提高员工的检修操作技能，掌握基本的、必要的检修知识理论为出发点，针对现有装置的实际情况编写，因而不刻意追求知识的系统性、完整性和理论性。

　　本书以应用为主，主要供化工设备维修人员学习、使用。但对于其他装置检修人员，也可起到举一反三的作用。

　　本书在编写和审稿过程中，得到了多位专家、同仁和领导的指导和帮助，在此一并表示感谢。

　　由于编者水平有限，书中难免存在不足之处，恳请读者批评指正。

目　　　录

第一章　钳工基础知识

钳工是一个技术工艺比较复杂、加工程序细致、工艺要求高的工种。它具有使用工具简单、加工多样灵活、操纵方便和适应面广等特点。目前虽然有各种先进的加工方法，但很多工作仍然需要钳工来完成，钳工在保证产品质量中起重要作用。

钳工的工作范围主要有：（1）用钳工工具进行修配及小批量零件的加工；（2）精度较高的样板及模具的制作；（3）整机产品的装配和调试；（4）机器设备（或产品）使用中的调试和维修。

第一节　钳工常用的设备和工具

钳工常用的设备有钳工工作台、台虎钳、砂轮机、钻床、手电钻等。常用的手用工具有划线盘、錾子、手锯、锉刀、刮刀、扳手、螺钉旋具、锤子等。

一、钳工工作台

钳工工作台简称钳台，用于安装台虎钳，进行钳工操作。钳台分为单人使用和多人使用两种，用硬质木材或钢材做成。钳台要求平稳、结实，台面高度一般以装上台虎钳后钳口高度恰好与人手肘齐平为宜，如图1-1所示。

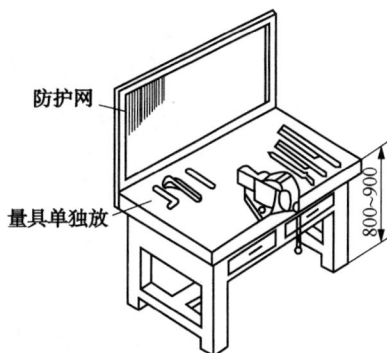

图1-1　钳台（单位：mm）

二、台虎钳

台虎钳是钳工最常用的一种夹持工具。凿切、锯割、锉削以及许多其他钳工操作都是在台虎钳上进行的。

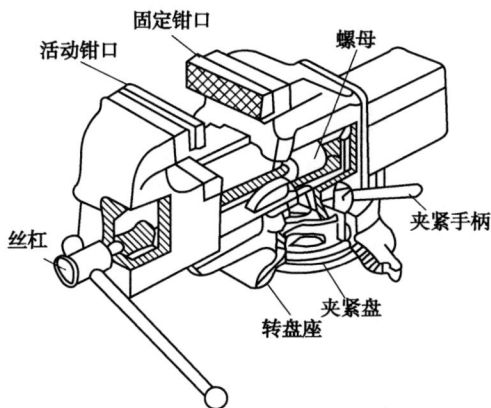

图1-2　回转式台虎钳构造

钳工常用的台虎钳分为固定式和回转式两种。回转式台虎钳的结构如图1-2所示。台虎钳主体是用铸铁制成，由固定部分和活动部分组成。台虎钳固定部分由转盘锁紧螺钉固定在转盘座上，转盘座内装有夹紧盘，放松转盘锁紧手柄，固定部分就可以在转盘座上转动，以变更台虎钳方向。转盘座用螺钉固定在钳台上。连接手柄的螺杆穿过活动部分旋入固定部分上的螺母内。扳动手柄使螺杆从螺母中旋出或旋进，从而带动活动部分移动，使钳口张开或合拢，以放松或夹紧零件。

为了延长台虎钳的使用寿命，台虎钳上端咬口

1

处用螺钉紧固着两块经过淬硬的钢质钳口。钳口的工作面上有斜形齿纹，使零件夹紧时不致滑动。夹持零件的精加工表面时，应在钳口和零件间垫上纯铜皮或铝皮等软材料制成的护口片（俗称软钳口），以免夹坏零件表面。

台虎钳规格以钳口的宽度来表示，一般为100~150mm。

三、钻床

钻床是用于孔加工的一种机械设备，它的规格用可加工孔的最大直径表示，其品种、规格颇多。其中最常用是台式钻床（台钻），如图1-3所示。这类钻床小型轻便，安装在台面上使用，操作方便且转速高，适于加工中、小型零件上直径在16mm以下的小孔。

四、手电钻

图1-4为两种手电钻的外形图。手电钻主要用于钻直径12mm以下的孔，常用于不便使用钻床钻孔的场合。手电钻的电源有单相（220V，36V）和三相（380V）两种。手电钻具有携带方便、操作简单、使用灵活的特点，应用较广泛。

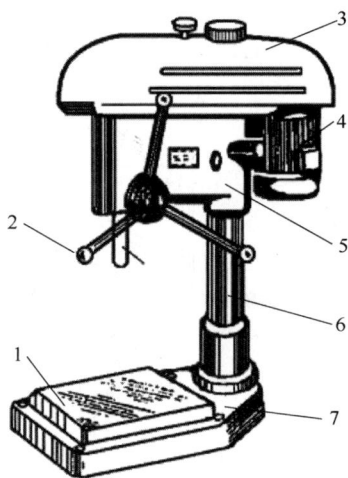

图1-3　台式钻床
1—工作台；2—进给手柄；3—主轴；4—带罩；
5—电动机；6—立柱；7—主轴架

图1-4　手电钻图

第二节　钳工常用量具

一、钢直尺、内外卡钳及塞尺

1. 钢直尺

钢直尺是最简单的长度量具，它的长度有150mm，300mm，500mm和1000mm 4种规格。常用的150mm钢直尺如图1-5所示。

钢直尺用于测量零件的长度尺寸（图1-6），其测量结果不太准确。这是由于钢直尺的刻线间距为1mm，而刻线本身的宽度就有0.1~0.2mm，因此测量时读数误差比较大，只能读出毫米数，即它的最小读数值为 1mm，比 1mm 小的数值只能估计而得。

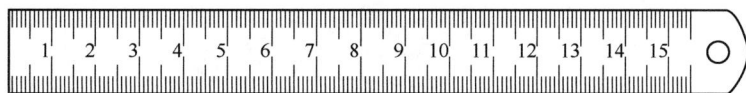

图 1-5　钢直尺

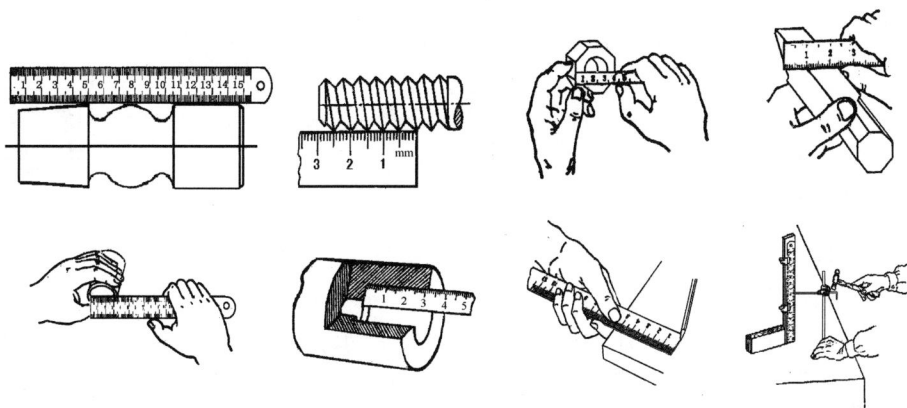

图 1-6　钢直尺的使用方法

如果用钢直尺直接测量零件的直径尺寸（轴径或孔径），则测量精度更差。其原因是：除了钢直尺本身的读数误差比较大以外，还由于钢直尺无法正好放在零件直径的正确位置。因此，零件直径尺寸的测量，也可以利用钢直尺和内外卡钳配合起来进行。

2. 内外卡钳

图 1-7 是常见的两种内外卡钳。内外卡钳是最简单的比较量具。外卡钳用于测量外径和平面，内卡钳用于测量内径和凹槽。它们并不能直接读出测量结果，而是把测量的长度尺寸（直径也属于长度尺寸）在钢直尺上进行读数，或在钢直尺上先取下所需尺寸，再去检验零件。

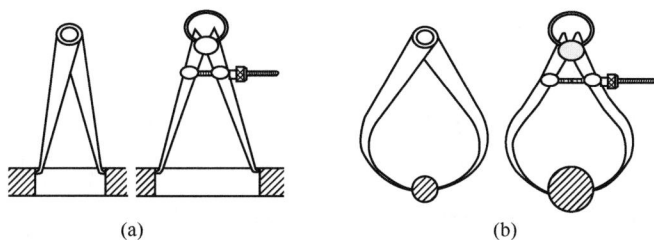

(a)　　　　　　　　　　　　　(b)

图 1-7　内外卡钳

1）卡钳开度的调节

首先检查钳口的形状，钳口形状对测量精确性影响很大，应注意经常修整钳口的形状，卡钳钳口形状好与坏的对比如图 1-8 所示。调节卡钳的开度时，应轻轻敲击卡钳脚的两侧面。先用两手把卡钳调整到和工件尺寸相近的开口，然后轻敲卡钳的外侧来减小卡钳的开口，敲击卡钳内侧来增大卡钳的开口，如图 1-9（a）所示。但不能直接敲击钳口，如图 1-9（b）所示。这会因卡钳的钳口损伤量面而引起测量误差。更不能在机床的导轨上敲击卡钳，如图 1-9（c）所示。

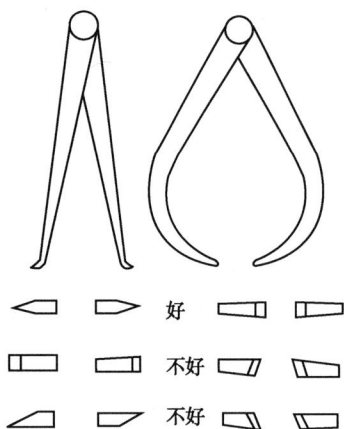

图 1-8　卡钳钳口形状好与坏的对比

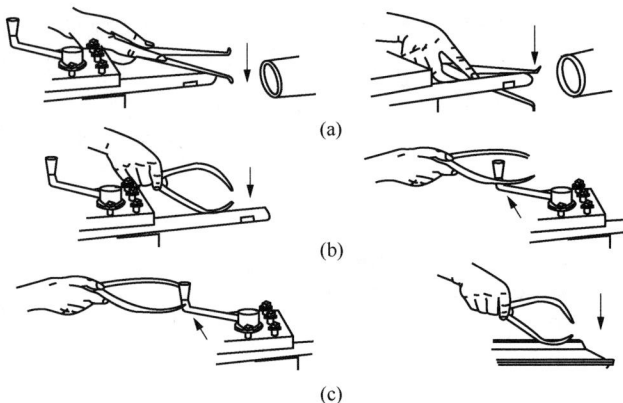

图 1-9　卡钳开度的调节

2）外卡钳的使用

外卡钳在钢直尺上取下尺寸时，如图 1-10（a）所示，一个钳脚的测量面靠在钢直尺的端面上，另一个钳脚的测量面对准所需尺寸刻线的中间，且两个测量面的联线应与钢直尺平行，人的视线要垂直于钢直尺。

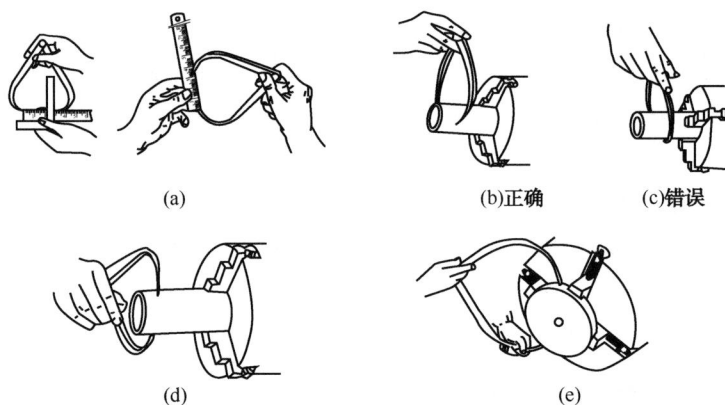

图 1-10　外卡钳在钢直尺上取尺寸和测量方法

用已在钢直尺上取好尺寸的外卡钳去测量外径时，要使两个测量面的联线垂直零件的轴线，靠外卡钳的自重滑过零件外圆时，手中的感觉应该是外卡钳与零件外圆正好是点接触，此时外卡钳两个测量面之间的距离就是被测零件的外径。因此，用外卡钳测量外径，就是比较外卡钳与零件外圆接触的松紧程度，如图 1-10（b）所示，以卡钳的自重能刚好滑下为好。如当卡钳滑过外圆时，手中没有接触感觉，说明外卡钳比零件外径尺寸大；如靠外卡钳的自重不能滑过零件外圆，说明外卡钳比零件外径尺寸小。切不可将卡钳歪斜地放上工件测量，这样有误差，如图 1-10（c）所示。由于卡钳有弹性，把外卡钳用力压过外圆是错误的，更不能把卡钳横着卡上去，如图 1-10（d）所示。对于大尺寸的外卡钳，靠它自重滑过零件外圆的测量压力太大，此时应托住卡钳进行测量，如图 1-10（e）所示。

3）内卡钳的使用

用内卡钳测量内径时，应使两个钳脚测量面的联线正好垂直相交于内孔的轴线，即钳脚的两个测量面应是内孔直径的两端点。因此，测量时应将下面钳脚的测量面停在孔壁上作为支点，如图 1-11（a）所示，上面的钳脚由孔口略往里面一些逐渐向外试探，并沿孔壁圆周方向摆动，当沿孔壁圆周方向能摆动的距离最小时，则表示内卡钳脚的两个测量面已处于内孔直径的两端点了。再将卡钳由外至里慢慢移动，可检验孔的圆度公差，如图 1-11（b）所示。

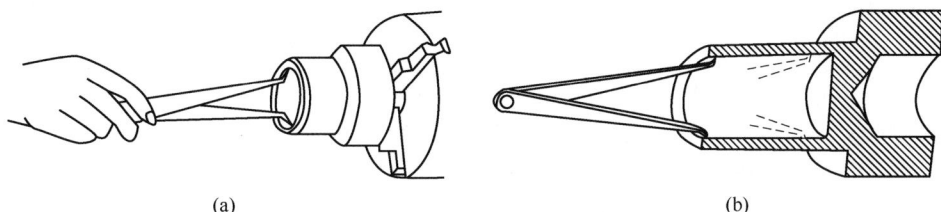

(a)   (b)

图 1-11　内卡钳测量方法

用已在钢直尺上或在外卡钳上取好尺寸的内卡钳去测量内径，如图 1-12（a）所示，就是比较内卡钳在零件孔内的松紧程度。如内卡钳在孔内有较大的自由摆动时，就表示内卡钳尺寸比孔径小了；如内卡钳放不进，或放进孔内后紧得不能自由摆动，就表示内卡钳尺寸比孔径大了；如内卡钳放入孔内，按照上述的测量方法能有 1～2mm 的自由摆动距离，这时孔径与内卡钳尺寸正好相等。测量时不要用手抓住卡钳测量，如图 1-12（b）所示，这样手感就没有了，难以比较内卡钳在零件孔内的松紧程度，并使卡钳变形而产生测量误差。

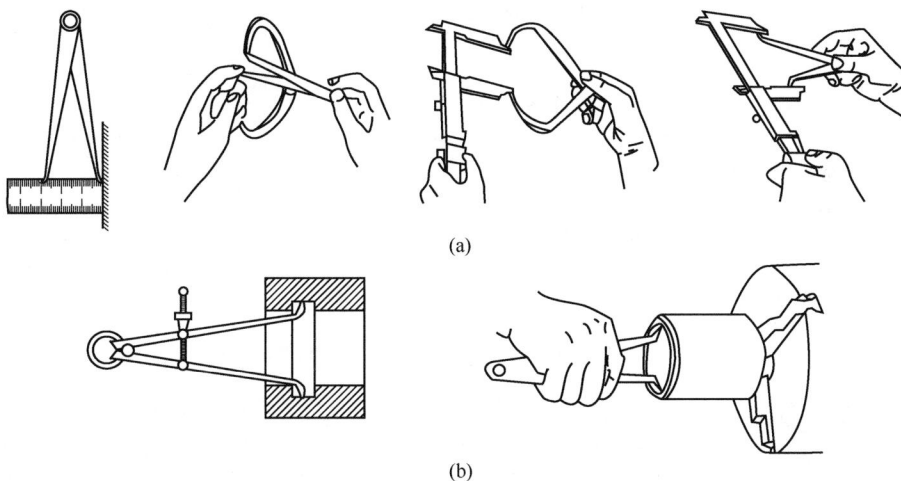

(a)

(b)

图 1-12　卡钳取尺寸和测量方法

4）卡钳的适用范围

卡钳是一种简单的量具，由于它具有结构简单、制造方便、价格低廉、维护和使用方便等特点，广泛应用于要求不高的零件尺寸的测量和检验，尤其是对锻铸件毛坯尺寸的测量和检验，卡钳是最合适的测量工具。

卡钳虽然是简单量具，但只要掌握得好，也可获得较高的测量精度。例如，当用外卡钳比较两根轴的直径大小时，即使轴径相差只有 0.01mm，有经验的老师傅也能分辨得出来。又如用内卡钳与外径百分尺联合测量内孔尺寸时，有经验的老师傅完全有把握用这种方法测量高精度的内孔。这种内径测量方法，称为"内卡搭百分尺"，是利用内卡钳在外径百分尺上读取准确的尺寸，如图 1-13 所示，再去测量零件的内径；或内卡钳在孔内调整好与孔接触的松紧程度，再在外径百分尺上读出具体尺寸。这种测量方法，不仅在缺少精密的内径量具时，是测量内径的好办法，而且对于某零件的内径，如图 1-13 所示的零件，由于它的孔内有轴而使用精密的内径量具有困难，则应用"内卡搭百分尺"测量内径方法，就能解决问题。

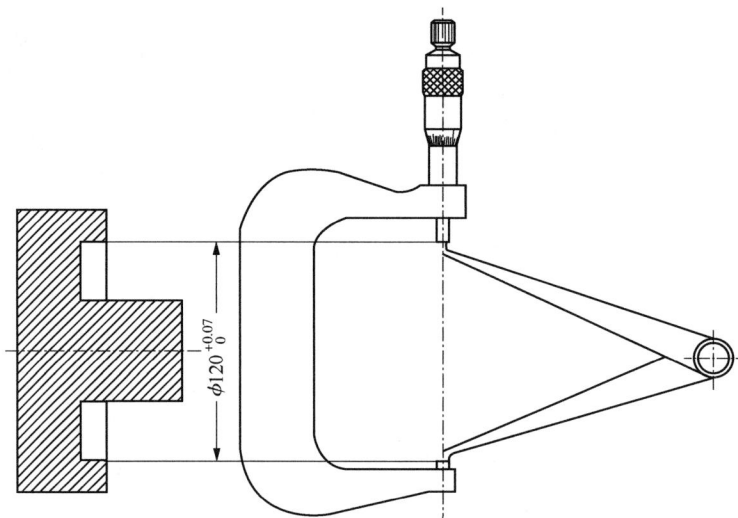

图 1-13 "内卡搭百分尺"测量内径

3. 塞尺

塞尺又称厚薄规或间隙片，主要用来检验机床特别紧固面与紧固面、活塞与气缸、活塞环槽与活塞环、十字头滑板与导板、进排气阀顶端与摇臂、齿轮啮合间隙等两个接合面之间的间隙大小。塞尺是由许多层厚薄不一的薄钢片组成（图 1-14），按照塞尺的组别制成一把一把的塞尺，每把塞尺中的每片具有两个平行的测量平面，且都有厚度标记，以供组合使用。

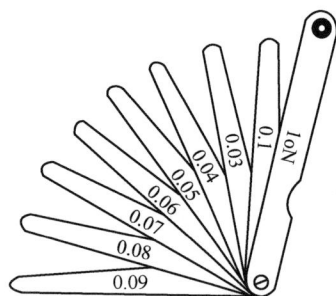

图 1-14 塞尺

测量时，根据接合面间隙的大小，用一片或数片重叠在一起塞进间隙内。例如，用 0.03mm 的一片能插入间隙，而 0.04mm 的一片不能插入间隙，这说明间隙在 0.03～0.04mm 之间，因此塞尺也是一种界限量规。塞尺的规格见表 1-1。

如图 1-15 所示，主机与轴系法兰定位检测，将直尺贴附在以轴系推力轴或第一中间轴为基准的法兰外圆的素线上，用塞尺测量直尺与之连接的柴油机曲轴或减速器输出轴法兰外圆的间隙 Z_X 与 Z_S，并依次在法兰外圆的上、下、左、右 4 个位置上进行测量。用塞尺检验机床尾座紧固面的间隙（小于 0.04mm）如图 1-16 所示。

使用塞尺时必须注意如下 3 点：

（1）根据接合面的间隙情况选用塞尺片数，但片数越少越好；

（2）测量时不能用力太大，以免塞尺遭受弯曲或折断；

（3）不能测量温度较高的工件。

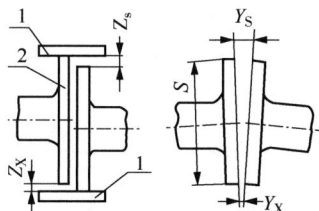

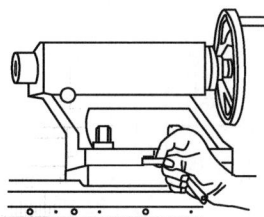

图 1-15　用直尺和塞尺测量轴的偏移和曲折　　图 1-16　用塞尺检验机床尾座紧固面间隙

1—直尺；2—法兰；

Z—间隙；S—外径；Y—角度

表 1-1　塞尺的规格

组别标记		塞尺片长度	片数	塞尺的厚度及组装顺序
A 型	B 型	（mm）		
75A13	75B13	75	13	0.02，0.02，0.03，0.03，0.04，0.04，0.05，0.05，0.06，0.07，0.08，0.09，0.10
100A13	100B13	100		
150A13	150B13	150		
200A13	200B13	200		
300A13	300B13	300		
75A14	75B14	75	14	1.00，0.05，0.06，0.07，0.08，0.09，0.19，0.15，0.20，0.25，0.30，0.40，0.50，0.75
100A14	100B14	100		
150A14	150B14	150		
200A14	200B14	200		
300A14	300B14	300		
75A17	75B17	75	17	0.50，0.02，0.03，0.04，0.05，0.06，0.07，0.08，0.09，0.10，0.15，0.20，0.25，0.30，0.35，0.40，0.45
100A17	100B17	100		
150A17	150B17	150		
200A17	200B17	200		
300A17	300B17	300		

二、游标读数量具

应用游标读数原理制成的量具有游标卡尺、高度游标卡尺、深度游标卡尺、游标量角尺（如万能角度尺）和齿厚游标卡尺等，用以测量零件的外径、内径、长度、宽度、厚度、高度、深度、角度以及齿轮的齿厚等，应用范围非常广泛。

1. 游标卡尺

游标卡尺是一种常用的量具，具有结构简单、使用方便、精度中等和测量的尺寸范围大等特点，可以用来测量零件的外径、内径、长度、宽度、厚度、深度和孔距等，应用范围很广。

1）游标卡尺结构形式

（1）测量范围为 0～125mm 的游标卡尺，制成带有刀口形的上下量爪和带有深度尺的形式，如图 1-17（a）所示。

7

(a)

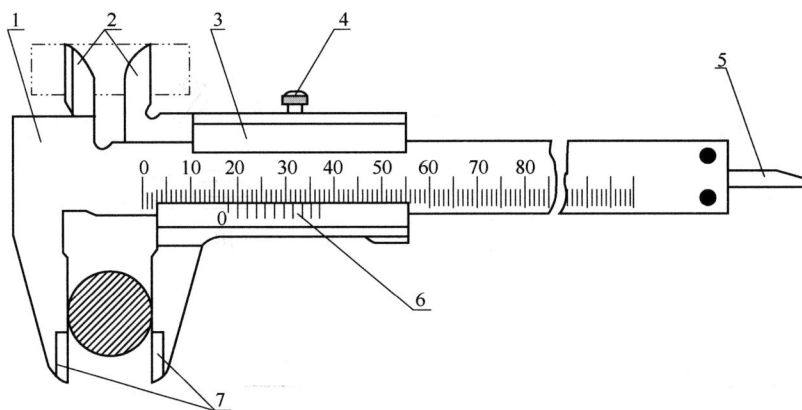

1—尺身；2—上量爪；3—尺框；4—紧固螺钉；5—深度尺；6—游标；7—下量爪

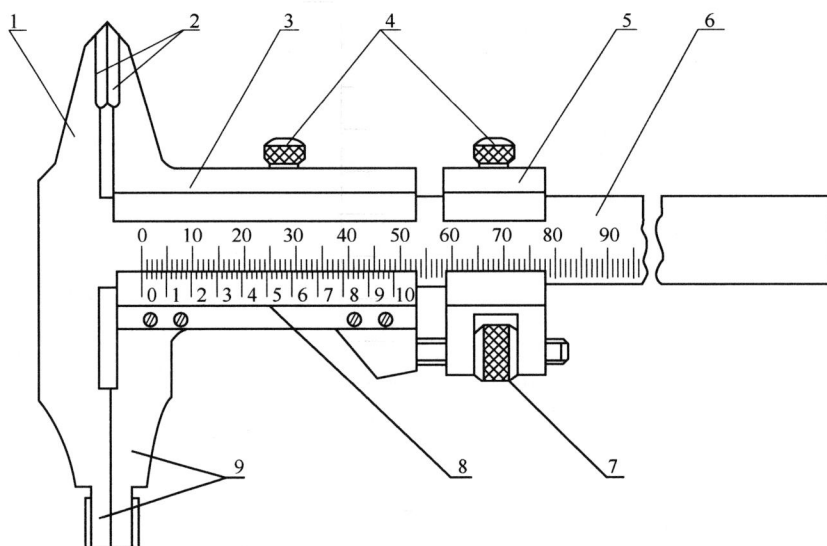

(b)

1—尺身；2—上量爪；3—尺框；4—紧固螺钉；5—微动装置；
6—主尺；7—微动螺母；8—游标；9—下量爪

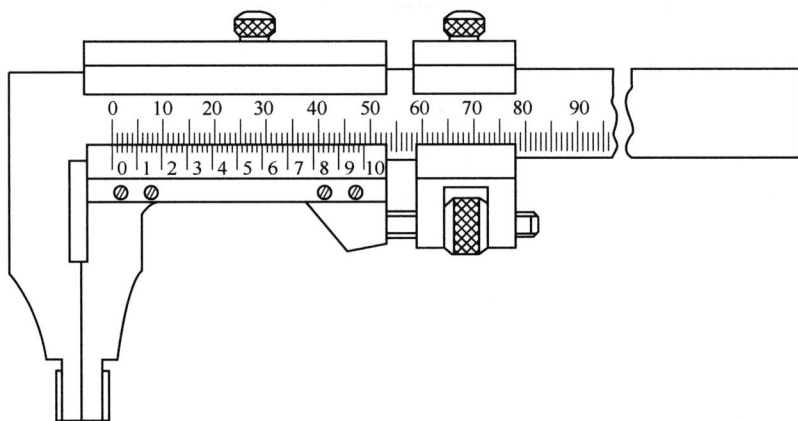

(c)

图1-17　游标卡尺的结构形式

（2）测量范围为 0～200mm 和 0～300mm 的游标卡尺，可制成带有内外测量面的下量爪和带有刀口形的上量爪的形式，如图 2-17（b）所示。

（3）测量范围为 0～200mm 和 0～300mm 的游标卡尺，也可制成只带有内外测量面的下量爪的形式，如图 1-17（c）所示。而测量范围大于 300mm 的游标卡尺，只制成这种仅带有下量爪的形式。

2）游标卡尺组成

（1）具有固定量爪的尺身［如图 1-17（b）中的 1］；尺身上有类似钢尺一样的主尺刻度［如图 1-17（b）中的 6］；主尺上的刻线间距为 1mm。主尺的长度决定了游标卡尺的测量范围。

（2）具有活动量爪的尺框［如图 1-17（b）中的 3］。尺框上有游标［如图 1-17（b）中的 8］，游标卡尺的游标读数值可制成为 0.1mm，0.05mm 和 0.02mm 3 种。游标读数值，就是指使用这种游标卡尺测量零件尺寸时，卡尺上能够读出的最小数值。

（3）在 0～125mm 的游标卡尺上，还带有测量深度的深度尺［如图 1-17（a）中的 5］。深度尺固定在尺框的背面，能随着尺框在尺身的导向凹槽中移动。测量深度时，应把尺身尾部的端面紧靠在零件的测量基准平面上。

（4）测量范围不小于 200mm 的游标卡尺，带有随尺框做微动调整的微动装置［如图 1-17（b）中的 5］；使用时，先用固定螺钉把微动装置固定在尺身上，再转动微动螺母，活动量爪就能随同尺框做微量的前进或后退。微动装置的作用，是使游标卡尺在测量时用力均匀，便于调整测量压力，减少测量误差。

目前我国生产的游标卡尺的测量范围及其游标读数值见表 1-2。

表 1-2　游标卡尺的测量范围和游标卡尺读数值　　　　　　　　单位：mm

测量范围	游标读数值	测量范围	游标读数值
0～25	0.02，0.05，0.10	300～800	0.05，0.10
0～200	0.02，0.05，0.10	400～1000	0.05，0.10
0～300	0.02，0.05，0.10	600～1500	0.05，0.10
0～500	0.05，0.10	800～2000	0.10

3）游标卡尺的读数原理和读数方法

游标卡尺的读数机构由主尺和游标［如图 1-17（b）中的 6 和 8］两部分组成。当活动量爪与固定量爪贴合时，游标上的"0"刻线（简称游标零线）对准主尺上的"0"刻线，此时量爪间的距离为"0"，如图 1-17（b）所示。当尺框向右移动到某一位置时，固定量爪与活动量爪之间的距离就是零件的测量尺寸，如图 1-17（a）所示。此时零件尺寸的整数部分，可在游标零线左边的主尺刻线上读出来，而比 1mm 小的小数部分，可借助游标读数机构来读出，现把 3 种游标卡尺的读数原理和读数方法介绍如下：

（1）游标读数值为 0.1mm 的游标卡尺。

如图 1-18（a）所示，主尺刻线间距（每格）为 1mm，当游标零线与主尺零线对准（两爪合并）时，游标上的第 10 刻线正好指向主尺上的 9mm，而游标上的其他刻线都不会与主尺上任何一条刻线对准。游标每格间距 9mm÷10＝0.9mm；主尺每格间距与游标每格间距相差 1mm-0.9mm＝0.1mm。

0.1mm 即为此游标卡尺上游标所读出的最小数值,再也不能读出比 0.1mm 小的数值。

当游标向右移动 0.1mm 时,则游标零线后的第 1 根刻线与主尺刻线对准。当游标向右移动 0.2mm 时,则游标零线后的第 2 根刻线与主尺刻线对准,依次类推。若游标向右移动 0.5mm,如图 1-18(b)所示,则游标上的第 5 根刻线与主尺刻线对准。由此可知,游标向右移动不足 1mm 的距离,虽不能直接从主尺读出,但可以由游标的某一根刻线与主尺刻线对准时,该游标刻线的次序数乘其读数值而读出其小数值。例如,图 1-18(b)的尺寸即为 5×0.1 = 0.5(mm)。

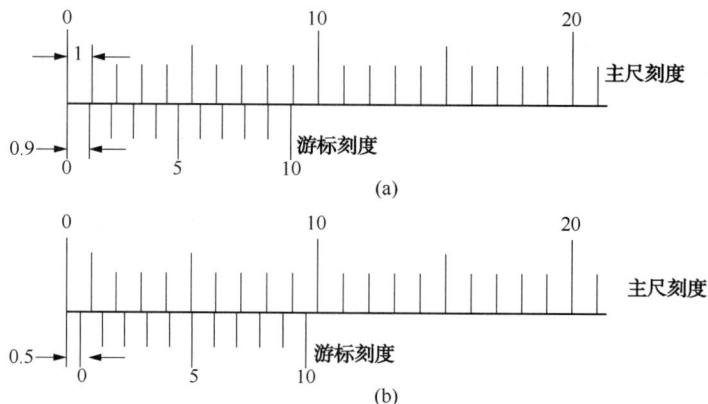

图 1-18 游标读数原理

另有一种读数值为 0.1mm 的游标卡尺,如图 1-19(a)所示,将游标上的 10 格对准主尺的 19mm,则游标每格为 19mm÷10 = 1.9mm,使主尺 2 格与游标 1 格相差 2mm-1.9mm = 0.1mm。这种增大游标间距的方法,其读数原理并未改变,但使游标线条清晰,更容易看准读数。

在游标卡尺上读数时,首先要看游标零线的左边,读出主尺上尺寸的整数是多少毫米;其次,找出游标上第几根刻线与主尺刻线对准,该游标刻线的次序数乘其游标读数值,读出尺寸的小数,整数和小数相加的总值就是被测零件尺寸的数值。

在图 1-19(b)中,游标零线在 2mm 与 3mm 之间,其左边的主尺刻线是 2mm,因此被测尺寸的整数部分是 2mm,再观察游标刻线,这时游标上的第 3 根刻线与主尺刻线对准。因此,被测尺寸的小数部分为 3×0.1 = 0.3(mm),被测尺寸即为 2+0.3 = 2.3(mm)。

(2)游标读数值为 0.05mm 的游标卡尺。

如图 1-19(c)所示,主尺每小格 1mm,当两爪合并时,游标上的 20 格刚好等于主尺的 39mm,则游标每格间距为 39mm÷20 = 1.95mm,主尺 2 格间距与游标 1 格间距相差 2-1.95 = 0.05(mm)。

0.05mm 即为此种游标卡尺的最小读数值。同理,也有用游标上的 20 格刚好等于主尺上的 19mm,其读数原理不变。

在图 1-19(d)中,游标零线在 32mm 与 33mm 之间,游标上的第 11 格刻线与主尺刻线对准。因此,被测尺寸的整数部分为 32mm,小数部分为 11×0.05 = 0.55(mm),被测尺寸为 32+0.55 = 32.55(mm)。

（3）游标读数值为 0.02mm 的游标卡尺。

如图 1-19（e）所示，主尺每小格 1mm，当两爪合并时，游标上的 50 格刚好等于主尺上的 49mm，则游标每格间距为 49mm÷50=0.98mm，主尺每格间距与游标每格间距相差 1-0.98=0.02（mm）。0.02mm 即为此种游标卡尺的最小读数值。

在图 1-19（f）中，游标零线在 123mm 与 124mm 之间，游标上的 11 格刻线与主尺刻线对准。因此，被测尺寸的整数部分为 123mm，小数部分为 11×0.02=0.22（mm），被测尺寸为 123+0.22=123.22（mm）。

人们希望直接从游标卡尺上读出尺寸的小数部分，而不要通过上述换算，为此，把游标的刻线次序数乘其读数值所得的数值，标记在游标上，如图 1-19 所示，这样读数就方便了。

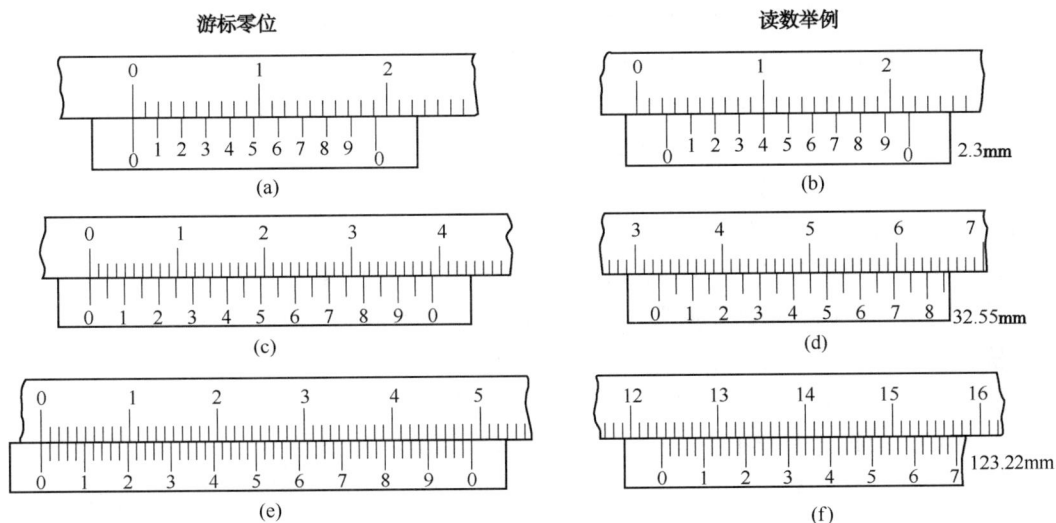

图 1-19 游标零位和读数举例

（a），（c），（e）为游标零位；（b），（d），（f）为读数举例

4）游标卡尺的测量精度

测量或检验零件尺寸时，要按照零件尺寸的精度要求，选用与之相适应的量具。游标卡尺是一种中等精度的量具，它只适用于中等精度尺寸的测量和检验。用游标卡尺去测量锻铸件毛坯或精度要求很高的尺寸，都是不合理的。前者容易损坏量具，后者测量精度达不到要求，因为量具都有一定的示值误差，游标卡尺的示值误差见表 1-3。

表 1-3 游标卡尺的示值误差　　　　　　　　　　单位：mm

游标读数值	示值误差
0.02	±0.02
0.05	±0.05
0.10	±0.10

游标卡尺的示值误差，就是游标卡尺本身的制造精度，不论你使用得多么正确，卡尺本身都可能产生这些误差。例如，用游标读数值为 0.02mm 的 0~125mm 的游标卡尺（示值误差为±0.02mm），测量 ϕ50mm 的轴时，若游标卡尺上的读数为 50.00mm，实际直径可能是 ϕ50.02mm，也可能是 ϕ49.98mm。这不是游标卡尺的使用方法上有什么问题，而是它本身

制造精度所允许产生的误差。因此，若该轴的直径尺寸是 IT5 级精度的基准轴（$50^0_{-0.025}$），则轴的制造公差为 0.025mm，而游标卡尺本身就有着 ±0.02mm 的示值误差，选用这样的量具去测量，无法保证轴径的精度要求。

如果受条件限制（如受测量位置限制），其他精密量具用不上，必须用游标卡尺测量较精密的零件尺寸时，又该怎么办呢？此时，可以用游标卡尺先测量与被测尺寸相当的块规，消除游标卡尺的示值误差（称为用块规校对游标卡尺）。例如，要测量 φ50mm 的轴时，先测量 50mm 的块规，看游标卡尺上的读数是不是正好 50mm。如果不是 50mm，则比 50mm 大的或小的数值，就是游标卡尺的实际示值误差，测量零件时，应把此误差作为修正值考虑进去。例如，测量 50mm 块规时，游标卡尺上的读数为 49.98mm，即游标卡尺的读数比实际尺寸小 0.02mm，则测量轴时，应在游标卡尺的读数上加上 0.02mm，才是轴的实际直径尺寸，若测量 50mm 块规时的读数是 50.01mm，则在测量轴时，应在读数上减去 0.01mm，才是轴的实际直径尺寸。另外，游标卡尺测量时的松紧程度（即测量压力的大小）和读数误差（即看准是哪一根刻线对准），对测量精度影响亦很大。因此，当必须用游标卡尺测量精度要求较高的尺寸时，最好采用和测量相等尺寸的块规相比较的办法。

5）游标卡尺的使用方法

量具使用得是否合理，不但影响量具本身的精度，且直接影响零件尺寸的测量精度，甚至发生质量事故，对国家造成不必要的损失。因此，必须重视量具的正确使用，对测量技术精益求精，务必获得正确的测量结果，确保产品质量。

使用游标卡尺测量零件尺寸时，必须注意如下几点：

（1）测量前应把卡尺揩干净，检查卡尺的两个测量面和测量刃口是否平直无损，把两个量爪紧密贴合时，应无明显的间隙，同时游标和主尺的零位刻线要相互对准。这个过程称为校对游标卡尺的零位。

（2）移动尺框时，活动要自如，不应过松或过紧，更不能有晃动现象。用固定螺钉固定尺框时，卡尺的读数不应有所改变。在移动尺框时，不要忘记松开固定螺钉，亦不宜过松以免掉了。

（3）当测量零件的外尺寸时，卡尺两测量面的联线应垂直于被测量表面，不能歪斜。测量时，可以轻轻摇动卡尺，放正垂直位置，如图 1-20 所示。否则，量爪若在图 1-20 所示的错误位置上，将使测量结果 a 比实际尺寸 b 要大；先把卡尺的活动量爪张开，使量爪能自由地卡进工件，把零件贴靠在固定量爪上，然后移动尺框，用轻微的压力使活动量爪接触零件。如卡尺带有微动装置，此时可拧紧微动装置上的固定螺钉，再转动调节螺母，使量爪接触零件并读取尺寸。决不可把卡尺的两个量爪调节到

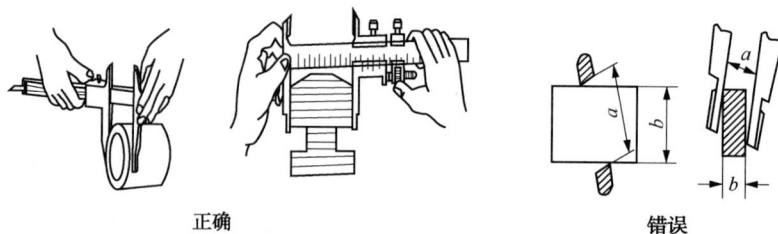

图 1-20　测量外尺寸时正确与错误的位置

接近甚至小于所测尺寸，把卡尺强制地卡到零件上去。这样做会使量爪变形，或使测量面过早磨损，使卡尺失去应有的精度。

测量沟槽时，应当用量爪的平面测量刃进行测量，尽量避免用端部测量刃和刀口形量爪去测量外尺寸。而对于圆弧形沟槽尺寸，则应当用刀口形量爪进行测量，不应当用平面形测量刃进行测量，如图 1-21 所示。

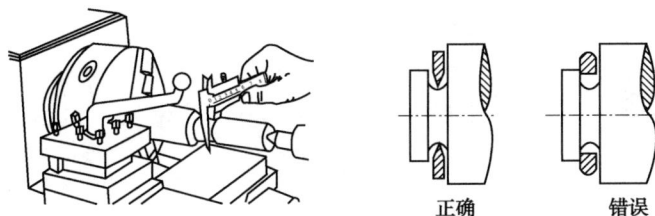

图 1-21　测量沟槽时正确与错误的位置

测量沟槽宽度时，也要放正游标卡尺的位置，应使卡尺两测量刃的联线垂直于沟槽，不能歪斜。否则，量爪若在图 1-22 所示的错误位置上，也将使测量结果不准确（可能大，也可能小）。

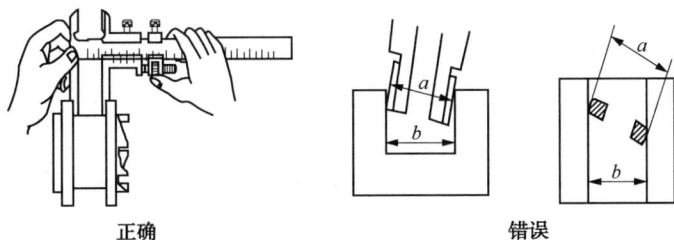

图 1-22　测量沟槽宽度时正确与错误的位置

（4）当测量零件的内尺寸时，如图 1-23 所示，要使量爪分开的距离小于所测内尺寸，进入零件内孔后，再慢慢张开并轻轻接触零件内表面，用固定螺钉固定尺框后，轻轻取出卡尺来读数。取出量爪时，用力要均匀，并使卡尺沿着孔的中心线方向滑出，不可歪斜，免使量爪扭伤、变形和受到不必要的磨损，同时会使尺框走动，影响测量精度。

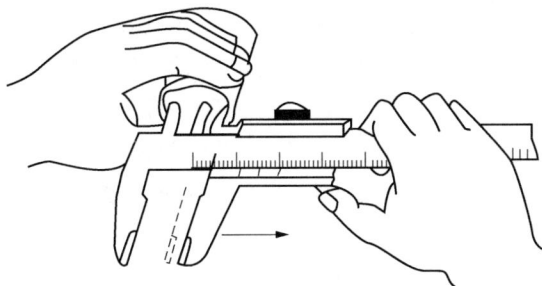

图 1-23　内孔的测量方法

卡尺两测量刃应在孔的直径上，不能偏歪。带有刀口形量爪和带有圆柱面形量爪的游标卡尺，在测量内孔时正确的和错误的位置如图 1-24 所示。当量爪在错误位置时，其测量结果将比实际孔径 D 要小。

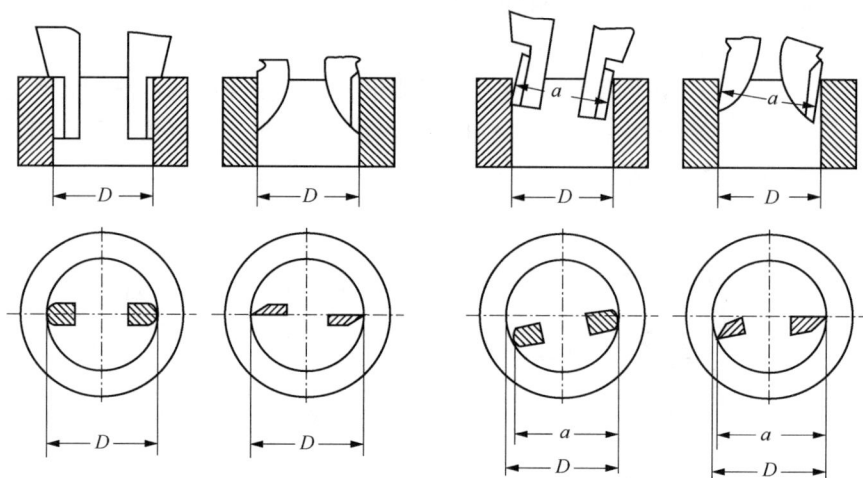

图 1-24　测量内孔时正确与错误的位置

（5）用下量爪的外测量面测量内尺寸时如用图 1-17（b）和图 1-17（c）所示的两种游标卡尺，在读取测量结果时，一定要把量爪的厚度加上去。即游标卡尺上的读数加上量爪的厚度，才是被测零件的内尺寸，如图 1-25 所示。测量范围在 500mm 以下的游标卡尺，量爪厚度一般为 10mm。但当量爪磨损和修理后，量爪厚度就要小于 10mm，读数时这个修正值也要考虑进去。

（6）用游标卡尺测量零件时，不允许过分地施加压力，所用压力应使两个量爪刚好接触零件表面。如果测量压力过大，不但会使量爪弯曲或磨损，且量爪在压力作用下产生弹性变形，使测量得的尺寸不准确（外尺寸小于实际尺寸，内尺寸大于实际尺寸）。在游标卡尺上读数时，应把卡尺水平地拿着，朝着亮光的方向，使人的视线尽可能和卡尺的刻线表面垂直，以免由于视线的歪斜造成读数误差。

（7）为了获得正确的测量结果，可以多测量几次。即在零件的同一截面上的不同方向进行测量。对于较长零件，则应当在全长的各个部位进行测量，务必获得一个比较正确的测量结果。为了使读者便于记忆，更好地掌握游标卡尺的使用方法，把上述提到的几个主要问题，整理成顺口溜，供读者参考。

量爪贴合无间隙，主尺游标两对零。
尺框活动能自如，不松不紧不摇晃。
测力松紧细调整，不当卡规用力卡。
量轴防歪斜，量孔防偏歪，
测量内尺寸，爪厚勿忘加。
面对光亮处，读数垂直看。

6）游标卡尺应用举例

（1）用游标卡尺测量 T 形槽的宽度。

用游标卡尺测量 T 形槽的宽度，如图 1-25 所示。测量时将量爪外缘端面的小平面，贴在零件凹槽的平面上，用固定螺钉把微动装置固定，转动调节螺母，使量爪的外测量面轻轻地与 T 形槽表面接触，并放正两量爪的位置（可以轻轻地摆动一个量爪，找到槽宽的垂直位置），读出游标卡尺的读数，图 1-25 中用 A 表示。但由于它是用量爪的外测量面测量内尺寸的，卡尺上所读出的读数 A 是量爪内测量面之间的距离，因此必须加上两个量爪的厚度 b，才是 T 形槽的宽度。因此，T 形槽的宽度为：$L=A+b$。

（2）用游标卡尺测量孔中心线与侧平面之间的距离。

用游标卡尺测量孔中心线与侧平面之间的距离 L 时，先要用游标卡尺测量出孔的直径 D，再用刃口形量爪测量孔的壁面与零件侧面之间的最短距离，如图 1-26 所示。

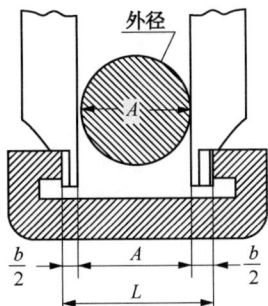

图 1-25　测量 T 形槽的宽度

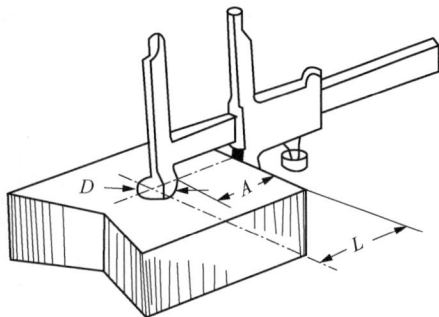

图 1-26　测量孔与测量面距离

此时，卡尺应垂直于侧平面，且要找到它的最小尺寸，读出卡尺的读数 A，则孔中心线与侧平面之间的距离为：$L=A+D/2$。

（3）用游标卡尺测量两孔的中心距。

用游标卡尺测量两孔的中心距有两种方法：一种是先用游标卡尺分别量出两孔的内径 D_1 和 D_2，再量出两孔内表面之间的最大距离 A，如图 1-27 所示。则两孔的中心距为：$L=A-\dfrac{1}{2}(D_1+D_2)$。另一种测量方法，也是先分别量出两孔的内径 D_1 和 D_2，然后用刃口形量爪量出两孔内表面之间的最小距离 B，则两孔的中心距为：$L=B+\dfrac{1}{2}(D_1+D_2)$。

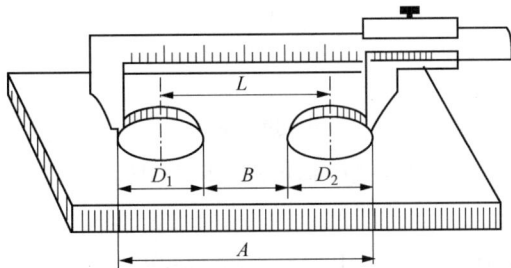

图 1-27　测量两孔的中心距

2. 高度游标卡尺

高度游标卡尺如图 1-28 所示，用于测量零件的高度和精密划线。它的结构特点是用质量较大的基座代替固定量爪，而动的尺框则通过横臂装有测量高度和划线用的量爪，量爪的测量面上镶有硬质合金，提高量爪使用寿命。高度游标卡尺的测量工作应在平台上进行。当量爪的测量面与基座的底平面位于同一平面时，如在同一平台平面上，主尺与游标的零线相互对准。因此在测量高度时，量爪测量面的高度，就是被测量零件的高度尺寸，它的具体数值与游标卡尺一样，可在主尺（整数部分）和游标（小数部分）上读出。应用高度游标卡尺划线时，调好划线高度，用紧固螺钉把尺框锁紧后，也应在平台上先调整再进行划线。高度游标卡尺的应用如图 1-29 所示。

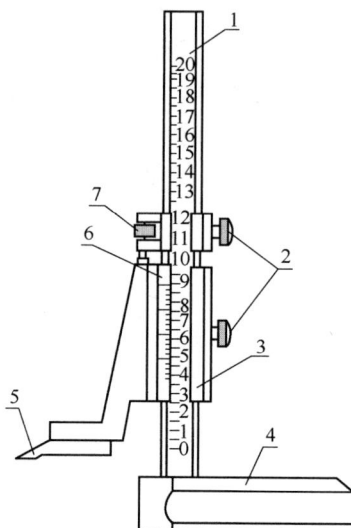

图 1-28　高度游标卡尺

1—主尺；2—紧固螺钉；3—尺框；4—基座；5—量爪；6—游标；7—微动装置

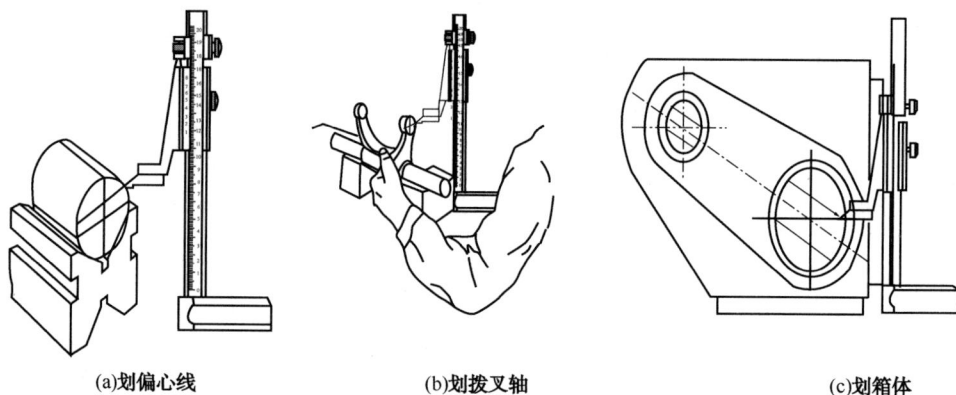

(a)划偏心线　　　　　(b)划拨叉轴　　　　　(c)划箱体

图 1-29　高度游标卡尺的应用

3. 深度游标卡尺

深度游标卡尺如图 1-30 所示，用于测量零件的深度尺寸或台阶高低和槽的深度。它的结构特点是尺框的两个量爪连在一起成为一个带游标测量基座，基座的端面和尺身的端面就是它的两个测量面。如测量内孔深度时应把基座的端面紧靠在被测孔的端面上，使尺身与被测孔的中心线平行，伸入尺身，则尺身端面至基座端面之间的距离就是被测零件的深度尺寸。它的读数方法和游标卡尺完全一样。

测量时，先把测量基座轻轻压在工件的基准面上，两个端面必须接触工件的基准面，如图 1-31（a）所示。测量轴类等台阶时，测量基座的端面一定要压紧在基准面，如图 1-31（b）和图 1-31（c）所示，再移动尺身，直到尺身的端面接触到工件的量面（台阶面）上，然后用紧固螺钉固定尺框，提起卡尺，读出深度尺寸。多台阶小直径的内孔深度测量，要注意尺身的端面是否在要测量的台阶上,如图 1-31 (d) 所示。当基准面是曲线时,如图 1-31 (e)所示,测量基座的端面必须放在曲线的最高点,测量出的深度尺寸才是工件的实际尺寸,否则会出现测量误差。

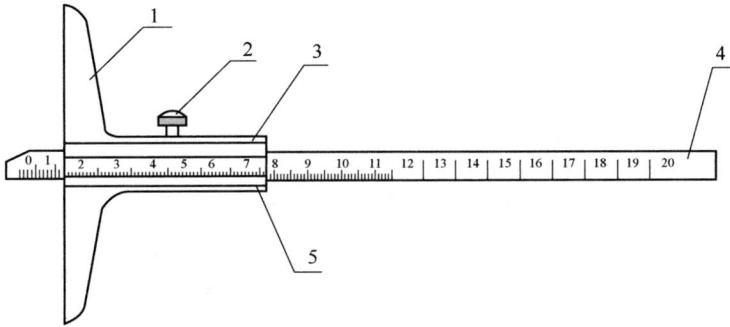

图 1-30　深度游标卡尺

1—测量基座;2—紧固螺钉;3—尺框;4—尺身;5—游标

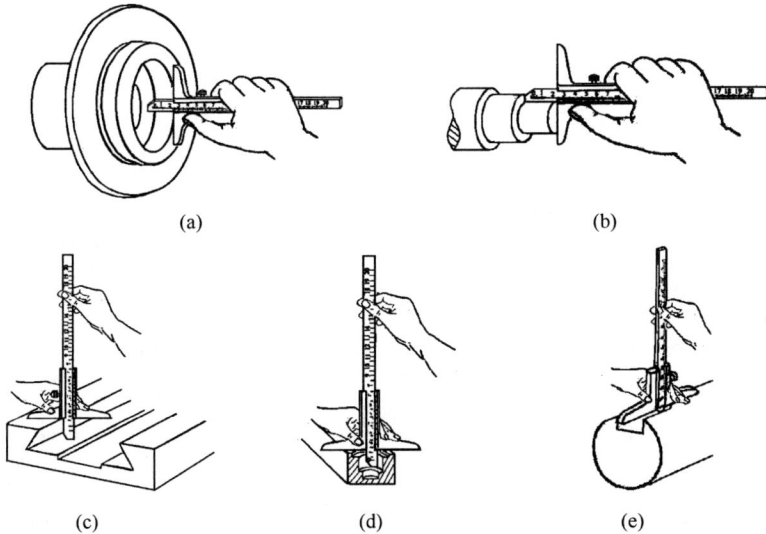

(a)　　　　　　　　　　　　　　　(b)

(c)　　　　　　　　　(d)　　　　　　　　　(e)

图 1-31　深度游标卡尺的使用方法

三、螺旋测微量具

应用螺旋测微原理制成的量具,称为螺旋测微量具。它们的测量精度比游标卡尺高,并且测量比较灵活,因此,当加工精度要求较高时多被应用。常用的螺旋读数量具有百分尺和千分尺。百分尺的读数值为 0.01mm,千分尺的读数值为 0.001mm。工厂习惯上把百分尺和千分尺统称为百分尺或分厘卡。目前车间里大量用的是读数值为 0.01mm 的百分尺,现主要介绍这种百分尺,并适当介绍千分尺的使用知识。

百分尺的种类很多,机械加工车间常用的有外径百分尺、内径百分尺、深度百分尺以及螺纹百分尺和公法线百分尺等,并分别测量或检验零件的外径、内径、深度、厚度以及螺纹的中径和齿轮的公法线长度等。

1. 外径百分尺

1）外径百分尺的结构

各种百分尺的结构大同小异，常用外径百分尺测量或检验零件的外径、凸肩厚度以及板厚或壁厚等（测量孔壁厚度的百分尺，其量面呈球弧形）。外径百分尺由尺架、测微头、测力装置和制动器等组成。图1-32所示为测量范围为0~25mm的外径百分尺。尺架的一端装着固定测砧，另一端装着测微头。固定测砧和测微螺杆的测量面上都镶有硬质合金，以提高测量面的使用寿命。尺架的两侧面覆盖着绝热板，使用外径百分尺时，手放在绝热板上，防止人体的热量影响外径百分尺的测量精度。

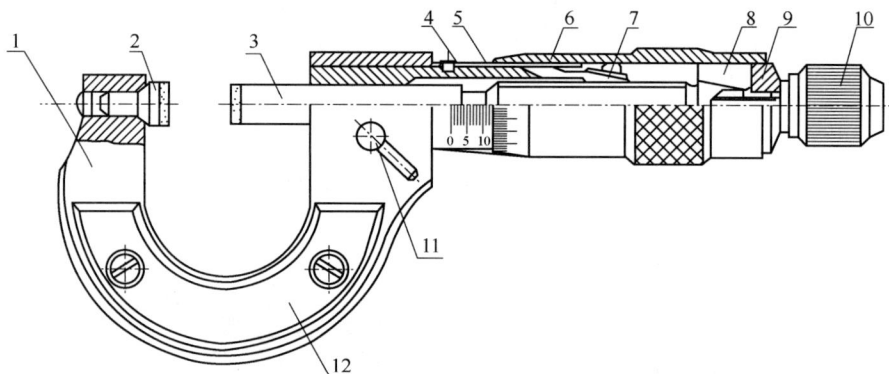

图1-32　0~25mm外径百分尺

1—尺架；2—固定测砧；3—测微螺杆；4—螺纹轴套；5—固定刻度套筒；
6—微分筒；7—调节螺母；8—接头；9—垫片；10—测力装置；11—锁紧螺钉；12—绝热板

（1）外径百分尺的测微头。

图1-32中的3~9是外径百分尺的测微头部分。带有刻度的固定刻度套筒用螺钉固定在螺纹轴套上，而螺纹轴套又与尺架紧配结合成一体。在固定套筒的外面有一带刻度的活动微分筒，它用锥孔通过接头的外圆锥面再与测微螺杆相连。测微螺杆的一端是测量杆，并与螺纹轴套上的内孔定心间隙配合；中间是精度很高的外螺纹，与螺纹轴套上的内螺纹精密配合，可使测微螺杆自如旋转而其间隙极小；测微螺杆另一端的外圆锥与内圆锥接头的内圆锥相配，并通过顶端的内螺纹与测力装置连接。当测力装置的外螺纹旋紧在测微螺杆的内螺纹上时，测力装置就通过垫片紧压接头，而接头上开有轴向槽，有一定的胀缩弹性，能沿着测微螺杆上的外圆锥胀大，从而使微分筒与测微螺杆和测力装置结合成一体。当用手旋转测力装置时，就带动测微螺杆和微分筒一起旋转，并沿着精密螺纹的螺旋线方向运动，使外径百分尺两个测量面之间的距离发生变化。

（2）外径百分尺的测力装置。

外径百分尺测力装置的结构如图1-33所示，主要依靠一对棘轮的作用。一个棘轮与转帽连成一体，而另一个棘轮可压缩弹簧在轮轴的轴线方向移动，但不能转动。弹簧的弹力是控制测量压力的，螺钉使弹簧压缩到外径百分尺所规定的测量压力。当手握转帽顺时针旋转测力装置时，若测量压力小于弹簧的弹力，转帽的运动就通过棘轮传给轮轴（带动测微螺杆旋转），使外径百分尺两测量面之间的距离继续缩短，即继续卡紧零件；当测量压力达到或略微超过弹簧的弹力时，一对棘轮在其啮合斜面的作用下，压缩弹簧，使棘轮4沿着棘轮

3 的啮合斜面滑动，转帽的转动就不能带动测微螺杆旋转，同时发出嘎嘎的棘轮跳动声，表示已达到了额定测量压力，从而达到控制测量压力的目的。

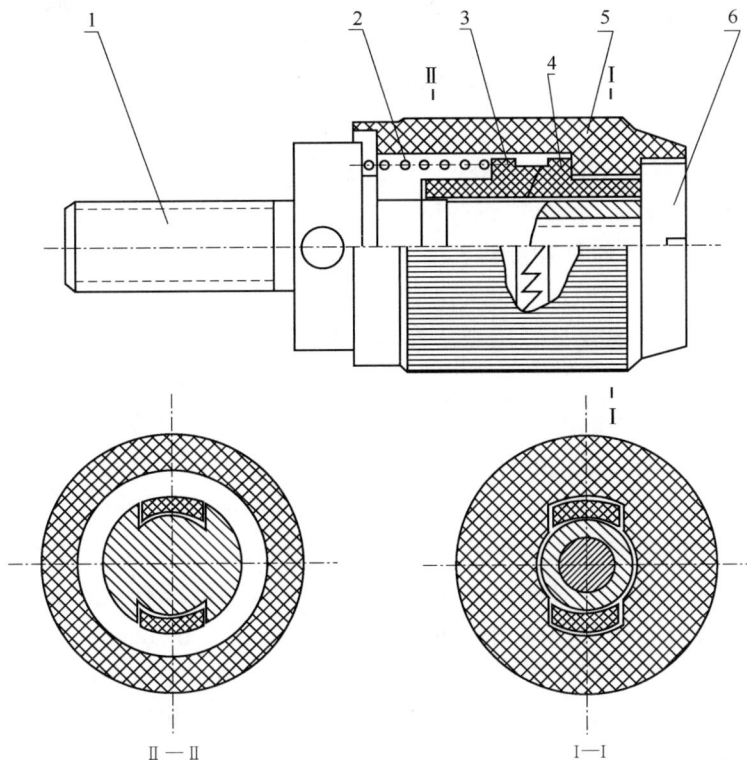

图 1-33　外径百分尺的测力装置
1—轮轴；2—弹簧；3，4—棘轮；5—转帽；6—螺钉

当转帽逆时针旋转时，棘轮 4 是用垂直面带动棘轮 3，不会产生压缩弹簧的压力，始终能带动测微螺杆退出被测零件。

（3）外径百分尺的制动器。

外径百分尺的制动器就是测微螺杆的锁紧装置，其结构如图 1-34 所示。制动轴的圆周上，有一个开着深浅不均的偏心缺口，对着测微螺杆。制动轴以缺口的较深部分对着测量杆时，测微螺杆就能在轴套内自由活动，当制动轴转过一个角度，以缺口的较浅部分对着测量杆时，测量杆就被制动轴压紧在轴套内不能运动，达到制动的目的。

（4）外径百分尺的测量范围。

外径百分尺测微螺杆的移动量为 25mm，因此外径百分尺的测量范围一般为 25mm。为了使外径百分尺能测量更大范围的长度尺寸，以满足工业生产的需要，外径百分尺的尺架做成各种尺寸，形成不同测量范围的外径百分尺。目前，国产外径百分尺测量范围的尺寸分段为：0~25mm，25~50mm，50~75mm，75~100mm，100~125mm，125~

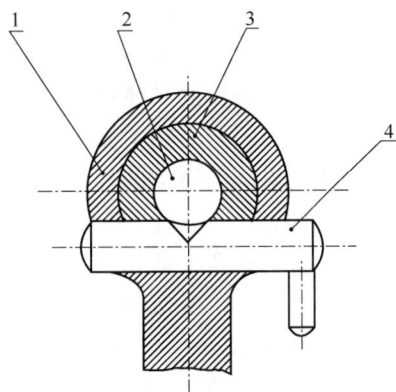

图 1-34　外径百分尺的制动器
1—微分筒；2—测微螺杆；
3—轴套；4—制动轴

150mm，150～175mm，175～200mm，200～225mm，225～250mm，250～275mm，275～300mm，300～325mm，325～350mm，350～375mm，375～400mm，400～425mm，425～450mm，450～475mm，475～500mm，500～600mm，600～700mm，700～800mm，800～900mm，900～1000mm。

测量上限大于300mm的外径百分尺，也可把固定测砧做成可调式的或可换测砧，从而使此外径百分尺的测量范围为100mm。

测量上限大于1000mm的外径百分尺，也可将测量范围制成为500mm，目前国产最大的外径百分尺为2500～3000mm的外径百分尺。

2）外径百分尺的工作原理和读数方法

（1）外径百分尺的工作原理。

外径百分尺的工作原理就是应用螺旋读数机构，它包括一对精密的螺纹（测微螺杆与螺纹轴套）和一对读数套筒（固定套筒与微分筒），如图1-32所示。

用外径百分尺测量零件的尺寸，就是把被测零件置于外径百分尺的两个测量面之间。因此，两测砧面之间的距离，就是零件的测量尺寸。当测微螺杆在螺纹轴套中旋转时，由于螺旋线的作用，测量螺杆就有轴向移动，使两测砧面之间的距离发生变化。如测微螺杆按顺时针的方向旋转一周，两测砧面之间的距离就缩小一个螺距。同理，若按逆时针方向旋转一周，则两砧面的距离就增大一个螺距。常用外径百分尺测微螺杆的螺距为0.5mm。因此，当测微螺杆顺时针旋转一周时，两测砧面之间的距离就缩小0.5mm。当测微螺杆顺时针旋转不到一周时，缩小的距离就小于一个螺距，它的具体数值，可从与测微螺杆结成一体的微分筒的圆周刻度上读出。微分筒的圆周上刻有50个等分线，当微分筒转一周时，测微螺杆就推进或后退0.5mm，微分筒转过它本身圆周刻度的一小格时，两测砧面之间转动的距离为0.5÷50=0.01（mm）。

由此可知，外径百分尺上的螺旋读数机构，可以正确地读出0.01mm，也就是外径百分尺的读数值为0.01mm。

（2）外径百分尺的读数方法。

在外径百分尺的固定套筒上刻有轴向中线，作为微分筒读数的基准线。另外，为了计算测微螺杆旋转的整数转，在固定套筒中线的两侧，刻有两排刻线，刻线间距均为1mm，上下两排相互错开0.5mm。

外径百分尺的具体读数方法可分为3步：

①读出固定套筒上露出的刻线尺寸，一定要注意不能遗漏应读出的0.5mm的刻线值。

②读出微分筒上的尺寸，要看清微分筒圆周上哪一格与固定套筒的中线基准对齐，将格数乘0.01mm即得微分筒上的尺寸。

③将上面两个数相加，即为外径百分尺上测得的尺寸。

如图1-35（a）所示，在固定套筒上读出的尺寸为8mm，微分筒上读出的尺寸为27（格）×0.01mm＝0.27mm，上两数相加即得被测零件的尺寸为8.27mm；如图1-35（b）所示，在固定套筒上读出的尺寸为8.5mm，在微分筒上读出的尺寸为27（格）×0.01mm＝0.27mm，上两数相加即得被测零件的尺寸为8.77mm。

3）外径百分尺的精度及其调整

外径百分尺是一种应用很广的精密量具，按它的制造精度，可分为0级和1级两种，0

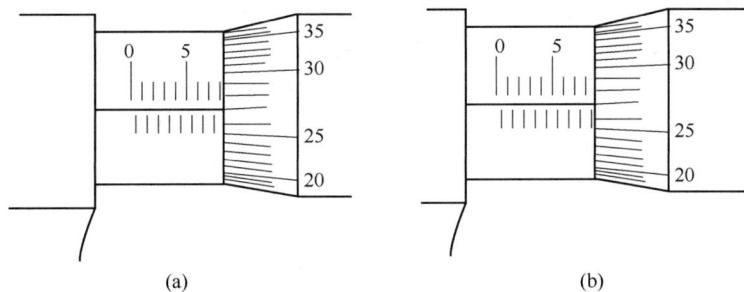

图 1-35 外径百分尺的读数

级精度较高，1 级次之。外径百分尺的制造精度，主要由它的示值误差和测砧面的平面平行度公差的大小来决定，小尺寸外径百分尺的精度要求，见表 1-4。从外径百分尺的精度要求可知，用外径百分尺测量 IT6—IT10 级精度的零件尺寸较为合适。

表 1-4　外径百分尺的精度要求　　　　　　　　　　单位：mm

测量上限	示值误差		两测量面平行度	
	0 级	1 级	0 级	1 级
15，25	±0.002	±0.004	0.001	0.002
50	±0.002	±0.004	0.0012	0.0025
75，100	±0.002	±0.004	0.0015	0.003

外径百分尺在使用过程中，由于磨损，特别是使用不当时，会使外径百分尺的示值误差超差，因此应定期进行检查，进行必要的拆洗或调整，以便保持外径百分尺的测量精度。

（1）校正外径百分尺的零位。

外径百分尺如果使用不当，零位就要走动，使测量结果不正确，容易造成产品质量事故。因此，在使用外径百分尺的过程中，应当校对外径百分尺的零位。所谓"校对外径百分尺的零位"，就是把外径百分尺的两个测砧面揩干净，转动测微螺杆使它们贴合在一起（这是就 0~25mm 的外径百分尺而言，若测量范围大于 0~25mm 时，应该在两测砧面间放上校对样棒），检查微分筒圆周上的"0"刻线是否对准固定套筒的中线，微分筒的端面是否正好使固定套筒上的"0"刻线露出来。如果两者位置都是正确的，就认为外径百分尺的零位是对的，否则就要进行校正，使之对准零位。

如果零位是由于微分筒的轴向位置不对，如微分筒的端部盖住固定套筒上的"0"刻线，或"0"刻线露出太多，0.5 的刻线搞错，必须进行校正。此时，可用制动器把测微螺杆锁住，再用外径百分尺的专用扳手插入测力装置轮轴的小孔内，把测力装置松开（逆时针旋转），微分筒就能进行调整，即轴向移动一点，使固定套筒上的"0"刻线正好露出来，同时使微分筒的零线对准固定套筒的中线，然后把测力装置旋紧。

如果零位是由于微分筒的零线没有对准固定套筒的中线，则也必须应进行校正。此时，可用外径百分尺的专用扳手插入固定套筒的小孔内，把固定套筒转过一点，使之对准零线。

但当微分筒的零线相差较大时，不应当采用此法调整，而应采用松开测力装置转动微分筒的方法来校正。

（2）调整外径百分尺的间隙。

外径百分尺在使用过程中，由于磨损等原因，会使精密螺纹的配合间隙增大，从而使示值误差超差，必须及时进行调整，以便保持外径百分尺的精度。

要调整精密螺纹的配合间隙，应先用制动器把测微螺杆锁住，再用专用扳手把测力装置松开，拉出微分筒后再进行调整。由图1-32可以看出，在螺纹轴套上，接近精密螺纹一段的壁厚比较薄，且连同螺纹部分一起开有轴向直槽，使螺纹部分具有一定的胀缩弹性。同时，螺纹轴套的圆锥外螺纹上，旋着调节螺母。当调节螺母往里旋入时，因螺母直径保持不变，就迫使外圆锥螺纹的直径缩小，于是精密螺纹的配合间隙就减小了。然后，松开制动器进行试转，看螺纹间隙是否合适。间隙过小会使测微螺杆活动不灵活，可把调节螺母松出一点，间隙过大则使测微螺杆有松动，可把调节螺母再旋进一点。直至间隙调整好后，再把微分筒装上，对准零位后把测力装置旋紧。

经过上述调整的外径百分尺，除必须校对零位外，还应当用表1-5所列的第7套检定量块，检验外径百分尺的5个尺寸的测量精度，确定外径百分尺的精度等级后，才能移交使用。例如，用5.12、10.24、15.36、21.5和25等5个块规尺寸检定0~25mm的外径百分尺，它的示值误差应符合表1-4的要求，否则应继续修理。

4）外径百分尺的使用方法

外径百分尺使用得是否正确，对保持精密量具的精度和保证产品质量的影响很大，指导人员和实习的学生必须重视量具的正确使用，使测量技术精益求精，务必获得正确的测量结果，确保产品质量。

使用外径百分尺测量零件尺寸时，必须注意如下几点：

（1）使用前，应把外径百分尺的两个测砧面揩干净，转动测力装置，使两测砧面接触（若测量上限大于25mm时，在两测砧面之间放入校对量杆或相应尺寸的量块），接触面上应没有间隙和漏光现象，同时微分筒和固定套筒要对准零位。

（2）转动测力装置时，微分筒应能自由灵活地沿着固定套筒活动，没有任何轧卡和不灵活的现象。如有活动不灵活的现象，应送计量站及时检修。

（3）测量前，应把零件的被测量表面揩干净，以免有污物存在时影响测量精度。绝对不允许用外径百分尺测量带有研磨剂的表面，以免损伤测量面的精度。用外径百分尺测量表面粗糙的零件亦是错误的，这样易使测砧面过早磨损。

（4）用外径百分尺测量零件时，应当手握测力装置的转帽来转动测微螺杆，使测砧表面保持标准的测量压力，即听到嘎嘎的声音，表示压力合适，并可开始读数。要避免因测量压力不等而产生测量误差。

绝对不允许用力旋转微分筒来增加测量压力，使测微螺杆过分压紧零件表面，致使精密螺纹因受力过大而发生变形，损坏外径百分尺的精度。有时用力旋转微分筒后，虽因微分筒与测微螺杆间的连接不牢固，对精密螺纹的损坏不严重，但是微分筒打滑后，外径百分尺的零位走动了，就会造成质量事故。

（5）使用外径百分尺测量零件时（图1-36），要使测微螺杆与零件被测量的尺寸方向一致。如测量外径时，测微螺杆要与零件的轴线垂直，不要歪斜。测量时，可在旋转测力装置的同时，轻轻地晃动尺架，使测砧面与零件表面接触良好。

（6）用外径百分尺测量零件时，最好在零件上进行读数，放松后取出外径百分尺，这样可减少测砧面的磨损。如果必须取下读数时，应用制动器锁紧测微螺杆后，再轻轻滑出零

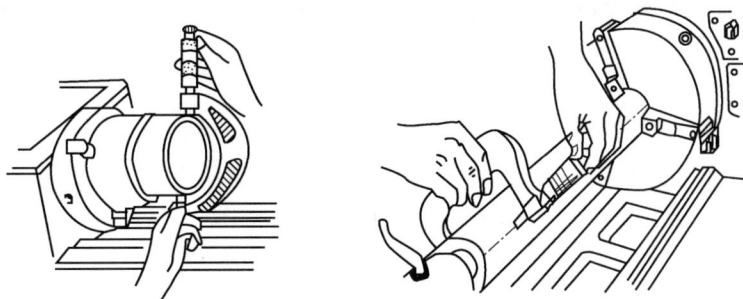

图 1-36 在车床上使用外径百分尺的方法

件。把外径百分尺当作卡规使用是错误的，因这样做不但易使测量面过早磨损，甚至会使测微螺杆或尺架发生变形而失去精度。

（7）在读取外径百分尺上的测量数值时，要特别留心不要读错 0.5mm。

（8）为了获得正确的测量结果，可在同一位置上再测量一次。尤其是测量圆柱形零件时，应在同一圆周的不同方向测量几次，检查零件外圆有没有圆度误差，再在全长的各个部位测量几次，检查零件外圆有没有圆度误差等。

（9）对于超常温的工件，不要进行测量，以免产生读数误差。

（10）用单手使用外径百分尺时，如图 1-37（a）所示，可用大拇指和食指或中指捏住活动套筒，小指勾住尺架并压向手掌上，大拇指和食指转动测力装置就可测量。

用双手测量时，可按图 1-37（b）所示的方法进行。

值得一提的是，几种使用外径百分尺的错误方法，比如用外径百分尺测量旋转运动中的工件，很容易使外径百分尺磨损，而且测量也不准确；又如贪图快一点得出读数，握着微分筒来挥转（图 1-38）等，这同碰撞一样，也会破坏外径百分尺的内部结构。

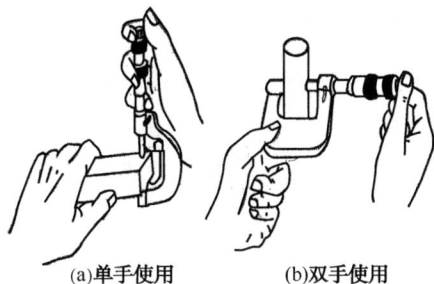

(a)单手使用   (b)双手使用

图 1-37 正确使用   图 1-38 错误使用

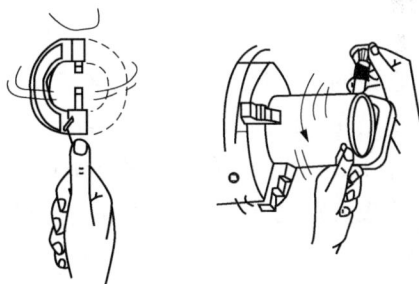

5）外径百分尺的应用举例

如要检验图 1-39 所示夹具的 3 个孔（ϕ14mm，ϕ15mm，ϕ16mm）在 ϕ150mm 圆周上的等分精度。

检验前，先在孔 ϕ14mm，ϕ15mm，ϕ16mm 和 ϕ20mm 内配入圆柱销（圆柱销应与孔定心间隙配合）。

等分精度的测量，可分 3 步做：

（1）用 0~25mm 的外径百分尺，分别量出 4 个圆柱销的外径 D，D_1，D_2 和 D_3。

（2）用 75~100mm 的外径百分尺，分别量出 D 与 D_1，D 与 D_2 以及 D 与 D_3。

两圆柱销外表面的最大距为 A_1，A_2 和 A_3，则 3 孔与中心孔的中心距分别为：

$$L_1 = A_1 - \frac{1}{2}(D + D_1)$$

$$L_2 = A_2 - \frac{1}{2}(D + D_2)$$

$$L_3 = A_3 - \frac{1}{2}(D + D_3)$$

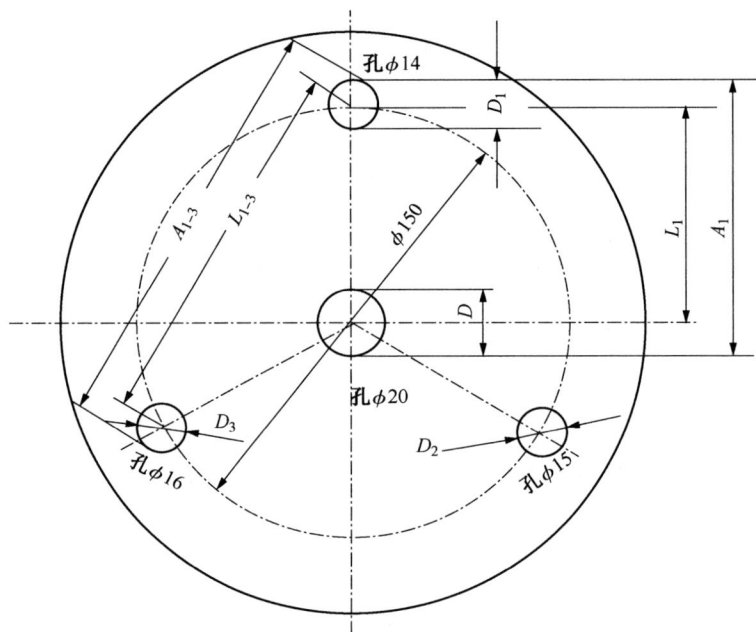

图 1-39 测量 3 孔的等分精度

而中心距的基本尺寸为 150÷2 = 75（mm）。如果 L_1，L_2 和 L_3 都等于 75mm，就说明 3 个孔的中心线是在 ϕ150mm 的同一圆周上。

（3）用 125~150mm 的外径百分尺，分别量出 D_1 与 D_2，D_2 与 D_3，D_1 与 D_3，以及两圆柱销外表面的最大距离 A_{1-2}，A_{2-3} 和 A_{1-3}，则它们之间的中心距为：

$$L_{1-2} = A_{1-2} - \frac{1}{2}(D_1 + D_2)$$

$$L_{2-3} = A_{2-3} - \frac{1}{2}(D_2 + D_3)$$

$$L_{1-3} = A_{1-3} - \frac{1}{2}(D_1 + D_3)$$

比较 3 个中心距的差值，就得到 3 个孔的等分精度。如果 3 个中心距是相等的，即 $L_{1-2} = L_{2-3} = L_{1-3}$，就说明 3 个孔的中心线在圆周上是等分的。

2. 内径百分尺

内径百分尺如图 1-40（a）所示，其读数方法与外径百分尺相同。内径百分尺主要用于测量大孔径，为适应不同孔径尺寸的测量，可以接上接长杆，如图 1-40（b）所示。连接时，只需将保护螺帽旋去，将接长杆的右端（具有内螺纹）旋在内径百分尺的左端即可。接长杆可以一个接一个地连接起来，测量范围最大可达到5000mm。内径百分尺与接长杆是成套供应的。目前，国产内径百分尺的测量范围为50~250mm，50~600mm，100~1225mm，100~1500mm，100~5000mm，150~1250mm，150~1400mm，150~2000mm，150~3000mm，150~4000mm，150~5000mm，250~2000mm，250~4000mm，250~5000mm，1000~3000mm，1000~4000mm，1000~5000mm，2500~5000mm。读数值为0.01mm。

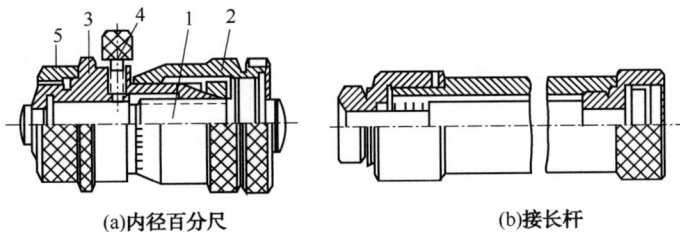

图1-40　内径百分尺

1—测微螺杆；2—微分筒；3—固定套筒；4—制动螺钉；5—保护螺帽

内径百分尺上没有测力装置，测量压力的大小完全靠手中的感觉。测量时，是把它调整到所测量的尺寸后（图1-41），轻轻放入孔内试测其接触的松紧程度是否合适。一端不动，另一端做左右、前后摆动。左右摆动，必须细心地放在被测孔的直径方向，以点接触，即测量孔径的最大尺寸处（最大读数处），要防止如图1-42所示的错误位置。前后摆动应在测量孔径的最小尺寸处（即最小读数处）。按照这两个要求与孔壁轻轻接触，才能读出直径的正确数值。测量时，用力把内径百分尺压过孔径是错误的。这样做不但使测量面过早磨损，而且由于细长的测量杆弯曲变形后，既损伤量具精度，又使测量结果不准确。

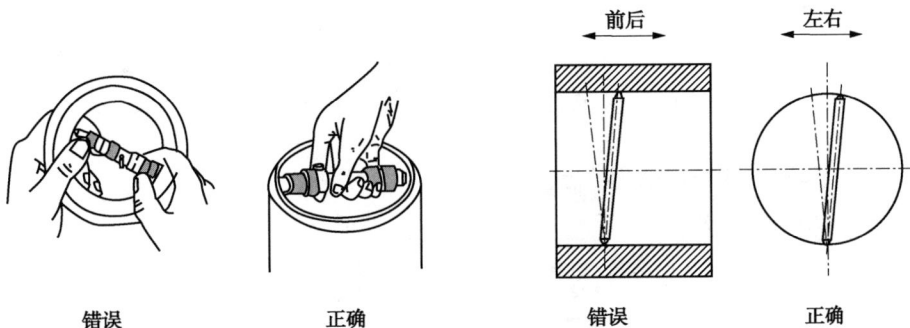

图1-41　内径百分尺的使用

内径百分尺的示值误差比较大，如测0~600mm的内径百分尺，示值误差就有±(0.01~0.02)mm。因此，在测量精度较高的内径时，应把内径百分尺调整到测量尺寸后，放在由量块组成的相等尺寸上进行校准，或把测量内尺寸时的松紧程度与测量量块组尺寸时的松紧程度进行比较，克服其示值误差较大的缺点。内径百分尺，除可用来测量内径外，也可用来测量槽宽和机体两个内端面之间的距离等内尺寸。但50mm以下的尺寸不能测量，需用内测百分尺。

3. 壁厚千分尺

壁厚千分尺如图1-43所示，主要用于测量精密管形零件的壁厚。壁厚千分尺的测量面镶有硬质合金，以提高使用寿命。

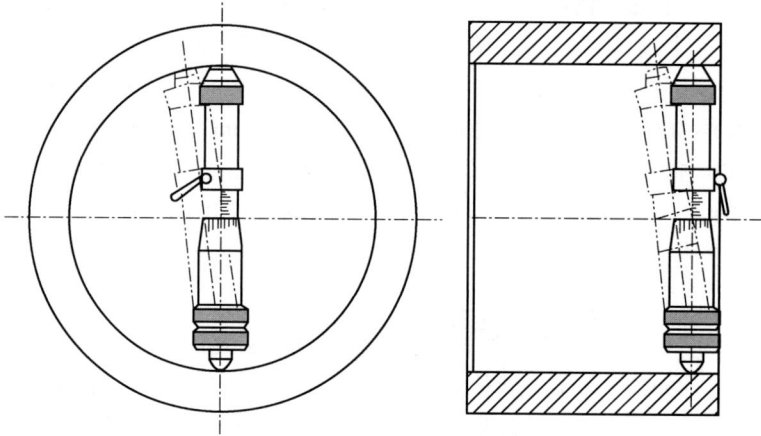

图 1-42　内径百分尺的错误位置

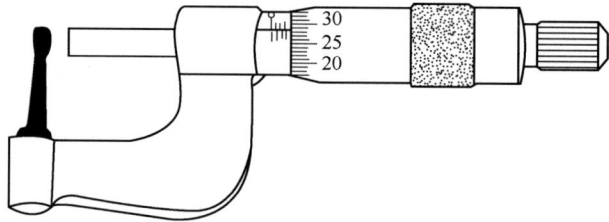

图 1-43　壁厚千分尺

测量范围为 0~10mm，0~15mm，0~25mm，25~50mm，50~75mm，75~100mm。读数值为 0.01mm。

4. 深度尺

深度百分尺如图 1-44 所示，用以测量孔深、槽深和台阶高度等。它的结构，除用基座代替尺架和测砧外，与外径百分尺没有什么区别。深度百分尺的读数范围为 0~25mm，25~

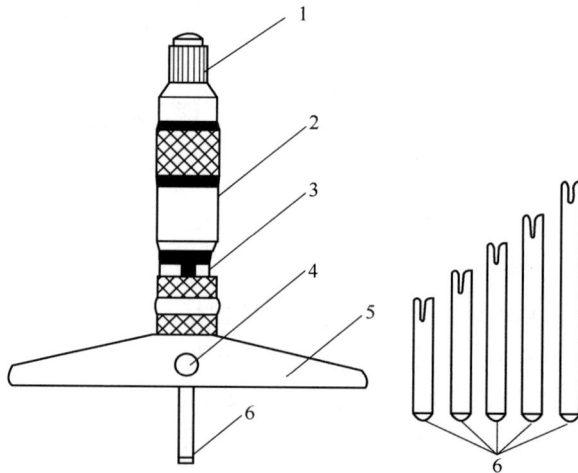

图 1-44　深度百分尺
1—测力装置；2—微分筒；3—固定套筒；4—锁紧装置；5—底板；6—测量杆

100mm，100~150mm，读数值为 0.01mm。它的测量杆制成可更换的形式，更换后，用锁紧装置锁紧。

深度百分尺校对零位可在精密平面上进行。即当基座端面与测量杆端面位于同一平面时，微分筒的零线正好对准。当更换测量杆时，一般零位不会改变。

深度百分尺测量孔深时，应把基座的测量面紧贴在被测孔的端面上。零件的这一端面应与孔的中心线垂直，且应当光洁平整，使深度百分尺的测量杆与被测孔的中心线平行，保证测量精度。此时，测量杆端面到基座端面的距离，就是孔的深度。

四、量块

量块又称块规。它是机器制造业中控制尺寸的最基本的量具，是从标准长度到零件之间尺寸传递的媒介，是技术测量上长度计量的基准。

1. 量块的用途和精度

长度量块是用耐磨性好、硬度高而不易变形的轴承钢制成矩形截面的长方块，如图 1-45 所示。它有上、下两个测量面和 4 个非测量面。两个测量面是经过精密研磨和抛光加工的很平、很光的平行平面。基本尺寸为 0.5~10mm 的量块，其截面尺寸为 30mm×9mm；基本尺寸为 10~1000mm 的量块，其截面尺寸为 35mm×9mm。

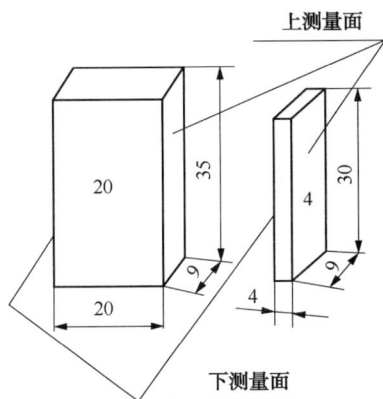

图 1-45　量块

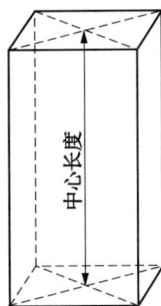

图 1-46　量块的中心长度

量块的工作尺寸不是指两测量面之间任何处的距离，因为两测量面不是绝对平行的，因此量块的工作尺寸是指中心长度（图 1-46），即量块的一个测量面的中心至另一个测量面相黏合面（其表面质量与量块一致）的垂直距离。在每块量块上，都标记着它的工作尺寸：当量块尺寸不小于 6mm 时，工作标记在非工作面上；当量块尺寸在 6mm 以下时，工作尺寸直接标记在测量面上。

量块的精度，根据它的工作尺寸（即中心长度）的精度和两个测量面的平面平行度的准确程度，分成 5 个精度级，即 00 级、0 级、1 级、2 级和 3 级。00 级量块的精度最高，0级量块的工作尺寸和平面平行度等都做得很准确，只有零点几微米的误差，一般仅用于省市计量单位作为检定或校准精密仪器使用。3 级量块的精度最低，一般供工厂或车间计量站使用，用来检定或校准车间常用的精密量具。

量块是精密的尺寸标准，不容易制造。为了使工作尺寸偏差稍大的量块，仍能作为精密的长度标准使用，可将量块的工作尺寸检定得准确些，在使用时加上量块检定的修正值。这样做,虽然使用时比较麻烦,但它可以将偏差稍大的量块仍作为尺寸的精密标准。

2. 成套量块和量块尺寸的组合

量块是成套供应的,并每套装成一盒。每盒中有各种不同尺寸的量块,其尺寸编组有一定的规定。常用成套量块的块数和每块量块的尺寸见表 1-5。

表 1-5　成套量块的编组

套别	总块数 (块)	精度 级别	尺寸系列 (mm)	间隔 (mm)	块数 (块)
1	91	00 0 1	0.5, 1	—	2
			1.001, 1.002, …, 1.009	0.001	9
			1.01, 1.02, …, 1.49	0.01	49
			1.5, 1.6, …, 1.9	0.1	5
			2.0, 2.5, …, 9.5	0.5	16
			10, 20, …, 100	10	10
2	83	00 0 1 2 (3)	0.5, 1, 1.005	—	3
			1.01, 1.02, …, 1.49	0.01	49
			1.5, 1.6, …, 1.9	0.1	5
			2.0, 2.5, …, 9.5	0.5	16
			10, 20, …, 100	10	10
3	46	0 1 2	1	—	1
			1.001, 1.002, …, 1.009	0.001	9
			1.01, 1.02, …, 1.09	0.01	9
			1.1, 1.2, …, 1.9	0.1	9
			2, 3, …, 9	1	8
			10, 20, …, 100	10	10
4	38	0 1 2 (3)	1, 1.005	—	2
			1.01, 1.02, …, 1.09	0.01	9
			1.1, 1.2, …, 1.9	0.1	9
			2, 3, …, 9	1	8
			10, 20, …, 100	10	10
5	10-	00 0 1	0.991, 0.992, …, 1	0.001	10
6	10+		1, 1.001, …, 1.009	0.001	10
7	10-		1.991, 1.992, …, 2	0.001	10
8	10+		2, 2.001, …, 2.009	0.001	10
9	8	00 0 1 2 (3)	125, 150, 175, 200, 250, 300, 400, 500	—	8
10	5		600, 700, 800, 900, 1000	—	5

在总块数为 83 块和 38 块的两盒成套量块中,有时带有 4 块护块,所以每盒成为 87 块

和 42 块了。护块即保护量块，主要是为了减少常用量块的磨损，在使用时可放在量块组的两端，以保护其他量块。

每块量块只有一个工作尺寸。但由于量块的两个测量面做得十分准确而光滑，具有可黏合的特性。即将两块量块的测量面轻轻地推合后，这两块量块就能黏合在一起，不会自己分开，好像一块量块一样。由于量块具有可黏合性，每块量块只有一个工作尺寸的缺点就克服了。利用量块的可黏合性，就可组成各种不同尺寸的量块组，大大扩大了量块的应用范围。但为了减少误差，希望组成量块组的块数不超过 5 块。

为了使量块组的块数为最小值，在组合时就要根据一定的原则来选取块规尺寸，即首先选择能去除最小位数的尺寸的量块。例如，若要组成 87.545mm 的量块组，其量块尺寸的选择方法如下：

量块组的尺寸为 87.545mm；选用的第一块量块尺寸为 1.005mm；剩下的尺寸为 86.54mm；选用的第二块量块尺寸为 1.04mm；剩下的尺寸为 85.5mm；选用的第三块量块尺寸为 5.5mm；剩下的即为第四块尺寸为 80mm。

量块是很精密的量具，使用时必须注意以下几点：

（1）使用前，先在汽油中洗去防锈油，再用清洁的麂皮或软绸擦干净。不要用棉纱头去擦量块的工作面，以免损伤量块的测量面。

（2）清洗后的量块，不要直接用手去拿，应当用软绸衬起来拿。若必须用手拿量块时，应当把手洗干净，并且要拿在量块的非工作面上。

（3）把量块放在工作台上时，应使量块的非工作面与台面接触。不要把量块放在蓝图上，因为蓝图表面残留化学物，会使量块生锈。

（4）不要使量块的工作面与非工作面进行推合，以免擦伤测量面。

（5）量块使用后，应及时在汽油中清洗干净，用软绸揩干后，涂上防锈油，放在专用的盒子里。若经常使用，可在洗净后不涂防锈油，放在干燥缸内保存。绝对不允许将量块长时间地黏合在一起，以免由于金属黏结而引起不必要的损伤。

3. 量块附件

为了扩大量块的应用范围，便于各种测量工作，可采用成套的量块附件。量块附件中，主要是不同长度的夹持器和各种测量用的量脚，如图 1-47（a）所示。量块组与量块附件组装后，可用于校准量具尺寸（如内径百分尺的校准），测量轴径、孔径、高度和划线等工作，如图 1-47（b）所示。

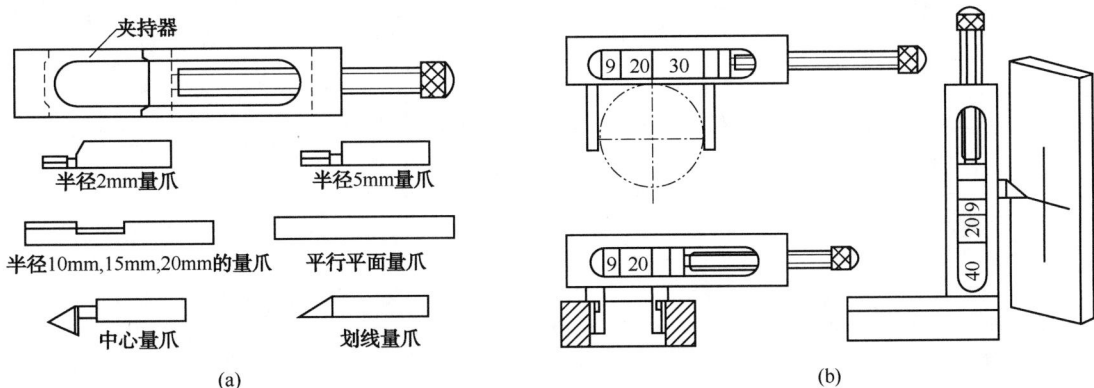

（a）　　　　　　　　　　　　　　　　　　（b）

图 1-47　量块的附件及其使用

五、指示式量具

指示式量具是以指针指示出测量结果的量具。常用的指示式量具有百分表、千分表、杠杆百分表和内径百分表等，主要用于校正零件的安装位置，检验零件的形状精度和相互位置精度，以及测量零件的内径等。

1. 百分表、千分表

1）百分表和千分表的结构

百分表和千分表，都是用来校正零件或夹具的安装位置，检验零件的形状精度或相互位置，精度的。它们的结构原理没有什么大的不同，只是千分表的读数精度比较高，即千分表的读数值为 0.001mm，而百分表的读数值为 0.01mm。车间里经常使用的是百分表，因此，本节主要介绍百分表。

百分表的外形如图 1-48 所示。表盘上刻有 100 个等分格，其刻度值（即读数值）为 0.01mm。当指针转一圈时，小指针即转动一小格，转数指示盘的刻度值为 1mm。用手转动表圈时，表盘也跟着转动，可使指针对准任一刻线。测量杆沿着套筒上下移动，套筒可用于安装百分表。

图 1-49 是百分表内部机构的示意图。带有齿条的测量杆的直线移动，通过齿轮传动（Z_1，Z_2，Z_3），转变为指针的回转运动。齿轮 Z_4 和弹簧 3 使齿轮传动的间隙始终在一个方向，起着稳定指针位置的作用。弹簧 4 用于控制百分表的测量压力。百分表内的齿轮传动机构，使测量杆直线移动 1mm 时，指针正好回转一圈。由于百分表和千分表的测量杆是做直线移动的，可用来测量长度尺寸，因此它们也是长度测量工具。目前，国产百分表的测量范围（即测量杆的最大移动量），有 0~3mm，0~5mm 和 0~10mm 3 种。读数值为 0.001mm 的千分表，测量范围为 0~1mm。

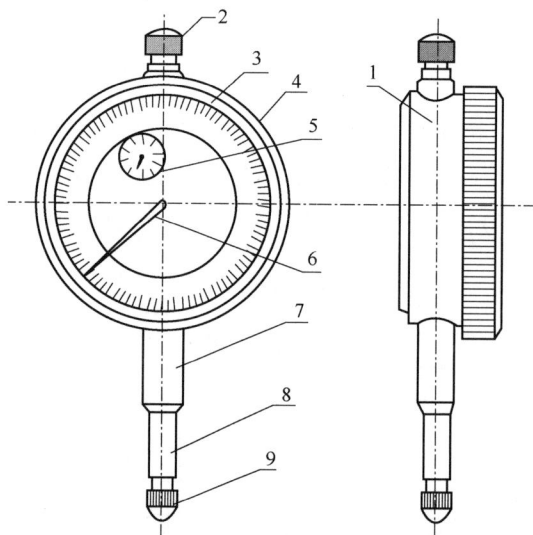

图 1-48　百分表

1—表侧面外圆；2—手提测量杆用的圆头；3—表盘；
4—表圈；5—转数指示盘；6—指针；
7—套筒；8—测量杆；9—测量头

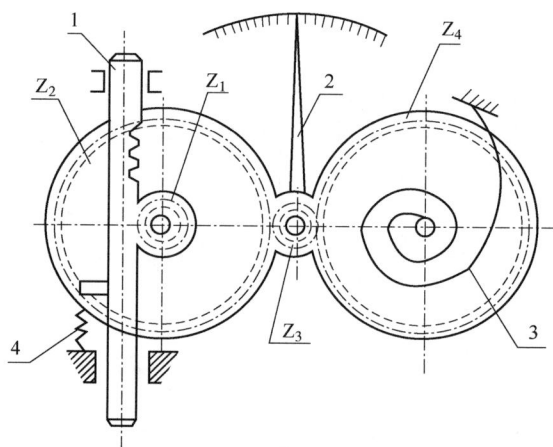

图 1-49　百分表的内部结构

1—测量杆；2—指针；3，4—弹簧；
Z_1，Z_2，Z_3，Z_4—齿轮

2）百分表和千分表的使用方法

由于千分表的读数精度比百分表高，因此百分表适用于尺寸精度为IT6—IT8级零件的校正和检验；千分表则适用于尺寸精度为IT5—IT7级零件的校正和检验。百分表和千分表按其制造精度，可分为0级、1级和2级3种，0级精度较高。使用时，应按照零件的形状和精度要求，选用合适的百分表或千分表的精度等级和测量范围。使用百分表和千分表时，必须注意以下几点：

（1）使用前，应检查测量杆活动的灵活性。即轻轻推动测量杆时，测量杆在套筒内的移动要灵活，没有任何轧卡现象，且每次放松后，指针能回复到原来的刻度位置。

（2）使用百分表或千分表时，必须把它固定在可靠的夹持架上（如固定在万能表架或磁性表座上，如图1-50所示），夹持架要安放平稳，以免使测量结果不准确或摔坏百分表。

用夹持百分表的套筒来固定百分表时，夹紧力不要过大，以免因套筒变形而使测量杆活动不灵活。

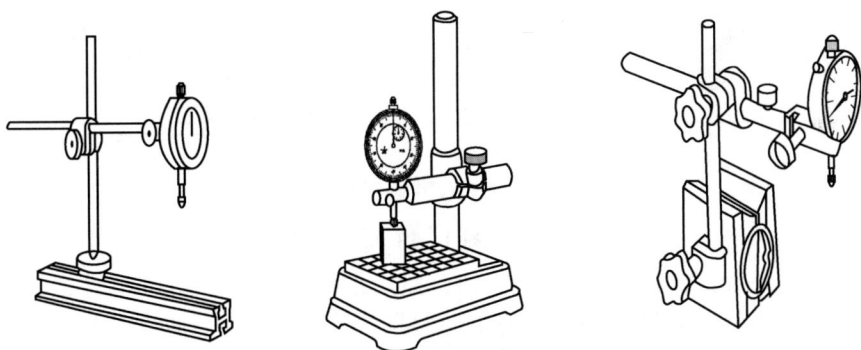

图1-50　安装在专用夹持架上的百分表

用百分表或千分表测量零件时，测量杆必须垂直于被测量表面，如图1-51所示。即测量杆的轴线与被测量尺寸的方向一致；否则，将使测量杆活动不灵活或使测量结果不准确。

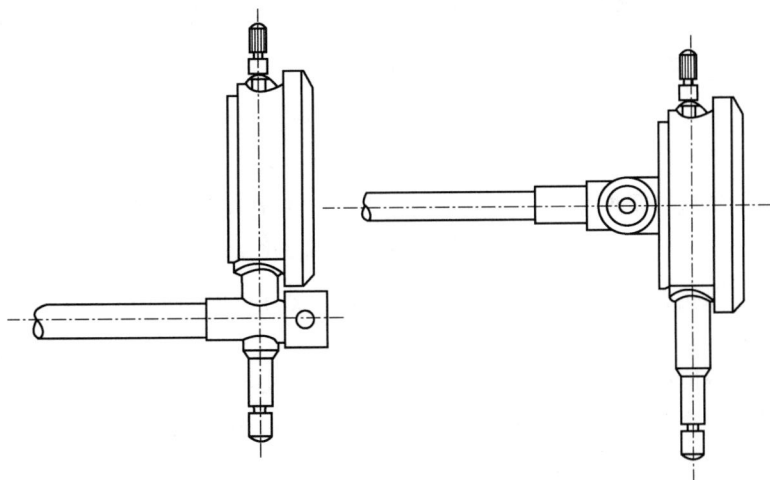

图1-51　百分表安装方法

（3）测量时，不要使测量杆的行程超过它的测量范围；不要使测量头突然撞在零件上；

不要使百分表和千分表受到剧烈的振动和撞击，亦不要把零件强迫推入测量头下，免得损坏百分表和千分表的机件而失去精度。因此，用百分表测量表面粗糙或有显著凹凸不平的零件是错误的。

（4）用百分表校正或测量零件时，应当使测量杆有一定的初始测力，如图1-52所示。即在测量头与零件表面接触时，测量杆应有0.3～1mm的压缩量（千分表可小一点，有0.1mm即可），使指针转过半圈左右，然后转动表圈，使表盘的零位刻线对准指针。轻轻地拉动手提测量杆的圆头，拉起和放松几次，检查指针所指的零位有无改变。当指针的零位稳定后，再开始测量或校正零件的工作。如果是校正零件，此时开始改变零件的相对位置，读出指针的偏摆值，就是零件安装的偏差数值。

图1-52 百分表尺寸校正与检验方法

（5）检查工件平整度或平行度时，如图1-53所示，将工件放在平台上，使测量头与工件表面接触，调整指针使之摆动1/3～1/2转，然后把刻度盘零位对准指针，跟着慢慢地移动表座或工件。若指针顺时针摆动，说明工件偏高；若指针逆时针摆动，则说明工件偏低。

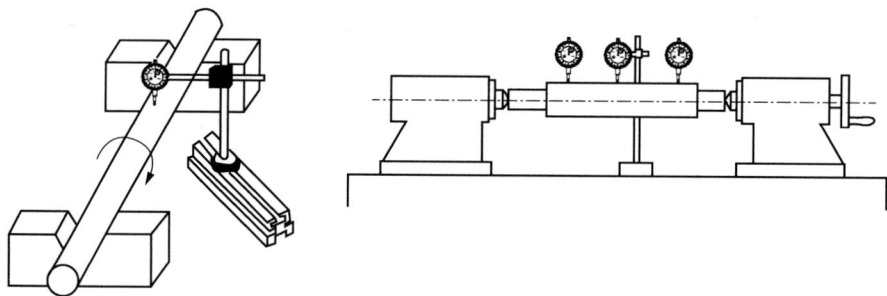

(a)工件放在V形铁上　　　　　　　　　　　(b)工件放在专用检验架上

图1-53 轴类零件圆度、圆柱度及跳动

进行轴测时，以指针摆动最大数字为读数（最高点）；测量孔时，以指针摆动最小数字（最低点）为读数。

检验工件的偏心度时，如果偏心距较小，可按图1-54所示方法测量偏心距，把被测轴装在两顶尖之间，使百分表的测量头接触在偏心部位上（最高点），用手转动轴，百分表上指示出的最大数字和最小数字（最低点）之差就等于偏心距的实际尺寸。偏心套的偏心距也可用上述方法来测量，但必须将偏心套装在心轴上进行测量。

偏心距较大的工件，因受到百分表测量范围的限制，就不能用上述方法测量。这时可用图1-55所示的间接测量偏心距的方法。测量时，把V形铁放在平板上，并把工件放在V形铁中，转动偏心轴，用百分表测量出偏心轴的最高点，找出最高点后，工件固定不动。再用百分表水平移动，测出偏心轴外圆到基准外圆之间的最小距离 a，然后用下式计算出偏心距 e：

$$\frac{D}{2} = e + \frac{d}{2} + a$$

$$e = \frac{D}{2} - \frac{d}{2} - a$$

式中　e——偏心距，mm；

　　　D——基准轴外径，mm；

　　　d——偏心轴直径，mm；

　　　a——基准轴外圆到偏心轴外圆之间的最小距离，mm。

用上述方法，必须把基准轴直径和偏心轴直径用百分尺测量出正确的实际尺寸，否则计算时会产生误差。

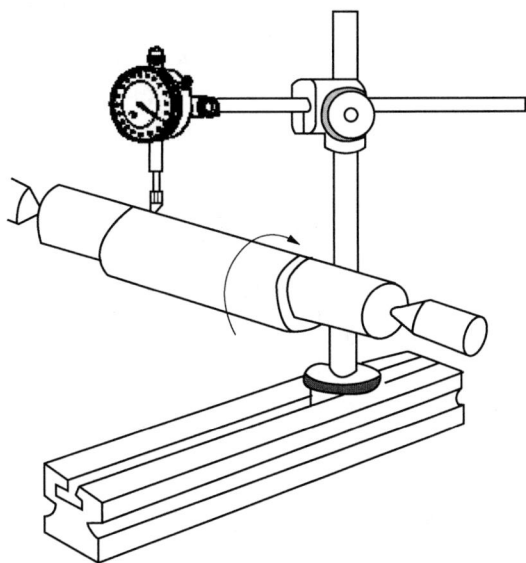

图 1-54　在两顶尖上测量偏心距的方法

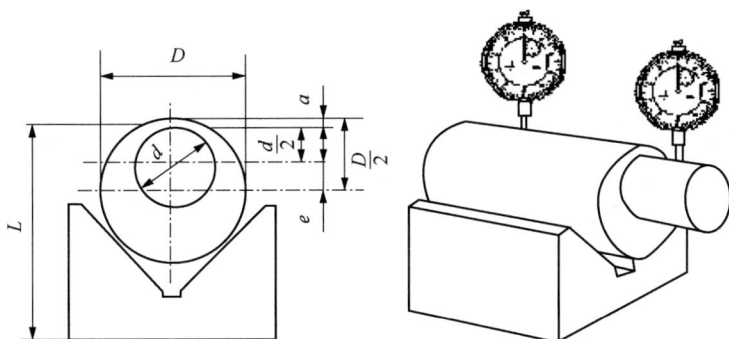

图 1-55　偏心距的间接测量方法

（6）检验车床主轴轴线对刀架移动平行度时，在主轴锥孔中插入一检验棒，把百分表固定在刀架上，使百分表测头触及检验棒表面，如图 1-56 所示。移动刀架，分别对侧母线 A 和上母线 B 进行检验，记录百分表读数的最大差值。为消除检验棒轴线与旋转轴线不重合对测量的影响，必须旋转主轴 180°。再同样检验一次侧母线 A、上母线 B 的误差分别计算，两次测量结果的代数和之半就是主轴轴线对刀架移动的平行度误差。要求水平面内的平行度允差只许向前偏，即检验棒前端偏向操作者；垂直平面内的平行度允差只许向上偏。

（7）检验刀架移动在水平面内直线度时，将百分表固定在刀架上，使其测头顶在主轴和尾座顶尖间的检验棒侧母线上（图 1-57 位置 A），调整尾座，使百分表在检验棒两端的读数相等。然后移动刀架，在全行程上检验。百分表在全行程上读数的最大代数差值，就是水平面内的直线度误差。

（8）在使用百分表和千分表的过程中，要严格防止水、油和灰尘渗入表内，测量杆上也不要加油，免得粘有灰尘的油污进入表内，影响表的灵活性。

（9）百分表和千分表不使用时，应使测量杆处于自由状态，免使表内的弹簧失效。如内径百分表上的百分表，不使用时，应拆下来保存。

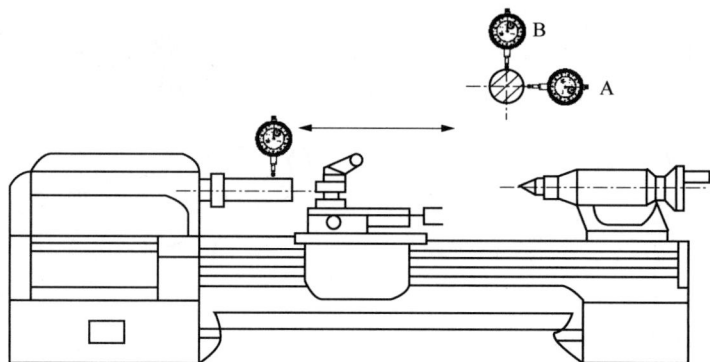

图 1-56　主轴轴线对刀架移动的平行度检验
A—侧母线位置；B—上母线位置

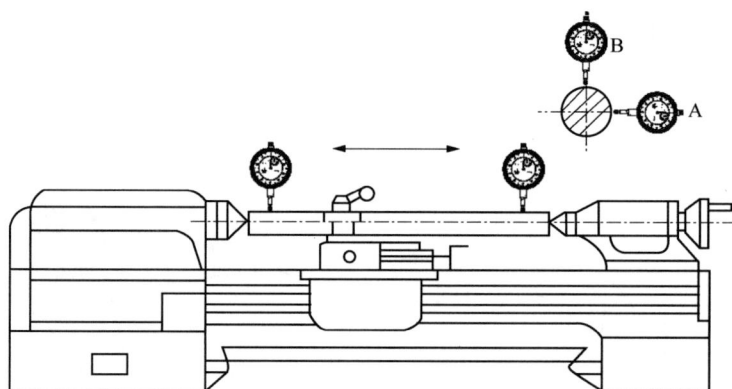

图 1-57　刀架移动在水平面内的直线度检验

2. 内径百分表

1）内径百分表结构及工作原理

内径百分表是内量杠杆式测量架和百分表的组合，用于测量或检验零件的内孔、深孔直径及其形状精度。内径百分表测量架的内部结构，如图 1-58 所示。在三通管的一端装着活动测量头，另一端装着可换测量头，垂直管口一端，通过连杆装有百分表。活动测量头的移动，使传动杠杆回转，通过活动杆，推动百分表的测量杆，使百分表指针产生回转。由于杠杆的两侧触点是等距离的，当活动测量头移动百分表 1mm 时，活动杆也移动 1mm，推动百分表指针回转一圈。因此，活动测量头的移动量，可以在百分表上读出来。

两触点量具在测量内径时，不容易找正孔的直径方向，定心护桥和弹簧就起了一个帮助找正直径位置的作用，使内径百分表的两个测量头正好在内孔直径的两端。活动测量头的测量压力由活动杆上的弹簧控制，保证测量压力一致。内径百分表活动测量头的移动量，小尺寸的只有 0~1mm，大尺寸的可有 0~3mm，其测量范围是由更换或调整可换测量头的长度来达到的。因此，每个内径百分表都附有成套的可换测量头。国产内径百分表的读数值为 0.01mm，测量范围有 10~18mm，18~35mm，35~50mm，50~100mm，100~160mm，160~250mm，250~450mm。

用内径百分表测量内径是一种比较量法，测量前应根据被测孔径的大小，在专用的环规或百分尺上调整好尺寸后才能使用。调整内径百分尺的尺寸时，选用可换测量头的长度及其伸出的距离（大尺寸内径百分表的可换测量头，是用螺纹旋上去的，故可调整伸出的距离，小尺寸的不能调整），应使被测尺寸位于活动测量头总移动量的中间位置。

内径百分表的示值误差比较大，如测量范围为 35～50mm 的，示值误差为 ±0.015mm。为此，使用时应当经常地在专用环规或百分尺上校对尺寸（习惯上称校对零位），必要时可在如图 1-47 所示的由块规附件装夹好的块规组上校对零位，并增加测量次数，以便提高测量精度。

内径百分表的指针摆动读数，刻度盘上每一格为 0.01mm，盘上刻有 100 格，即指针每转一圈为 1mm。

2）内径百分表的使用方法

内径百分表用来测量圆柱孔，它附有成套的可调测量头，使用前必须先进行组合和校对零位，如图 1-59 所示。

组合时，将百分表装入连杆内，使小指针指在 0～1 的位置上，长针和连杆轴线重合，刻度盘上的字应垂直向下，以便于测量时观察，装好后应予紧固。粗加工时，最好先用游标卡尺或内卡钳测量。因内径百分表同其他精密量具一样属贵重仪器，其好坏与精确直接影响到工件的加工精度和其使用寿命。粗加工时工件加工表面粗糙不平而使测量不准确，也使测量头易磨损。因此，须加以爱护和保养，精加工时再进行测量。

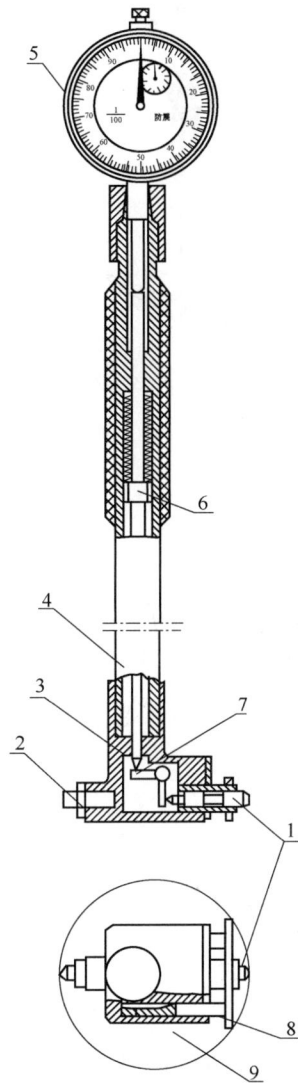

图 1-58　内径百分表

1—活动测量头；2—可换测量头；3—三通管；4—连杆；
5—百分表；6—活动杆；7—传动杠杆；8—定心护桥；
9—弹簧

测量前应根据被测孔径大小用外径百分尺调整好尺寸后才能使用，如图 1-60 所示。在调整尺寸时，正确选用可换测量头的长度及其伸出距离，应使被测尺寸位于活动测量头总移动量的中间位置。

测量时，连杆中心线应与工件中心线平行，不得歪斜，同时应在圆周上多测几个点，找出孔径的实际尺寸，看是否在公差范围以内，如图 1-61 所示。

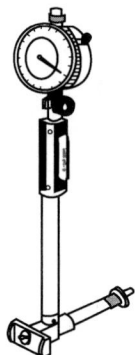

图 1-59　内径百分表　　　　　图 1-60　用外径百分尺调整尺寸

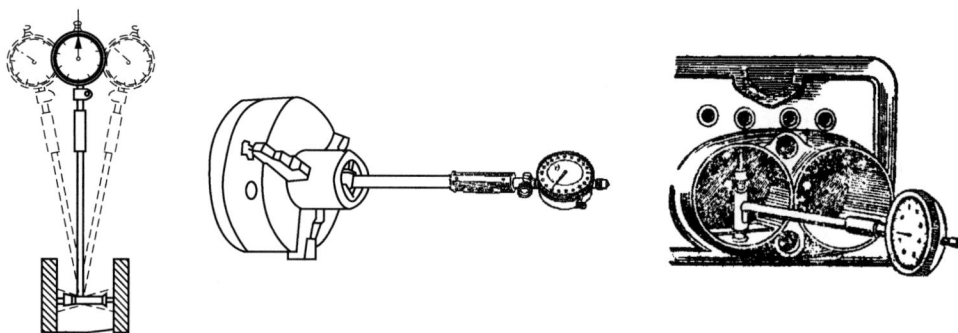

图 1-61　内径百分表的使用方法

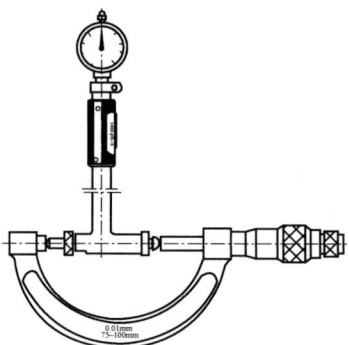

六、角度量具

1. 万能角度尺

万能角度尺是用来测量精密零件内外角度或进行角度划线的角度量具。万能角度尺的读数结构如图 1-62 所示，由刻有基本角度刻线的尺座和固定在扇形板上的游标组成。扇形板可在尺座上回转移动（有制动器），形成了和游标卡尺相似的游标读数结构。万能角度尺尺座上的刻度线每格 1°。由于游标上刻有 30 格，所占的总角度为 29°，因此，两者每格刻线的度数差是：

$$1° - 29°/30 = 1°/30 = 2'$$

即万能角度尺的精度为 2′。

万能角度尺的读数方法，与游标卡尺相同，先读出游标零线前的角度是几度，再从游标上读出角度"分"的数值，两者相加就是被测零件的角度数值。

在万能角度尺上，基尺固定在尺座上，角尺用卡块固定在扇形板上，直尺用卡块固定在角尺上。若把角尺拆下，也可把直尺固定在扇形板上。由于角尺和直尺可以移动和拆换，因此万能角度尺可以测量 0°~320° 的任何角度，如图 1-63 所示。

由图 1-63 可见，角尺和直尺全装上时，可测量 0°~50° 的外角度；仅装上直尺时，可测量 50°~140° 的角度；仅装上角尺时，可测量 140°~230° 的角度；把角尺和直尺全拆下时，可测量 230°~320° 的角度（即可测量 40°~130° 的内角度）。

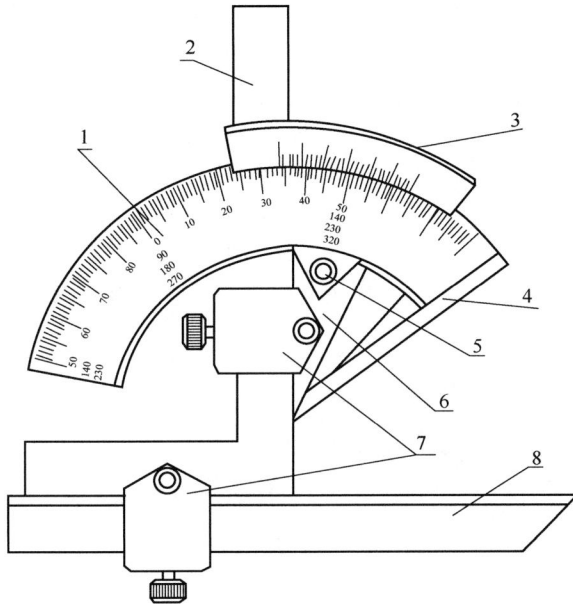

图 1-62　万能角度尺

1—尺座；2—角尺；3—游标；4—基尺；5—制动器；6—扇形板；7—卡块；8—直尺

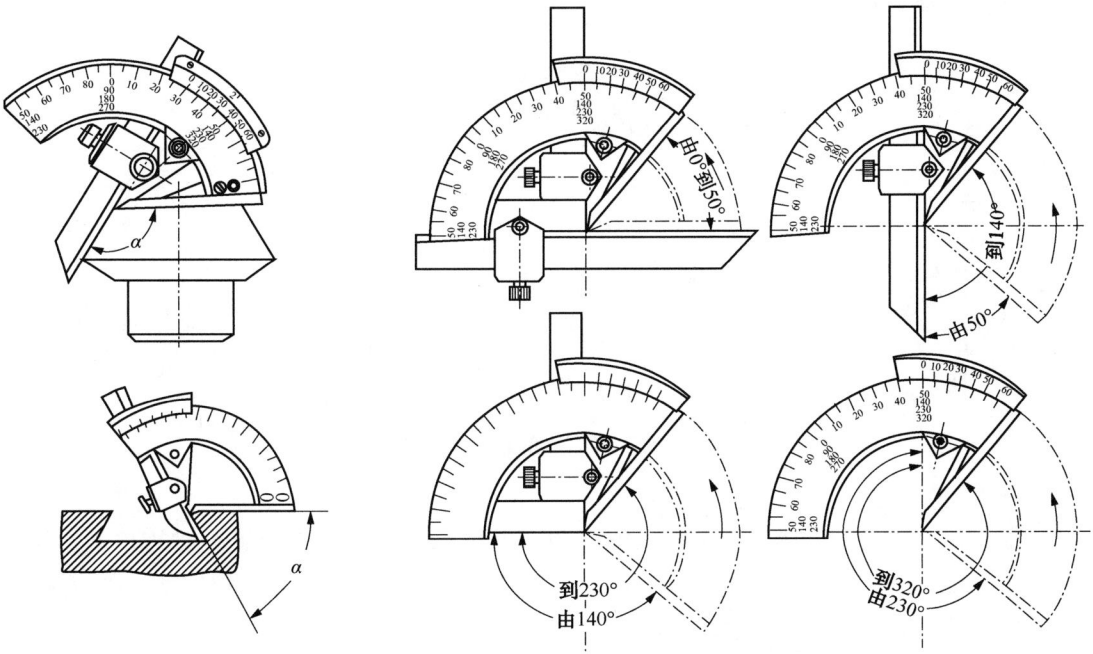

图 1-63　万能角度尺的应用

　　万能角度尺的尺座上，基本角度的刻线只有0°~90°，如果测量的零件角度大于90°，则在读数时，应加上一个基数（90°，180°，270°）。当零件角度为90°~180°时，则被测角度为90°+角度尺读数；当零件角度为180°~270°时，则被测角度为180°+角度尺读数；当零件角度为270°~320°时，则被测角度为270°+角度尺读数。

用万能角度尺测量零件角度时，应使基尺与零件角度的母线方向一致，且零件应与角度尺的两个测量面的全长上接触良好，以免产生测量误差。

2. 游标量角器

游标量角器由直尺、转盘、固定角尺和定盘组成 [图1-64（a）]。直尺可顺其长度方向在适当的位置上固定，转盘上有游标刻线。它的精度为5′。产生这种精度的刻线原理如图1-64（b）所示。定盘上每格角度线1°，转盘上自零度线起，左右各刻有12等分角度线，其总角度为23°。因此，游标上每格的度数为23°/12＝115′＝1°55′。

定盘上2格与转盘上1格相差的度数为2°－1°55′＝5′，即这种量角器的精度为5′。

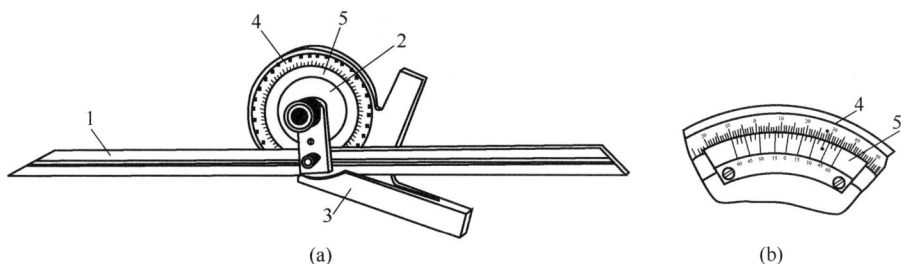

(a)　　　　　　　　　　　　　　　(b)

图1-64　游标量角器

1—尺身；2—转盘；3—固定角尺；4—定盘；5—游标刻线

游标量角器的各种使用方法示例如图1-65所示。

图1-65　游标量角器的使用方法

3. 万能角尺

万能角尺又称万能钢角尺、万能角度尺和组合角尺，主要用于测量一般的角度、长度、深度、水平度以及在圆形工件上定中心等。它由钢尺、活动量角器、中心角规和固定角规组成，如图1-66所示。其钢尺的长度为300mm。

（1）钢尺。钢尺是万能角尺的主件，使用时与其他附件配合。钢尺正面刻有尺寸线，背面有一条长槽，用来安装其他附件。

（2）活动量角器。活动量角器上有一转盘，盘面刻有0°～180°的刻度，当中还有水准器。把活动量角器装上钢尺以后，可量出0°～180°内的任意角度。扳成需要角度后，用螺钉紧固。

（3）中心角规。中心角规的两条边呈90°。装上钢尺后，尺边与钢尺呈45°角，可用来

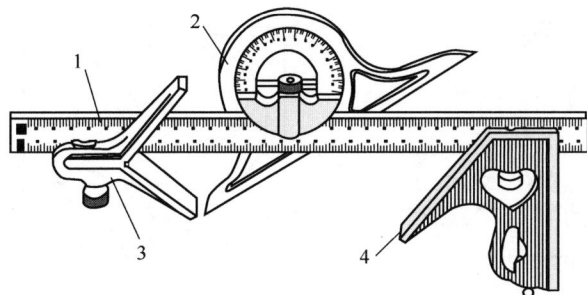

图 1-66　万能角尺

1—钢尺；2—活动量角器；3—中心角规；4—固定角规

求出圆形工件的中心。

（4）固定角规。固定角规有一长边，装上钢尺后呈 90°。另一条斜边与钢尺呈 45°。在长边的一端插一根划针用于划线。旁边还有水准器。

万能角尺应用的使用方法如图 1-67 所示。

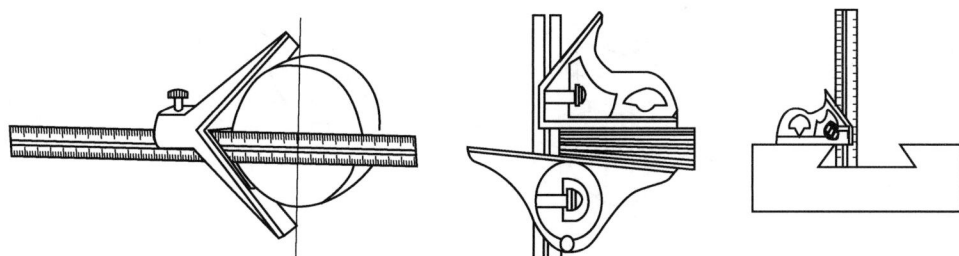

图 1-67　万能角尺的使用方法

4. 中心规

中心规［图 1-68（a）］主要用于检验螺纹及螺纹车刀角度和螺纹车刀在安装时校正的正确位置，如图 1-68（b）所示。车螺纹时，为了保证齿形正确，对安装螺纹车刀提出了较高的要求。对于三角螺纹，其齿形要求对称和垂直于工件轴心线，即两半角相等。安装时为了使两半角相等，可按图 1-69 所示用中心规对刀。中心规也可用于校验车床顶针的准确性。其规格有 55°和 60°两种。

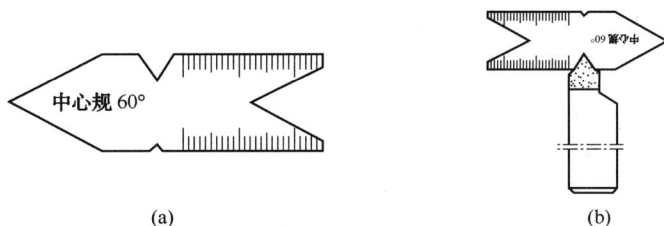

中心规60°

中心规60°

(a)

(b)

图 1-68　中心规

5. 正弦规

正弦规是用于准确检验零件及量块角度和锥度的量具。它是利用三角函数的正弦关系来度量的，故称正弦规或正弦尺、正弦台。由图 1-70 可见，正弦规主要由带有精密工作平面

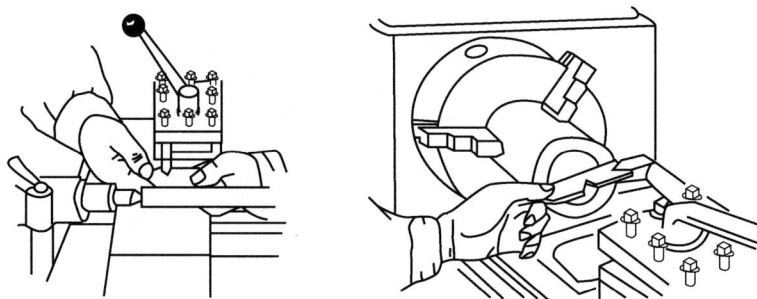

图 1-69　螺纹车刀

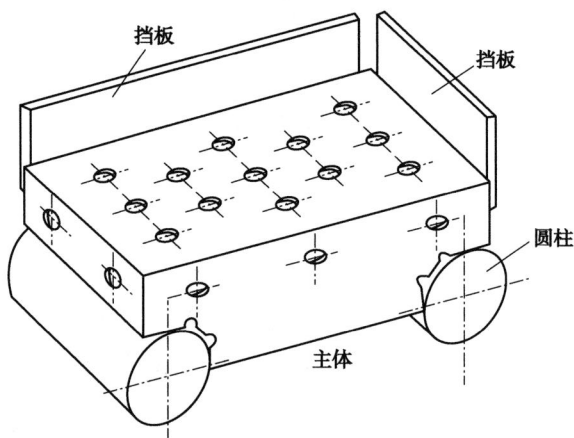

图 1-70　正弦规

的主体和两个精密圆柱组成，四周可以装有挡板（使用时只装相互垂直的两块），测量时作为放置零件的定位板。国产正弦规分为宽型和窄型两种，其规格见表 1-6。

正弦规两个精密圆柱的中心距的精度很高，窄型正弦规的中心距 200mm 的误差不大于 0.003mm；宽型的不大于 0.005mm。同时，主体上工作平面的平直度，以及它与两个圆柱之间的相互位置精度都很高，因此可以用于精密测量，也可作为机床上加工带角度零件的精密定位用。利用正弦规测量角度和锥度时，测量精度可达±（3″~1″），但适宜测量小于 40° 的角度。

表 1-6　正弦规的规格

两圆柱中心距	圆柱直径	工作台宽度（mm）		精度等级
（mm）	（mm）	窄型	宽型	
100	20	25	80	0.1 级
200	30	40	80	

应用正弦规测量圆锥塞规锥角的示意图如图 1-71 所示。应用正弦规测量零件角度时，先把正弦规放在精密平台上，被测零件（如圆锥塞规）放在正弦规的工作平面上，被测零件的定位面平靠在正弦规的挡板上（如圆锥塞规的前端面靠在正弦规的前挡板上）。在正弦规的一个圆柱下面垫入量块，用百分表检查零件全长的高度，调整量块尺寸，使百分表在零件全长上的读数相同。此时，就可应用直角三角形的正弦公式，算出零件的角度：

$$\sin2\alpha = \frac{H}{L}$$

$$H = L \times \sin2\alpha = \frac{H}{L}$$

式中　　2α——圆锥的锥角，（°）；

　　　　H——量块的高度，mm；

　　　　L——正弦规两圆柱的中心距，mm。

例如，测量圆锥塞规的锥角时，使用的是窄型正弦规，中心距 $L = 200$mm，只有在一个圆柱下垫入的量块高度 $H = 10.06$mm 时，才可使百分表在圆锥塞规的全长上读数相等。此时圆锥塞规的锥角计算如下：

$$\sin2\alpha = \frac{H}{L} = \frac{10.06}{200} = 0.0503$$

查正弦函数表得 $2\alpha = 2°53'$，即圆锥塞规的实际锥角为 $2°53'$。

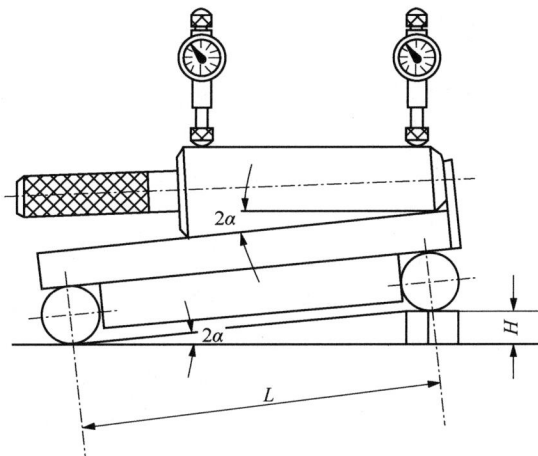

图 1-71　正弦规的应用

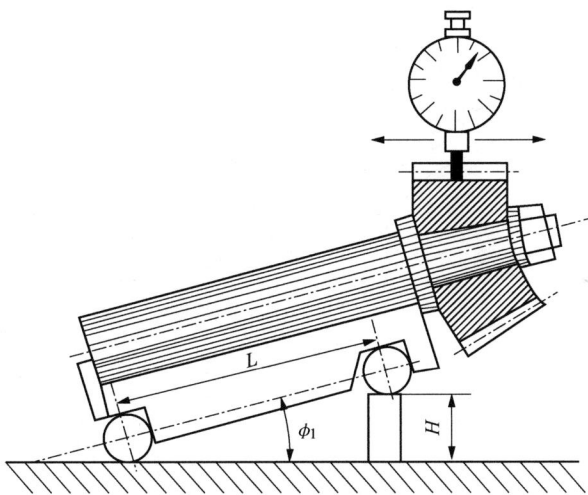

图 1-72　锥齿轮的锥角检验

锥齿轮的锥角检验如图 1-72 所示。由于节锥是一个假想的圆锥，直接测量节锥角有困难，通常以测量根锥角 δ_f 值来代替。简单的测量方法是用全角样板测量根锥顶角，或用半角样板测量根锥角。此外，也可用正弦规测量，将锥齿轮套在芯轴上，芯轴置于正弦规上，将正弦规垫起一个根锥角 δ_f，然后用百分表测量齿轮大小端的齿根部即可。根据根锥角 δ_f 值计算应垫起的量块高度 H 为：

$$H = L\sin\delta_f$$

式中　　H——量块高度；

　　　　L——正弦规两圆柱的中心距；

　　　　δ_f——锥齿轮的根锥角。

七、水平仪

水平仪是测量角度变化的一种常用量具，主要用于测量机件相互位置的水平位置以及设备安装时的平面度、直线度和垂直度，也可测量零件的微小倾角。

常用的水平仪有条式水平仪、框式水平仪和数字式光学合像水平仪等。

1. 条式水平仪

钳工常用的条式水平仪如图 1-73 所示。条式水平仪由作为工作平面的 V 形底平面和与工作平面平行的水准器（俗称气泡）两部分组成。工作平面的平直度和水准器与工作平面的平行度都做得很精确。当水平仪的底平面放在准确的水平位置时，水准器内的气泡正好在中间位置（即水平位置）。在水准器玻璃管内气泡两端刻线为零线的两边，刻有不少于 8 格的刻度，刻线间距为 2mm。当水平仪的底平面与水平位置有微小的差别时，也就是水平仪底平面两端有高低时，水准器内的气泡由于地心引力的作用总是往水准器的最高一侧移动，这就是水平仪的使用原理。两端高低相差不多时，气泡移动也不多，两端高低相差较大时，气泡移动也较大，在水准器的刻度上就可读出两端高低的差值。

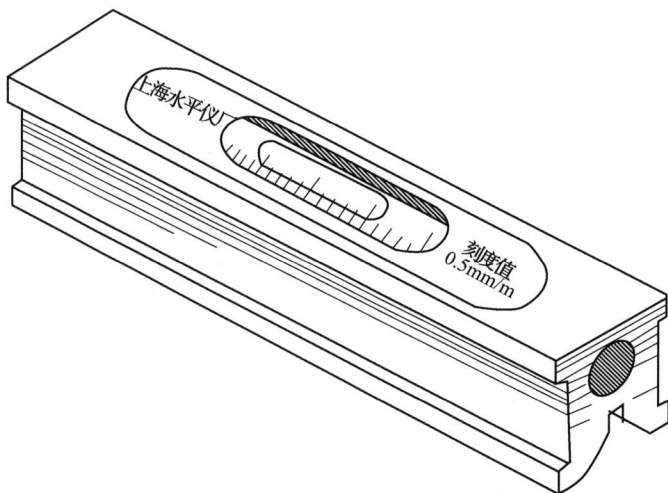

图 1-73　条式水平仪

条式水平仪的规格见表 1-7。条式水平仪分度值如为 0.03mm/m，即表示气泡移动一格时，被测量长度为 1m 的两端上，高低相差 0.03mm。再如，用 200mm 长、分度值为 0.05mm/m 的水平仪，测量 400mm 长的平面的水平度。先把水平仪放在平面的左侧，此时若气泡向右移动 2 格，再把水平仪放在平面的右侧，此时若气泡向左移动 3 格，则说明这个平面是中间高、两侧低的凸平面。中间高出多少毫米呢？从左侧看，中间比左侧高出 2 格，即当被测量长度为 1m 时，中间高 $2 \times 0.05 = 0.10$（mm），现实际测量长度为 200mm，是 1m 的 1/5，因此，实际上中间比左端高 $0.10 \times 1/5 = 0.02$（mm），从右侧看，中间比右端高 3 格，即在被测量长度为 1m 时，中间高 $3 \times 0.05 = 0.15$（mm），现实际测长度为 200mm，是 1m 的 1/5，因此，实际上中间比右端高 $0.15 \times 1/5 = 0.03$（mm）。由此可知，中间比左端高 0.02mm，中间比右端高 0.03mm，则中间比两端高出的数值为 $(0.02 + 0.03) \div 2 = 0.025$（mm）。

表 1-7 条式水平仪的规格

品种	外形尺寸（mm）			组别	分度值（mm/m）
	长	宽	高		
框式	100	25~35	100	I	0.02
	150	30~40	150		
	200	35~40	200		
	250	40~50	250	II	0.03~0.05
	300		300		
条式	100	30~35	35~40		
	150	35~40	35~45		
	200	40~45	40~50	III	0.06~0.15
	250				
	300				

2. 框式水平仪

常用的框式水平仪主要由框架、弧形玻璃管主水准器和调整水准组成（图 1-74）。利用水平仪上水准泡的移动来测量被测部位角度的变化。框架的测量面有平面和 V 形槽，V 形槽便于在圆柱面上测量。弧形玻璃管的表面上有刻线，内装乙醚（或酒精），并留有一个水准泡，水准泡总是停留在玻璃管内的最高处。若水平仪倾斜一个角度，水准泡就向左或向右移动，根据移动的距离（格数），直接或通过计算即可知道被测工件的直线度、平面度或垂直度误差。水平仪工作原理如图 1-75 所示。精度为 0.02mm/1000mm 的水平仪玻璃管，曲率半径 $R = 103132$mm，当平面在 1000mm 长度中倾斜 0.02mm 时，则倾斜角 θ 为：

$$\tan\theta = \frac{0.02mm}{1000} = 0.00002$$

$$\theta = 4''$$

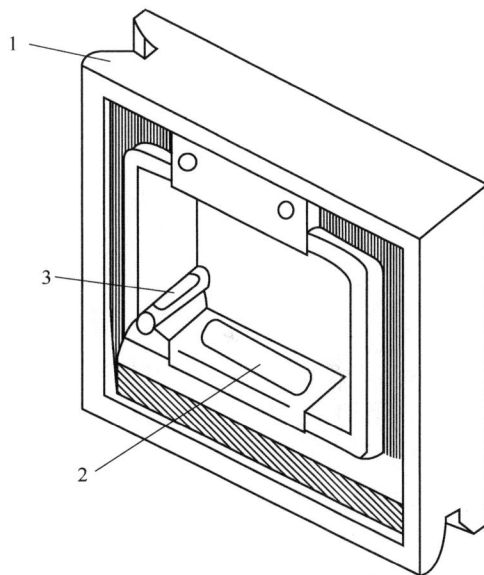

图 1-74 框式水平仪
1—框架；2—主水准器；3—调整水准

水准泡转过的角度应与平面转过的角度相等，则水准泡移动的距离（1 格）为：

$$\frac{2\pi \times 103132mm \times 4''}{360 \times 60 \times 60} \times a = \frac{2\pi R\theta}{360 \times 60 \times 60} = 2mm$$

水平仪的读数方法有直接读数法和平均读数法两种。

1）直接读数法

以水准泡两端的长刻线作为零线，水准泡相对零线移动格数作为读数，这种读数方法最为常用，如图 1-76 所示。

图 1-76（a）表示水平仪处于水平位置，水准泡两端位于长线上，读数为"0"；图 1-76（b）表示水平仪逆时针方向倾斜，水准泡向右移动，图示位置读数为"+2"；图 1-76

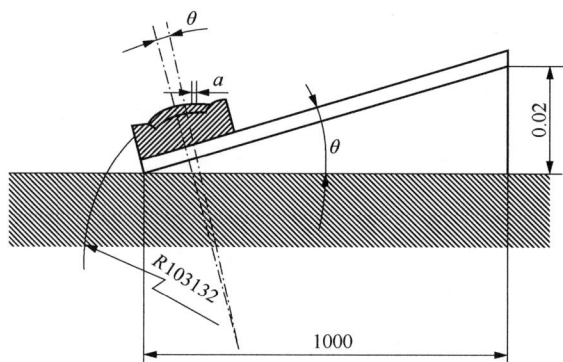

图 1-75　框式水平仪工作原理

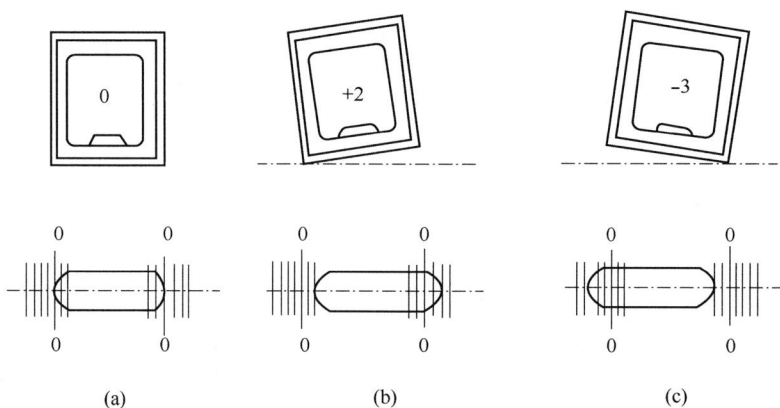

图 1-76　直接读数法

（c）表示水平仪顺时针方向倾斜，水准泡向左移动，图示位置读数为"-3"。

2）平均读数法

由于环境温度变化较大，使水准泡变长或缩短，引起读数误差而影响测量的正确性，可采用平均读数法，以消除读数误差。

平均读数法读数是分别从两条长刻线起，向水准泡移动方向读至水准泡端点止，然后取这两个读数的平均值作为这次测量的读数值。

如图 1-77（a）所示，由于环境温度较高，水准泡变长，测量位置使水准泡左移。读数时，从左边长刻线起，向左读数"-3"；从右边长刻线起，向左读数"-2"。取这两个读数的平均值，作为这次测量的读数值：

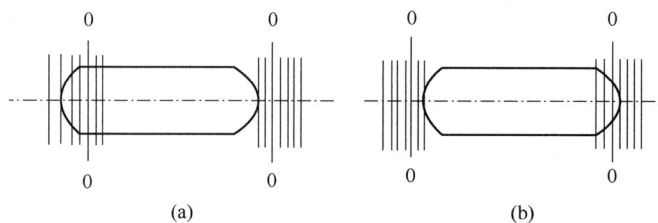

图 1-77　平均读数法

$$\frac{(-3)+(-2)}{2}=-2.5$$

如图 1-77 (b) 所示，由于环境温度较低，水准泡缩短，测量位置使水准泡右移，按上述读数方法，读数分别为 "+2" 和 "+1"，则测量的读数值为：

$$\frac{(+2)+(+1)}{2}=+1.5$$

框式水平仪的使用方法：

（1）框式水平仪的两个 V 形测量面是测量精度的基准，在测量中不能与工作的粗糙面接触或摩擦。安放时必须小心轻放，避免因测量面划伤而损坏水平仪和造成不应有的测量误差。

（2）用框式水平仪测量工件的垂直面时，不能握住与副侧面相对的部位，而用力向工件垂直平面推压，这样会因水平仪的受力变形，影响测量的准确性。正确的测量方法是用手握持副测量面内侧，使水平仪平稳，垂直地（调整水准泡位于中间位置）贴在工件的垂直平面上，然后从纵向读出水准泡移动的格数。

（3）使用水平仪时，要保证水平仪工作面和工件表面的清洁，以防止污物影响测量的准确性。测量水平面时，在同一个测量位置上，应将水平仪调过相反的方向再进行测量。当移动水平仪时，不允许水平仪工作面与工件表面发生摩擦，应该提起来放置，如图 1-78 所示。

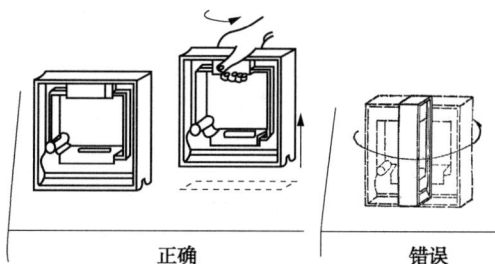

正确　　　　错误

图 1-78　水平仪的使用方法

（4）当测量长度较大工件时，可将工件平均分为若干尺寸段，用分段测量法，然后根据各段的测量读数，绘出误差坐标图，以确定其误差的最大格数。如图 1-79 所示，床身导轨在纵向垂直平面内进行直线度的检验时，将框式水平仪纵向放置在刀架上靠近前导轨处（图 1-79 中位置 A），从刀架处于主轴箱一端的极限位置开始，从左向右移动刀架，每次移动距离应近似等于水平仪的边框尺寸（200mm）。依次记录刀架在每一测量长度位置时的水平仪读数。将这些读数依次排列，用适当的比例画出导轨在垂直平面内的直线度误差曲线。水平仪读数为纵坐标，刀架在起始位置时的水平仪读数为起点，由坐标原点起做一折线段，其后每

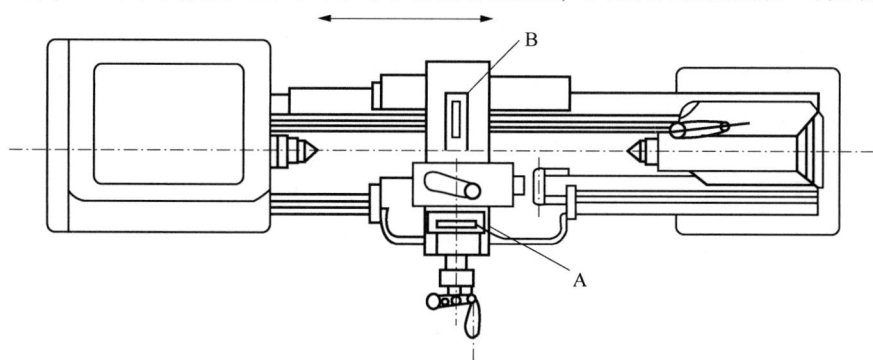

图 1-79　纵向导轨在垂直平面内的直线度检验

A，B—水平仪

次读数都以前折线段的终点为起点，画出应折线段，各折线段组成的曲线即为导轨在垂直平面内的直线度曲线。曲线相对其两端连线的最大坐标值，就是导轨全长的直线度误差；曲线上任一局部测量长度内的两端点相对曲线两端点的连线坐标差值，也就是导轨的局部误差。

例：一台床身导轨长度为 1600mm 的卧式车床，用尺寸为 200mm×200mm、精度为 0.02mm/1000mm 的框式水平仪检验其直线度误差。

将导轨分成 8 段，使每段长度为水平仪边框尺寸（200mm），分段测得水平仪的读数为 +1，+2，+1，0，-1，0，-1，-0.5。根据这些读数画出误差曲线图（图 1-80）。作图的坐标为：纵轴方向每一格表示水平仪气泡移动一格的数值；横轴方向表示水平仪的每段测量长度。做出曲线后再将曲线的首尾（两端点）连线 I—I。并经曲线的最高点做垂直于水平轴方向的垂线与连线相交的那段距离 n，即为导轨的直线度误差的格数。从误差曲线图可以看到，导轨在全长范围内呈现出中间凸的状态，且凸起值最大在导轨 600~800mm 长度处。

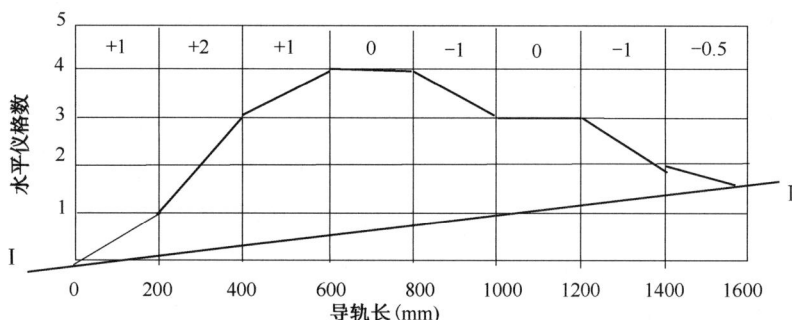

图 1-80　导轨在垂直平面内直线度误差曲线图

将水平仪测量的偏差格数换算成标准的直线度误差值 δ：

$$\delta = nil$$

式中　　n——误差曲线中的最大误差格数；

　　　　i——水平仪的精度，0.02mm/1000mm；

　　　　l——每段测量长度，mm。

按误差曲线图各数值计算得：

$$\delta = 3.5 \times 0.02mm/1000mm \times 200mm = 0.014mm$$

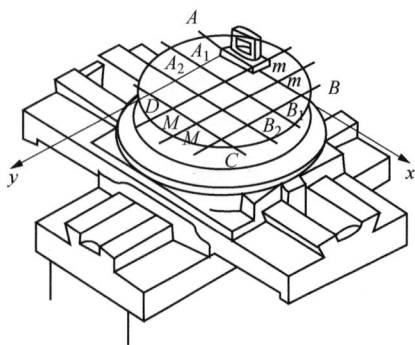

图 1-81　检验工作台面的平面度
（图中的英文符号表示工作台面上的测试点）

（5）机床工作台面的平面度检验方法，如图 1-81 所示，工作台及床鞍分别置于行程的中间位置，在工作台面上放一桥板，其上放水平仪，分别沿图示各测量方向移动桥板，每隔桥板跨距 d 记录一次水平仪读数。通过工作台面上 A，B，D 3 点建立基准平面，根据水平仪读数求得各测点平面的坐标值。误差以任意 300mm 测量长度上的最大坐标值计。标准规定允差见表 1-8。

（6）测量大型零件的垂直度时，如图 1-82（a）所示，用水平仪粗调基准表面到水平，分别在基准表面和被测表面上用水平仪分段逐步测量并用图解法（图 1-80）确定基准方位，然后求出被测表面相对于基准的垂直度误差。测量小型零件时，如图 1-82（b）所示，先将水平仪放在基准表面上，读水准泡一端的数值，然后用水平仪的一侧紧贴垂直被测表面，水准泡偏离第一次（基准表面）读数值，即为被测表面的垂直度误差。

表 1-8　工作台面的平面度允差　　　　　　　　　　　单位：mm

工作台直径	≥500	500~630	630~1250	1250~2000
在任意 300mm 测量长度允差值	0.02	0.025	0.03	0.035

（7）水平仪使用完后，应涂上防锈油并妥善保管。

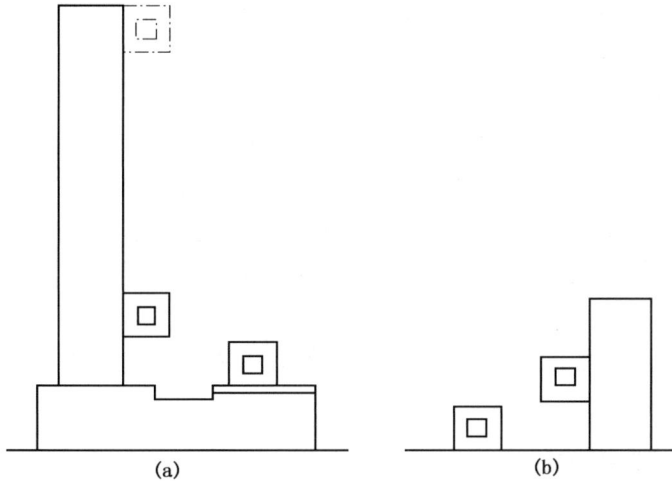

图 1-82　水平仪垂直度测量

八、量具的维护和保养

正确地使用精密量具是保证产品质量的重要条件之一。要保持量具的精度和它工作的可靠性，除了在使用中要按照合理的使用方法进行操作以外，还必须做好量具的维护和保养工作。

（1）在机床上测量零件时，要等零件完全停稳后进行，否则不但使量具的测量面过早磨损而失去精度，且会造成事故。尤其是车工使用外卡时，不要以为卡钳简单，磨损一点无所谓，要注意铸件内常有气孔和缩孔，一旦钳脚落入气孔内，可把操作者的手也拉进去，造成严重事故。

（2）测量前应把量具的测量面和零件的被测量表面都要揩干净，以免因有污物存在而影响测量精度。用精密量具如游标卡尺、百分尺和百分表等，去测量锻铸件毛坯，或带有研磨剂（如金刚砂等）的表面是错误的，这样易使测量面很快磨损而失去精度。

（3）量具在使用过程中，不要和工具、刀具（如锉刀、大锤、车刀和钻头）等堆放在一起，免碰伤量具。也不要随便放在机床上，免因机床振动而使量具掉下来损坏。尤其是游标卡尺等，应平放在专用盒子里，免使尺身变形。

（4）量具是测量工具，绝对不能作为其他工具的代用品。例如，拿游标卡尺划线，拿百分尺当手锤，拿钢直尺当螺丝刀旋螺钉，以及用钢直尺清理切屑等都是错误的。把量具当玩具，如把百分尺等拿在手中任意挥动或摇转等也是错误的，都容易使量具失去精度。

（5）温度对测量结果影响很大，零件的精密测量一定要使零件和量具都在 20℃ 的情况下进行。一般可在室温下进行，但必须使工件与量具的温度一致；否则，由于金属材料热胀冷缩的特性，测量结果不准确。

温度对量具精度的影响亦很大，量具不应放在阳光下或床头箱上，因为量具温度升高后，也量不出正确尺寸。更不要把精密量具放在热源（如电炉、热交换器等）附近，以免使量具受热变形而失去精度。

（6）不要把精密量具放在磁场附近，例如，磨床的磁性工作台上，以免使量具感磁。

（7）发现精密量具有不正常现象时，如量具表面不平、有毛刺、有锈斑以及刻度不准、尺身弯曲变形、活动不灵活等，使用者不应当自行拆修，更不允许自行用手锤敲、锉刀锉、砂布打光等粗糙办法修理，以免增大量具误差。发现上述情况，使用者应当主动送计量站检修，并经检定量具精度后再继续使用。

（8）量具使用后，应及时揩干净，除不锈钢量具或有保护镀层者外，金属表面应涂上一层防锈油，放在专用的盒子里，保存在干燥的地方，以免生锈。

（9）精密量具应实行定期检定和保养，长期使用的精密量具，要定期送计量站进行保养和检定精度，以免因量具的示值误差超差而造成产品质量事故。

第三节　机械制图的表达方法

一、机械制图的相关原理

1. 基本投影面与基本视图

（1）基本投影面。用正六面体的 6 个面作为投影面，这 6 个投影面称为基本投影面。

（2）基本视图。机械零件向基本投影面投影所得的视图称为基本视图。基本视图包括主视图、俯视图、左视图、右视图、仰视图和后视图（图 1-83）。

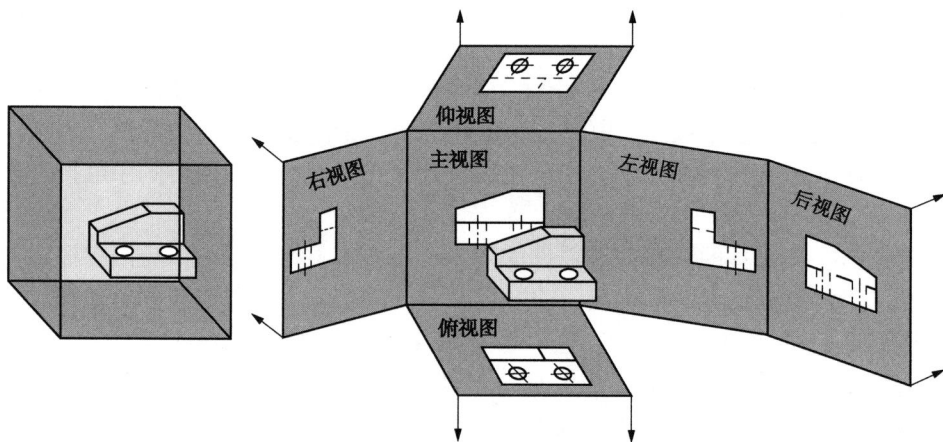

图 1-83　6 个基本视图

2. 向视图/斜视图、局部视图

当某视图不能按投影关系配置时，可将其配置在适当的位置，并称这种视图为向视图（图 1-84）。

将机械零件向不平行于任何基本投影面的平面投影所得的视图，称为斜视图（图1-85）。

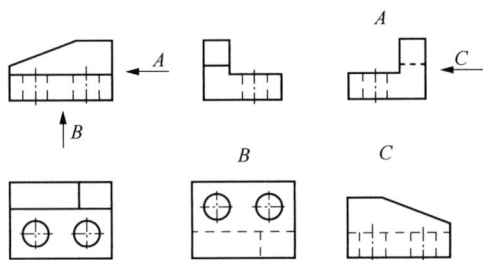

图 1-84　向视图

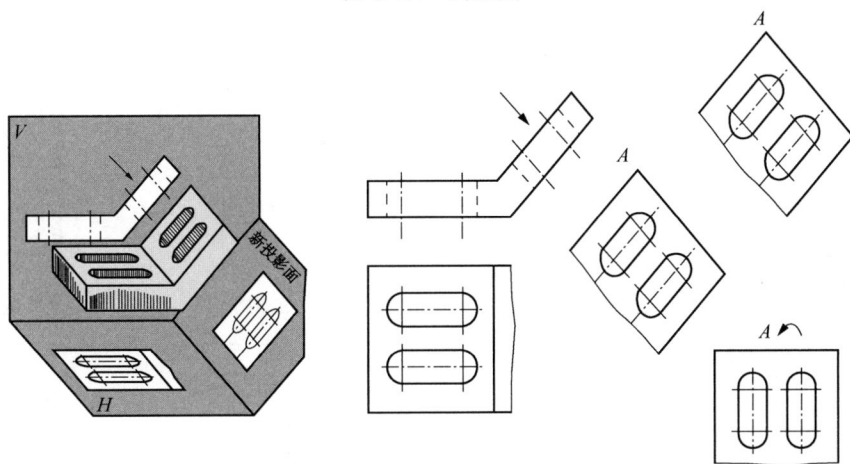

图 1-85　斜视图

二、剖视图

1. 基本概念

1）剖视图的形成

假想用剖切平面剖开机械零件，将处在观察者和剖切平面之间的部分移去，而将其余部分向投影面投射所得的图形，称为剖视图，简称剖视（图1-86）。

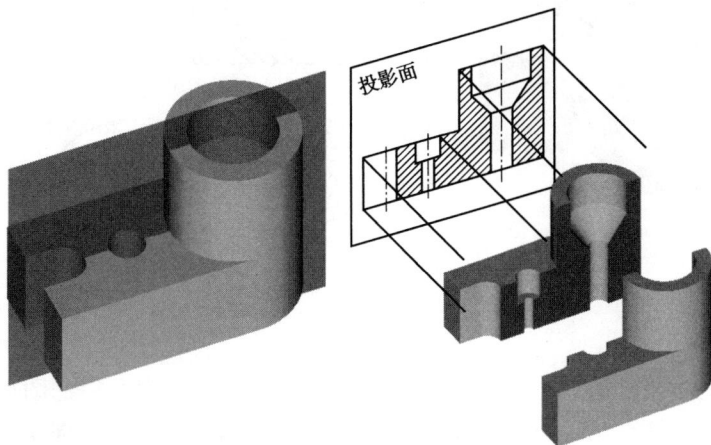

图 1-86　剖视图的形成

2）剖面符号

各种材料的剖面符号见表1-9。

表1-9　各种材料的剖面符号

材料名称		剖面符号	材料名称	剖面符号
金属材料，通用剖面线（已有规定剖面符号者除外）			木质胶合板（不分层数）	
线圈绕组原件			基础周围的泥土	
转子、电枢、变压器和电抗器等的叠铜片			混凝土	
非金属材料（已有规定剖面符号者除外）			钢筋混凝土	
型砂、填砂、粉末冶金、砂轮、硬质合金刀片等			砖	
玻璃及供观察用的其他透明材料			格网（筛网、过滤网等）	
木材	纵剖面		液体	
	横剖面			

2. 剖视图的种类

1）全剖视图

全剖视图（图1-87）用于外部形状简单，内部有孔、槽的形体。

缺点：全剖视图（图1-87）不能完整地表达机械零件的外部结构。

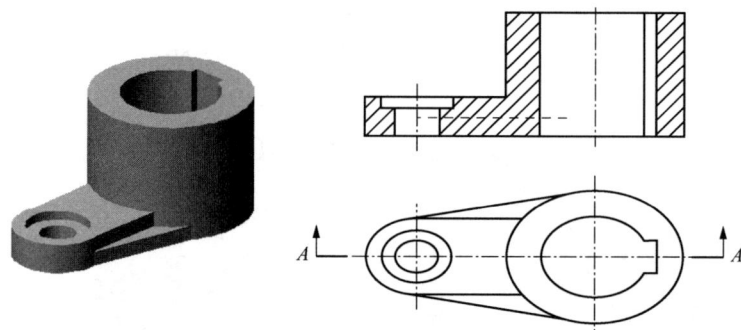

图1-87　全剖视图

2）半剖视图

当物体具有对称平面时，向垂直于对称平面的投影面上投射所得的图形，可以对称中心线为界，一半画成视图，另一半画成剖视图，这种组合的图形称为半剖视图（图1-88）。半剖视图用于外部有形状需要表达，内部有孔、槽，且在这个方向上为对称图形的形体。

优点：半剖视图既可表达外部形状，又可看清内部的孔、槽结构。

把半个视图和半个剖视图画在一起

分界线是点划线

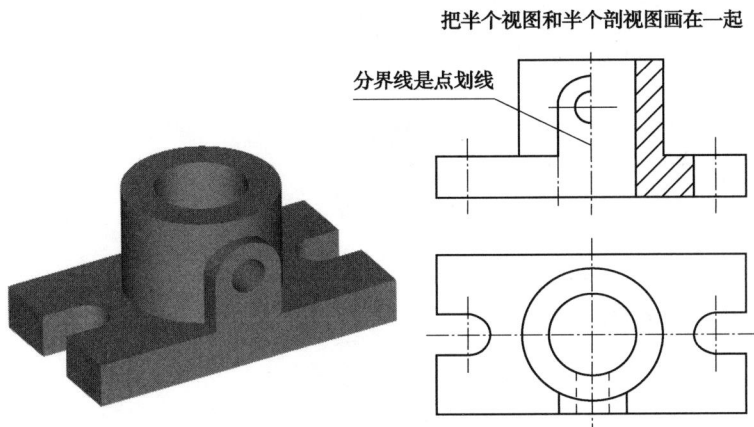

图 1-88　半剖视图

3）局部剖视图

用剖切平面局部地剖开机械零件所得的剖视图，称为局部剖视图（图 1-89）。

优点：局部剖视图不需满足任何条件，可根据需要任意剖切。

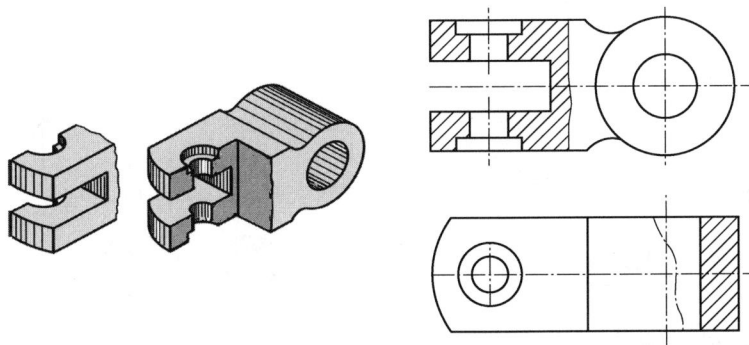

图 1-89　局部剖视图

三、断面图

1. 断面图的概念

假想用剖切面将机械零件的某处切断，仅画出该剖切面与机械零件接触部分的图形，称为断面图，简称断面（图 1-90）。断面图与剖视图的区别如图 1-91 所示。

2. 断面图的种类

（1）移出断面：画在被切断部分的投影轮廓外面的断面图，称为移出断面（图 1-92）。

（2）重合断面：画在被切断部分的投影轮廓内的断面图，称为重合断面（图 1-93）。

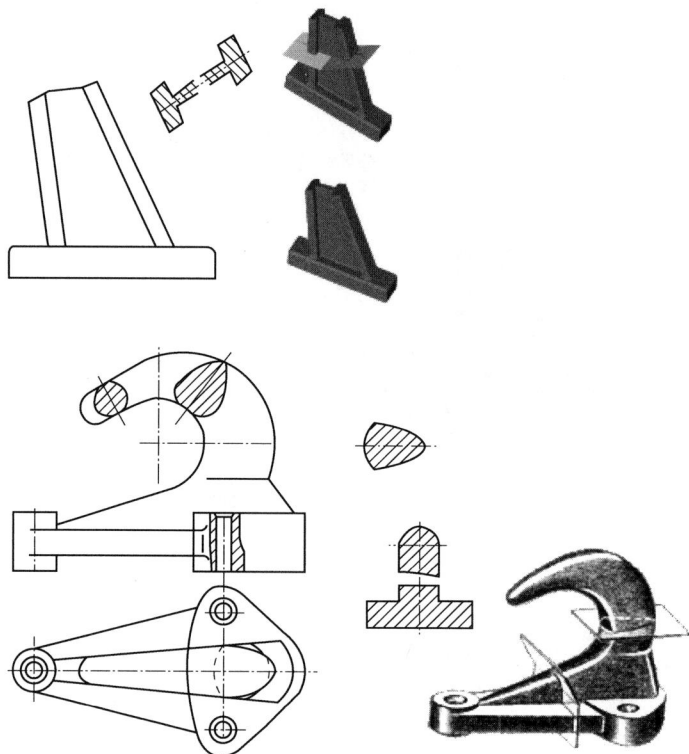

图 1-90　断面图

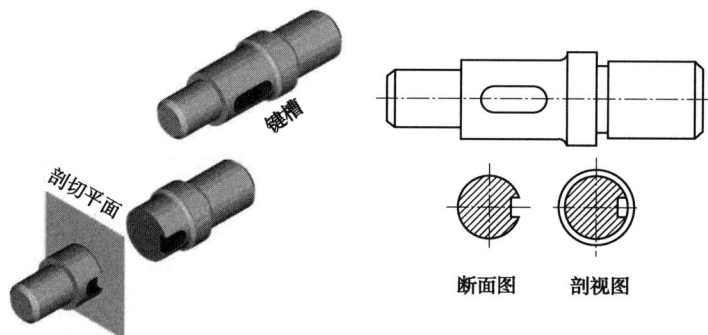

图 1-91　断面图与剖视图的区别

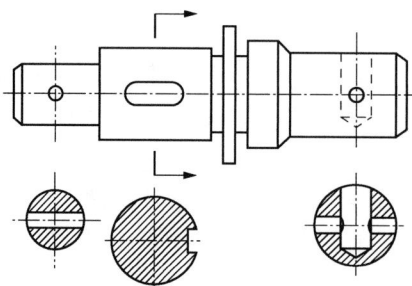

图 1-92　移出断面图

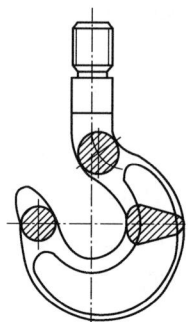

图 1-93　重合断面图

四、局部放大图及其他规定与简化画法

1. 局部放大图

局部放大图如图 1-94 所示。

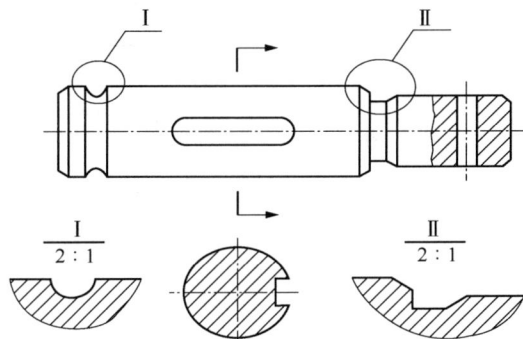

图 1-94　局部放大图

2. 第一角画法与第三角画法的标识

第一角画法与第三角画法的标识符号如图 1-95 所示。

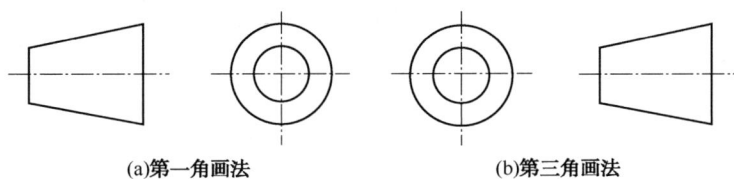

(a)第一角画法　　　　　　　　(b)第三角画法

图 1-95　两种画法的标识符号

五、机械图样上技术要求的标注

零件图除了包括一组必要的视图和一组必要的尺寸外，还必须标注加工零件所必须达到的技术要求，这些技术要求包括尺寸公差、形状位置公差、粗糙度和其他文字说明的技术要求等。

1. 表面粗糙度

零件在加工过程中，表面不可能绝对光滑和平整，在放大镜下可以观察出高低不平的峰谷，这种微观几何形状的特征称为表面粗糙度（图 1-96）。

（1）表面粗糙度的形成：加工时，刀具与机件表面摩擦（挤压）而形成。表面粗糙度与机床的精度、加工方法有关。

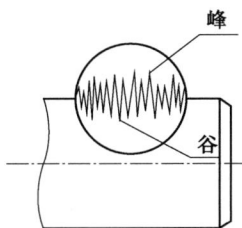

图 1-96　表面粗糙度

53

（2）表面粗糙度对工件的影响：使用寿命；动力的消耗；抗腐蚀性。

因此，表面粗糙度是评定质量的重要技术指标。

（3）表面粗糙度符号及其标注

表面粗糙度符号及其意义见表 1-10。

表 1-10 表面粗糙度的符号及其意义

符号	意义及说明
√	基本符号，表示表面可用任何方法获得。当不加注粗糙度参数值或有关说明（例如，表面处理、局部热处理状况等）时，仅使用于简化代号标注
√	基本符号加一短划，表示表面是用去除材料的方法获得，如车、铣、钻、磨、剪切、抛光、腐蚀、电火花加工、气割等
√	基本符号加一小圆，表示表面是用不去除材料的方法获得，如铸、锻、冲压变形、热轧、冷轧、粉末冶金等，或者是用于保持原供应状况的表面（包括保持上道工序的状况）
√ √ √	在上述 3 个符号的长边上均可加一横线，用于标注有关参数和说明
√ √ √	在上述 3 个符号上均可加一小圆，表示所有表面具有相同的表面粗糙度要求

表面粗糙度高度参数 Ra 与 Rz 在代号中用数值标注时，除参数代号 Ra 可省略外，其余在参数值前面需标出相应的参数代号 Rz，标注示例见表 1-11 和图 1-97。

表 1-11 表面粗糙度高度参考数值的标注示例

代号	意义	代号	意义
3.2 √	用任何方法获得的表面，Ra 的最大容许值为 3.2μm	Rz3.2 √	用任何方法获得的表面，Rz 的最大容许值为 3.2μm
3.2 √	用去除材料方法获得的表面，Ra 的最大容许值为 3.2μm	Rz200 √	用不去除材料方法获得的表面，Rz 的最大容许值为 200μm
3.2 √	用不去除材料方法获得的表面，Ra 最大容许值为 3.2μm	Rz3.2 Rz1.6 √	用去除材料方法获得的表面，Rz 的最大容许值为 3.2μm，最小容许值为 1.6μm
3.2 1.6 √	用去除材料方法获得的表面，Ra 的最大容许值为 3.2μm，最小容许值为 1.6μm	Ra3.2 Rz12.5 √	用去除材料方法获得的表面，Ra 的最大容许值为 3.2μm，Rz 的最大容许值为 12.5μm

2. 极限与配合的基本概念及标注

示例：

$$\phi 30 \frac{-0.020}{-0.033}$$

基本尺寸：$\phi 30$

上偏差 = -0.020

下偏差 = -0.033

最大极限尺寸 D_{max} = 29.980

最小极限尺寸 D_{min} = 29.967

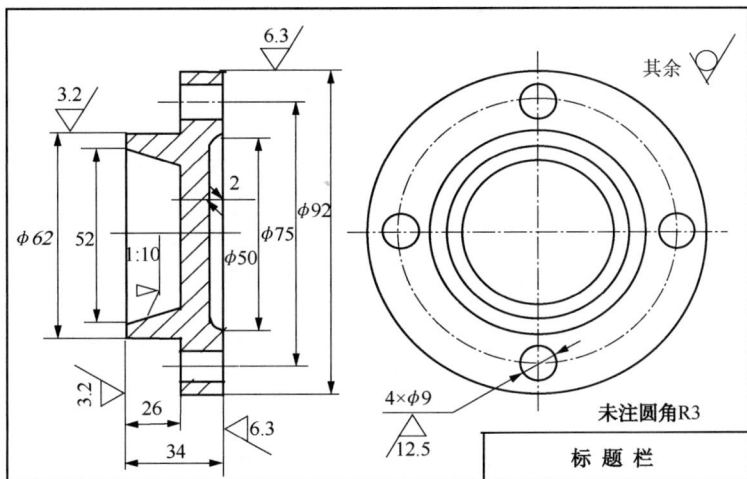

图 1-97 表面粗糙度标注

公差 = 0.013

配合定义：基本尺寸相同的孔与轴装配在一起，其公差带之间的关系称为配合。根据配合性质的松紧程度不同，分为间隙配合、过盈配合和过渡配合。

（1）间隙配合：装配后有间隙，轴可在孔中自由转动（图 1-98）。

（2）过盈配合：装配后有过盈，轴不可在孔中自由转动（图 1-99）。

（3）过渡配合：可能具有间隙或过盈的配合。此时，孔的公差带与轴的公差带相互交叠。

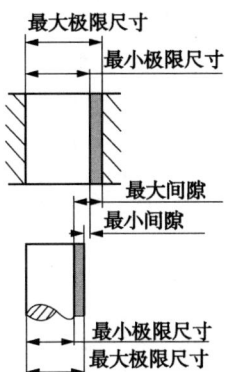

图 1-98 间隙配合

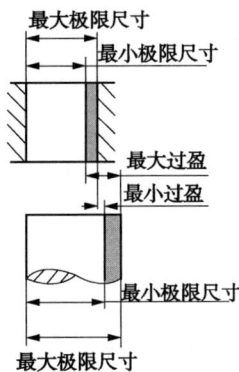

图 1-99 过盈配合

（4）优先、常用配合：基孔制与基轴制的优先、常用配合分别见表 1-12 和表 1-13。

3. 形位公差

零件各几何要素的实际形状和位置对理想形状和位置的允许变动量精度较高的零件，不仅需要保证其尺寸公差，而且要保证其形状和位置公差才能满足零件的使用要求和装配互换性（图 1-100）。

一般零件的形位公差，由尺寸公差、加工机床的精度保证。形位公差各项目标注符号见表 1-14。形位公差标注示例如图 1-101 和图 1-102 所示。

表 1-12 基孔制优先、常用配合

基准孔	a	b	c	d	e	f	g	h	js	k	m	n	p	r	s	t	u	v	x	y	z
					间隙配合					过渡配合				过盈配合						
H6						H6/f5	H6/g5	H6/h5	H6/js5	H6/k5	H6/m5	H6/n5	H6/p5	H6/r5	H6/s5	H6/t5					
H7						H7/f6	*H7/g6	*H7/h6	H7/js6	*H7/k6	H7/m6	*H7/n6	*H7/p6	H7/r6	*H7/s6	H7/t6	*H7/u6	H7/v6	H7/x6	H7/y6	H7/z6
H8					H8/e7	*H8/f7	H8/g7	*H8/h7	H8/js7	H8/k7	H8/m7	H8/n7	H8/p7	H8/r7	H8/s7	H8/t7	H8/u7				
				H8/d8	H8/e8	H8/f8		H8/h8													
H9			H9/c9	*H9/d9	H9/e9	H9/f9		*H9/h9													
H10			H10/c10	H10/d10				H10/h10													
H11	H11/a11	H11/b11	*H11/c11	H11/a11				*H11/h11													
H12		H12/b12						H12/h12													

根据机械工业产品生产使用的需要，考虑定值刀具、量具规格的统一，国家标准规定了优先选用、常用和一般用途的孔、轴公差带。

国标中还规定了孔、轴公差带中组合成基孔制常用配合 59 种，优先配合 13 种，基轴制常用配合 47 种，优先配合 13 种，应尽量选用优先配合和常用配合

表 1-13 基轴制优先、常用配合

基准轴	A	B	C	D	E	F	G	H	JS	K	M	N	P	R	S	T	U	V	X	Y	Z
					间隙配合					过渡配合				过盈配合						
hs						F6/h5	G6/h5	H6/h5	JS6/h5	K6/h5	M6/h5	N6/h5	P6/h5	R6/h5	S6/h5	T6/h5					
h6						F7/h6	*G7/h6	*H7/h6	JS7/h6	*K7/h6	M7/h6	*N7/h6	*P7/h6	R7/h6	*S7/h6	T7/h6	*U7/h6				
h7					E8/h7	*F8/h7		*H8/h7	JS8/h7	K8/h7	M8/h7	N8/h7									
h8				D8/h8	E8/h8	F8/h8		H8/h8													
h9				*D9/h9	E9/h9	F9/h9		*H9/h9													
h10				D10/h10				H10/h10													
h11	A11/h11	B11/h11	*C11/h11	D11/h11				*H11/h11													
h12		B12/h12						H12/h12													

代号表示实际轴线与理想轴线之间的变动量——直线度，必须保持在 $\phi 0.006$mm的圆柱面内

$\phi 12^{-0.007}_{-0.017}$

$\phi 0.006$

为了保证滚柱质量，除了注出直径尺寸公差，还需注出轴线形状公差

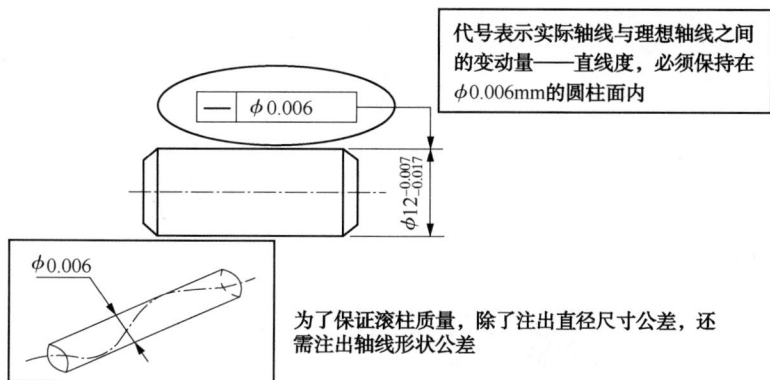

图 1-100 形位公差

表 1-14 形位公差各项目标注符号

分类	项目	符号	分类	项目	符号
形状公差	直线度		位置公差	定向公差	平行度	//
	平面度			垂直度	⊥
	圆度			倾斜度	∠
	圆柱度		定位公差	同轴度	◎
				对称度	=
	线轮廓度①			位置度	⊕
	面轮廓度②		跳动公差	圆跳动③	↗
				全跳动④	↗↗

① 线轮廓度：零件宽度方向任一横截面上实际线的轮廓形状所允许的变动量。
② 面轮廓度：实际表面的轮廓形状所允许的最大跳动量。
③ 圆跳动：实际要素绕基准线回转一周所允许的最大跳动量。
④ 全跳动：实际要素绕基准线连续回转一周所允许的最大跳动量。

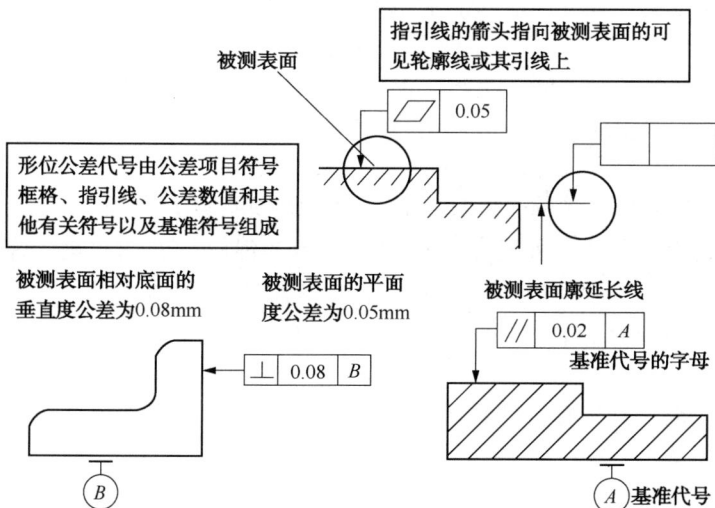

指引线的箭头指向被测表面的可见轮廓线或其引线上

被测表面

0.05

形位公差代号由公差项目符号框格、指引线、公差数值和其他有关符号以及基准符号组成

被测表面相对底面的垂直度公差为0.08mm

被测表面的平面度公差为0.05mm

被测表面廓延长线

// 0.02 A

基准代号的字母

⊥ 0.08 B

Ⓑ

Ⓐ 基准代号

图 1-101 形位公差的标注示例一

57

被测要素(或基准要素)是轴线时,箭头(或基准符号)应与该要素
的尺寸线对齐。基准符号与箭头重叠时,可代替箭头。

右端面对基准轴的
圆跳动公差为
0.1mm

右端面对基准轴
的垂度公差为
0.05mm

工件围绕基准轴线
旋转一周时右端面
上任一测量点的跳
动量不得大于
0.1

工件绕两端的φ35k7圆柱的轴线做若干次旋转,并在
测量仪器与工件间做相对移动时,φ60h8圆柱面上各
点间的示值差均不得大于0.04

大孔的
轴线对
小孔轴
线的同
轴度公
差为
φ0.02

被测圆柱面对
公共基准轴线
A—B的全跳动
公差为0.04mm

组合基准:两个以
上要素组成的基准

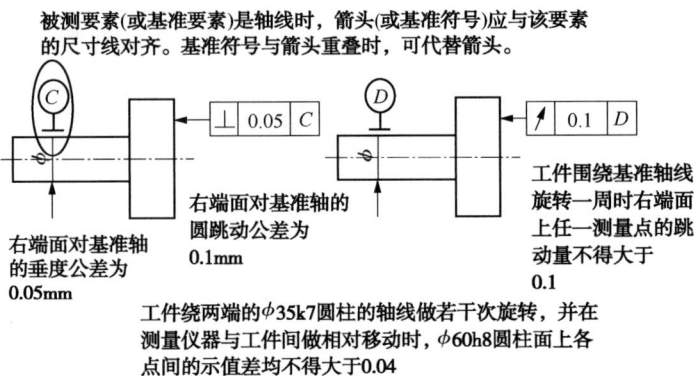

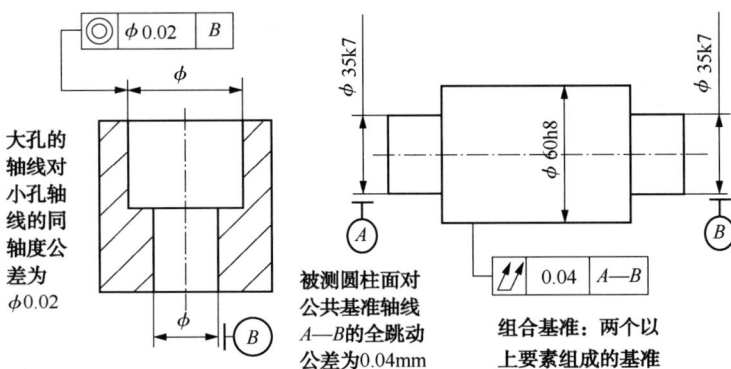

图 1-102　形位公差的标注示例二

第四节　金属材料及热处理

一、钢的分类

钢是以铁、碳为主要成分的合金,其含碳量一般小于 2.11%。钢是经济建设中极为重要的金属材料。

由于钢材品种繁多,为了便于生产、保管、选用与研究,必须对钢材加以分类。按钢材的用途、化学成分、质量的不同,可将钢分为许多类。

1. 按用途分类

按钢材的用途可分为结构钢、工具钢和特殊性能钢三大类。

(1) 结构钢:用于制造各种机器零件的钢,包括渗碳钢、调质钢、弹簧钢及滚动轴承钢;用于工程结构的钢,包括碳素钢中的甲、乙、特类钢及普通低合金钢。

(2) 工具钢:用来制造各种工具的钢。根据工具用途不同,工具钢又可分为刃具钢、模具钢与量具钢。

(3) 特殊性能钢:是具有特殊物理化学性能的钢。特殊性能钢又可分为不锈钢、耐热钢、耐磨钢、磁钢等。

2. 按化学成分分类

按钢材的化学成分可分为碳素钢(简称碳钢)和合金钢两大类。碳钢是由生铁冶炼获

得的合金，除铁、碳为其主要成分外，还含有少量的锰、硅、硫、磷等杂质。碳钢具有一定的力学性能，又有良好的工艺性能，且价格低廉。因此，碳钢获得了广泛的应用。但随着现代工业与科学技术的迅速发展，碳钢的性能已不能完全满足需要，于是人们研制了各种合金钢。合金钢是在碳钢基础上，有目的地加入某些元素（称为合金元素）而得到的多元合金。与碳钢相比，合金钢的性能有显著提高，故应用日益广泛。

（1）碳钢。根据含碳量，碳钢又可分为低碳钢（含碳量不大于 0.25%）、中碳钢（含碳量大于 0.25%且小于 6%）和高碳钢（含碳量不小于 0.6%）。

（2）合金钢。根据合金元素含量，合金钢又可分为低合金钢（合金元素总含量不大于 5%）、中合金钢（合金元素总含量 5%～10%）和高合金钢（合金元素总含量大于 10%）。此外，根据钢中所含主要合金元素种类不同，也可分为锰钢、铬钢、铬镍钢、铬锰钛钢等。

3. 按质量分类

按钢材中有害杂质磷、硫的含量可分为普通钢（含磷量不大于 0.045%，含硫量不大于 0.055%；或磷、硫含量均不大于 0.050%）、优质钢（磷、硫含量均不大于 0.040%）和高级优质钢（含磷量不大于 0.035%，含硫量不大于 0.030%）。

此外，按冶炼炉的种类，可将钢分为平炉钢（酸性平炉、碱性平炉）、空气转炉钢（酸性转炉、碱性转炉、氧气顶吹转炉钢）与电炉钢。按冶炼时脱氧程度，可将钢分为沸腾钢（脱氧不完全）、镇静钢（脱氧比较完全）及半镇静钢。

钢厂在给钢的产品命名时，往往将用途、成分、质量这 3 种分类方法结合起来，例如，普通碳素结构钢、优质碳素结构钢、碳素工具钢、高级优质碳素工具钢、合金结构钢、合金工具钢等。

二、金属材料的性能

金属材料的性能一般分为工艺性能和使用性能两类。所谓工艺性能是指机械零件在加工制造过程中，金属材料在所定的冷、热加工条件下表现出来的性能。金属材料工艺性能的好坏，决定了它在制造过程中加工成形的适应能力。由于加工条件不同，要求的工艺性能也就不同，如铸造性能、可焊性、可锻性、热处理性能、切削加工性等。所谓使用性能是指机械零件在使用条件下，金属材料表现出来的性能，它包括力学性能、物理性能、化学性能等。金属材料使用性能的好坏，决定了它的使用范围与使用寿命。

在机械制造业中，一般机械零件都是在常温、常压和非强烈腐蚀性介质中使用的，且在使用过程中各机械零件都将承受不同载荷的作用。金属材料在载荷作用下抵抗破坏的性能，称为力学性能。

金属材料的力学性能是零件设计和选材时的主要依据。外加载荷性质不同（例如，拉伸、压缩、扭转、冲击、循环载荷等），对金属材料要求的力学性能也将不同。常用的力学性能包括强度、塑性、硬度、冲击韧性、多次冲击抗力和疲劳极限等。下面将分别讨论各种力学性能。

（1）强度。强度是指金属材料在静荷作用下抵抗破坏（过量塑性变形或断裂）的性能。由于载荷的作用方式有拉伸、压缩、弯曲、剪切等形式，因此强度也分为抗拉强度、抗压强度、抗弯强度、抗剪强度等。各种强度间常有一定的联系，使用时大多以抗拉强度作为最基本的强度指针。

（2）塑性。塑性是指金属材料在载荷作用下，产生塑性变形（永久变形）而不破坏的能力。

（3）硬度。硬度是衡量金属材料软硬程度的指针。目前生产中最常用的测定硬度的方法是压入硬度法，它是用一定几何形状的压头在一定载荷下压入被测试的金属材料表面，根据被压入程度来测定其硬度值。

常用的方法有布氏硬度（HB）、洛氏硬度（HRA，HRB，HRC）和维氏硬度（HV）等方法。

（4）疲劳。前面所讨论的强度、塑性、硬度都是金属在静载荷作用下的力学性能指针。实际上，许多机器零件是在循环载荷下工作的，在这种条件下零件会产生疲劳。

（5）冲击韧性。以很大速度作用于机件上的载荷称为冲击载荷，金属在冲击载荷作用下抵抗破坏的能力称为冲击韧性。

三、金属热处理

金属热处理是将金属工件放在一定的介质中加热到适宜的温度，并在此温度中保持一定时间后，又以不同速度冷却的一种工艺。

金属热处理是机械制造中的重要工艺之一，与其他加工工艺相比，热处理一般不改变工件的形状和整体的化学成分，而是通过改变工件内部的显微组织，或改变工件表面的化学成分，赋予或改善工件的使用性能。

1. 退火

1）完全退火和等温退火

完全退火又称重结晶退火，一般简称为退火，这种退火主要用于亚共析成分的各种碳钢和合金钢的铸、锻件及热轧型材，有时也用于焊接结构。一般常作为一些不重工件的最终热处理，或作为某些工件的预先热处理。

2）球化退火

球化退火主要用于过共析的碳钢及合金工具钢（如制造刃具、量具、模具所用的钢种）。其主要目的在于降低硬度，改善切削加工性，并为以后淬火做好准备。

3）去应力退火

去应力退火又称低温退火（或高温回火），这种退火主要用来消除铸件、锻件、焊接件、热轧件、冷拉件等的残余应力。如果这些应力不予消除，将会引起钢件在一定时间以后，或在随后的切削加工过程中产生变形或裂纹。

2. 淬火

淬火最常用的冷却介质是盐水、水和油。盐水淬火的工件，容易得到高硬度和光洁的表面，不容易产生淬火软点，但易使工件变形严重，甚至发生开裂。而用油作淬火介质只适用于过冷奥氏体的稳定性比较大的一些合金钢或小尺寸的碳钢工件的淬火。

3. 回火

回火的目的主要有以下几点：

（1）降低脆性，消除或减少内应力，钢件淬火后存在很大的内应力和脆性，如不及时回火往往会使钢件发生变形甚至开裂。

（2）获得工件所要求的力学性能，工件经淬火后硬度高而脆性大，为了满足各种工件不同性能的要求，可以通过适当回火的配合来调整硬度，减小脆性，得到所需要的韧性与塑性。

（3）稳定工件尺寸。

（4）对于退火难以软化的某些合金钢，在淬火（或正火）后常采用高温回火，使钢中碳化物适当聚集，将硬度降低，以利切削加工。

根据回火温度的不同，可将回火分为低温回火、中温回火和高温回火。

（1）低温回火（150~250℃）。低温回火所得组织为回火马氏体。其目的是在保持淬火钢的高硬度和高耐磨性的前提下，降低其淬火内应力和脆性，以免使用时崩裂或过早损坏。它主要用于各种高碳的切削刀具、量具、冷冲模具、滚动轴承以及渗碳件等，回火后硬度一般为 HRC58~64。

（2）中温回火（350~500℃）。中温回火所得组织为回火屈氏体。其目的是获得高的屈服强度、弹性极限和较高的韧性。因此，它主要用于各种弹簧和热作模具的处理，回火后硬度一般为 HRC35~50。

（3）高温回火（500~650℃）。高温回火所得组织为回火索氏体。其目的是获得强度、硬度和塑性、韧性都较好的综合力学性能。因此，广泛用于汽车、拖拉机、机床等的重要结构零件，如连杆、螺栓、齿轮及轴类。回火后硬度一般为 HB200~330。

四、加热缺陷及控制

1. 过热现象

热处理过程中加热过热最易导致奥氏体晶粒粗大，使零件的力学性能下降。

（1）一般过热：加热温度过高或在高温下保温时间过长，引起奥氏体晶粒粗化称为过热。粗大的奥氏体晶粒会导致钢的强韧性降低，脆性转变温度升高，增加淬火时的变形开裂倾向。而导致过热的原因是炉温仪表失控或混料（常为不懂工艺发生的）。过热组织可经退火、正火或多次高温回火后，在正常情况下重新奥氏化使晶粒细化。

（2）断口遗传：有过热组织的钢材，重新加热淬火后，虽能使奥氏体晶粒细化，但有时仍出现粗大颗粒状断口。产生断口遗传的理论争议较多，一般认为曾因加热温度过高而使 MnS 之类的杂物溶入奥氏体并富集于晶接口，而冷却时这些夹杂物又会沿晶接口析出，受冲击时易沿粗大奥氏体晶界断裂。

（3）粗大组织的遗传：有粗大马氏体、贝氏体、魏氏体组织的钢件重新奥氏化时，以慢速加热到常规的淬火温度，甚至再低一些，其奥氏体晶粒仍然是粗大的，这种现象称为组织遗传性。要消除粗大组织的遗传性，可采用中间退火或多次高温回火处理。

2. 过烧现象

加热温度过高，不仅引起奥氏体晶粒粗大，而且晶界局部出现氧化或熔化，导致晶界弱化，称为过烧。钢过烧后性能严重恶化，淬火时形成龟裂。过烧组织无法恢复，只能报废。因此在工作中要避免过烧的发生。

3. 脱碳和氧化

钢在加热时，表层的碳与介质（或气氛）中的氧、氢、二氧化碳及水蒸气等发生反应，降低了表层碳浓度，这一现象称为脱碳，脱碳钢淬火后表面硬度、疲劳强度及耐磨性降低，而且表面形成残余拉应力易形成表面网状裂纹。

　　加热时，钢表层的铁及合金元素与介质（或气氛）中的氧、二氧化碳、水蒸气等发生反应生成氧化物膜的现象称为氧化。高温（一般570℃以上）工件氧化后尺寸精度和表面光洁度恶化，具有氧化膜的淬透性差的钢件易出现淬火软点。

　　为了防止氧化和减少脱碳的措施有：工件表面涂敷涂料，采用不锈钢箔包装密封加热，采用盐浴炉加热，采用保护气氛加热（如净化后的惰性气体、控制炉内碳势）以及采用火焰燃烧炉加热（使炉气呈还原性）。

4. 氢脆现象

　　高强度钢在富氢气氛中加热时出现塑性和韧性降低的现象称为氢脆。出现氢脆的工件通过除氢处理（如回火、时效等）也能消除氢脆。

　　采用真空、低氢气氛或惰性气氛加热可避免氢脆。

五、几种常见热处理概念

　　（1）正火：将钢材或钢件加热到临界点 AC3 或 ACM 以上的适当温度保持一定时间后在空气中冷却，得到珠光体类组织的热处理工艺。

　　（2）退火：将亚共析钢工件加热至 AC3 以上 20~40℃，保温一段时间后，随炉缓慢冷却（或埋在砂中或石灰中冷却）至 500℃ 以下在空气中冷却的热处理工艺。

　　（3）固溶热处理：将合金加热至高温单相区恒温保持，使过剩相充分溶解到固溶体中，然后快速冷却，以得到过饱和固溶体的热处理工艺。

　　（4）时效：合金经固溶热处理或冷塑性形变后，在室温放置或稍高于室温保持时，其性能随时间而变化的现象。

　　（5）固溶处理：使合金中各种相充分溶解，强化固溶体并提高韧性及抗蚀性能，消除应力与软化，以便继续加工成型。

　　（6）时效处理：在强化相析出的温度加热并保温，使强化相沉淀析出，得以硬化，提高强度。

　　（7）淬火：将钢奥氏体化后以适当的速度冷却，使工件在横截面内全部或一定的范围内发生马氏体等不稳定组织结构转变的热处理工艺。

　　（8）回火：将经过淬火的工件加热到临界点 AC1 以下的适当温度保温一定时间，随后用符合要求的方法冷却，以获得所需要的组织和性能的热处理工艺。

　　（9）钢的碳氮共渗：碳氮共渗是向钢的表层同时渗入碳和氮的过程。习惯上碳氮共渗又称为氰化，目前以中温气体碳氮共渗和低温气体碳氮共渗（即气体软氮化）应用较为广泛。中温气体碳氮共渗的主要目的是提高钢的硬度、耐磨性和疲劳强度。低温气体碳氮共渗以渗氮为主，其主要目的是提高钢的耐磨性和抗咬合性。

　　（10）调质处理（Quenching and Tempering）：一般习惯将淬火与高温回火相结合的热处理称为调质处理。调质处理广泛应用于各种重要的结构零件，特别是那些在交变负荷下工作的连杆、螺栓、齿轮及轴类等。调质处理后得到回火索氏体组织，它的力学性能均比相同硬度的正火索氏体组织为优。它的硬度取决于高温回火温度，并与钢的回火稳定性和工件截面尺寸有关，一般在 HB200~350 之间。

　　（11）钎焊：用钎料将两种工件黏合在一起的热处理工艺。

六、气氛与金属的化学反应

1. 气氛与钢铁的化学反应

1）氧化

$$2Fe+O_2 \longrightarrow 2FeO$$
$$Fe+H_2O \longrightarrow FeO+H_2$$
$$FeC+CO_2 \longrightarrow Fe+2CO$$

2）还原

$$FeO+H_2 \longrightarrow Fe+H_2O$$
$$FeO+CO \longrightarrow Fe+CO_2$$

3）渗碳

$$2CO \longrightarrow [C]+CO_2$$
$$Fe+[C] \longrightarrow FeC$$
$$CH_4 \longrightarrow [C]+2H_2$$

4）渗氮

$$2NH_3 \longrightarrow 2[N]+3H_2$$
$$Fe+[N] \longrightarrow FeN$$

2. 各种气氛对金属的作用

氮气：在不低于1000℃时会与铬、一氧化碳、铝和钛反应。

氢气：可使铜、镍、铁和钨还原。当氢气中的水含量达到0.2%～0.3%时，会使钢脱碳。

水：在不低于800℃时，使铁、钢氧化脱碳，与铜不反应。

一氧化碳：其还原性与氢气相似，可使钢渗碳。

3. 各类气氛对电阻组件的影响

氮化是向钢的表面层渗入氮原子的过程，其目的是提高表面硬度和耐磨性，以及提高疲劳强度和抗腐蚀性。它是利用氨气在加热时分解出活性氮原子，被钢吸收后在其表面形成氮化层，同时向心部扩散。

氮化通常利用专门设备或井式渗碳炉来进行，适用于各种高速传动精密齿轮、机床主轴（如镗杆、磨床主轴）、高速柴油机曲轴、阀门等。

氮化工件工艺路线：锻造—退火—粗加工—调质—精加工—除应力—粗磨—氮化—精磨或研磨。

由于氮化层薄，并且较脆，因此要求有较高强度的心部组织，要先进行调质热处理，获得回火索氏体，提高心部力学性能和氮化层质量。

钢在氮化后，不再需要淬火便具有很高的表面硬度（大于HV850）及耐磨性。氮化处理温度低，变形很小，它与渗碳、感应表面淬火相比，变形小得多。

钢的碳氮共渗：碳氮共渗是向钢的表层同时渗入碳和氮的过程，习惯上碳氮共渗又称作氰化。目前以中温气体碳氮共渗和低温气体碳氮共渗（即气体软氮化）应用较广。中温气体碳氮共渗的主要目的是提高钢的硬度、耐磨性和疲劳强度；低温气体碳氮共渗以渗氮为主，其主要目的是提高钢的耐磨性和抗咬合性。

七、热处理应力及其影响

热处理残余力是指工件经热处理后最终残存下来的应力，对工件的形状、尺寸和性能都有极为重要的影响。当它超过材料的屈服强度时，便引起工件变形，超过材料的强度极限时就会使工件开裂，这是它有害的一面，应当减少和消除。但在一定条件下，控制应力使之合理分布，就可以提高零件的力学性能和使用寿命，变有害为有利。分析钢在热处理过程中应力的分布和变化规律，使之合理分布对提高产品质量有着深远的实际意义。例如，关于表层残余压应力的合理分布对零件使用寿命的影响问题已经引起了人们的广泛重视。

1. 钢的热处理应力

工件在加热和冷却过程中，由于表层和心部的冷却速度和时间不一致，形成温差，就会导致体积膨胀和收缩不均而产生应力，即热应力。在热应力作用下，由于表层开始温度低于心部，收缩也大于心部而使心部受拉，当冷却结束时，由于心部最后冷却，体积收缩不能自由进行而使表层受压心部受拉，即在热应力作用下最终使工件表层受压而心部受拉。这种现象受到冷却速度、材料成分和热处理工艺等因素的影响。当冷却速度越快，含碳量和合金成分越高，冷却过程中在热应力作用下产生的不均匀塑性变形越大，最后形成的残余应力就越大。另外，钢在热处理过程中由于组织的变化即奥氏体向马氏体转变时，因比容的增大会伴随工件体积的膨胀，工件各部位先后相变，导致体积长大不一致而产生组织应力。组织应力变化的最终结果是表层受拉应力，心部受压应力，恰好与热应力相反。组织应力的大小与工件在马氏体相变区的冷却速度、形状和材料的化学成分等因素有关。

实践证明，任何工件在热处理过程中，只要有相变，热应力和组织应力就会发生。只不过热应力在组织转变以前就已经产生了，而组织应力则是在组织转变过程中产生的，在整个冷却过程中，热应力与组织应力综合作用的结果就是工件中实际存在的应力。这两种应力综合作用的结果十分复杂，受许多因素的影响，如成分、形状、热处理工艺等。就其发展过程来说，只有热应力和组织应力两种类型，作用方向相反时二者抵消，作用方向相同时二者叠加。不管是相互抵消还是相互叠加，两个应力都应有一个占主导因素，热应力占主导地位时的作用结果是工件心部受拉，表面受压。组织应力占主导地位时的作用结果是工件心部受压，表面受拉。

2. 热处理应力对淬火裂纹的影响

存在于淬火件不同部位上能引起应力集中的因素（包括冶金缺陷在内），对淬火裂纹的产生都有促进作用。但只有在拉应力场内（尤其是在最大拉应力下）才会表现出来；若在压应力场内，则无促裂作用。

淬火冷却速度是一个影响淬火质量并决定残余应力的重要因素，也是一个能对淬火裂纹赋予重要乃至决定性影响的因素。为了达到淬火的目的，通常必须加快零件在高温段内的冷却速度，并使之超过钢的临界淬火冷却速度才能得到马氏体组织。就残余应力而言，这样做由于能增加抵消组织应力作用的热应力值，故能减少工件表面上的拉应力而达到抑制纵裂的目的。其效果将随高温冷却速度的加快而增大。而且，在能淬透的情况下，截面尺寸越大的工件，虽然实际冷却速度更缓，但开裂的危险性越大。这一切都是由于随着尺寸的增大，实际冷却速度减慢，热应力减小，组织应力增加，最后形成以组织应力为主的拉应力作用在工件表面的作用特点造成的。并与冷却越慢，应力越小的传统观念大相径庭。对这类钢件而言，在正常条件下淬火的高淬透性钢件中只能形成纵裂。避免淬裂的可靠原则是设法尽量减小截面内外马氏体转变的不等时性。仅仅实行马氏体转变区内的缓冷不足以预防纵裂的形成。一般情况下只能在非淬透性件中产生弧裂，虽以整体快速冷却为必要的形成条件，可是它的真正形成原因，却不在快速冷却（包括马氏体转变区内）本身，而是淬火件局部位置（由几何结构决定），高温临界温度区内的冷却速度显著减缓，这是因没有淬硬所致。产生在大型非淬透性件中的横断和纵劈，是由于以热应力为主的残余拉应力作用在淬火件中心，而在淬火件未淬硬的截面中心处首先形成裂纹并由内往外扩展而造成的。为了避免这类裂纹产生，往往使用水—油双液淬火工艺。在此工艺中实施高温段内的快速冷却，目的仅仅在于确保外层金属得到马氏体组织，而从内应力的角度来看，这时快冷有害无益。其次，冷却后期缓冷的目的，不只是为了降低马氏体相变的膨胀速度和组织应力值，而在于尽量减小截面温差和截面中心部位金属的收缩速度，从而达到减小应力值和最终抑制淬裂的目的。

3. 残余压应力对工件的影响

渗碳表面强化是提高工件疲劳强度的方法，其应用广泛的原因，一方面是由于它能有效地增加工件表面的强度和硬度，提高工件的耐磨性；另一方面是渗碳能有效地改善工件的应力分布，在工件表面层获得较大的残余压应力，提高工件的疲劳强度。如果在渗碳后再进行等温淬火将会增加表层残余压应力，使疲劳强度得到进一步提高。

第二章 钳工基本操作

随着机械工业的发展，钳工的工作范围以及需要掌握的技术知识和技能也发生了深刻变化。无论哪一种钳工，要做好工作，就应掌握好钳工的各项基本操作技术，包括零件的测量、划线、锯割、锉削、刮削、攻螺纹、套螺纹、研磨等。

第一节 划 线

根据图样和技术要求，在毛坯或半成品上用划线工具画出加工界线，或划出作为基准的点、线的操作过程称为划线。

一、划线简介

（1）划线是机械加工中的一道重要工序之一，广泛用于单件或小批量生产。

（2）划线分为平面划线和立体划线两种。

平面划线：只需要在工件一个表面上划线后即能明确表明加工界线的划线。

立体划线：需要在工件几个互成不同角度（一般互相垂直）的表面上划线，才能明确表明加工界线的划线。

（3）划线的基本要求：线条清晰匀称，定型、定位尺寸准确。由于划线的线条有一定宽度，一般要求精度达到 0.25~0.5mm。应当注意，工件的加工精度不能完全由划线确定，而应该在加工过程中通过测量来保证。

二、划线的主要作用

（1）确定工件的加工余量，使加工有明显的尺寸界线。

（2）为便于复杂工件在机床上装夹，可按划线找正确定位。

（3）能及时发现和处理不合格的毛坯。

（4）当毛坯误差不大时，可以采用借料划线的方法来补救，从而提高毛坯的合格率。

三、划线工具

常用的划线工具有划线平台、划针、划规等（图2-1）。

（1）划线平台：又称划线平板，由铸铁毛坯精刨和刮削制成。其作用为安放工件和划线工具，并在平台表面上完成划线工作。

（2）划针：划针是直接在毛坯或工件上划线的工具。

在已加工表面上划线时常用直径 3~5mm 的弹簧刀和高速钢制成划针，将划针先磨成 15°~20°，并经淬火处理提高其硬度及耐磨性。在铸件、锻件等表面上划线时，常用尖部含有硬质合金的划针。

（3）划规：划规是用来划圆和圆弧、等分线段、等分角度和量取尺寸的工具。划规的两脚长度要磨得稍有不等，这样两脚才能和龙氏脚尖靠紧，划圆弧时应将手力作用到作为圆形的一脚，以防中心滑移。

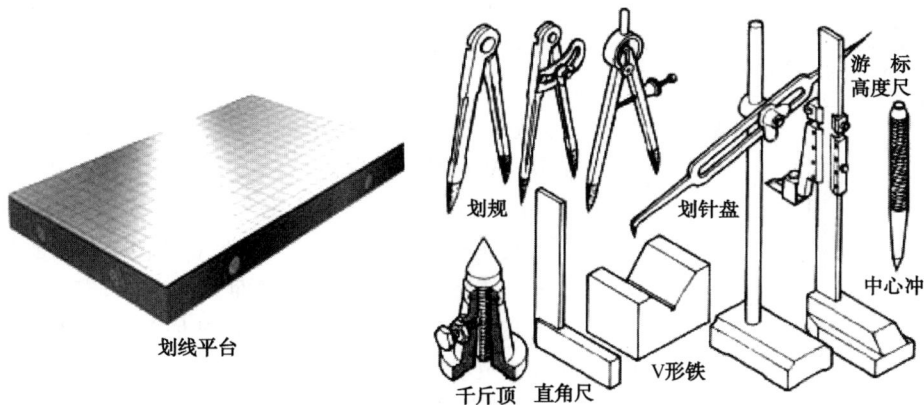

图 2-1 常用的划线工具

四、划线基准

一般划线基准与设计基准应一致。常选用重要孔的中心线为划线基准，或零件上尺寸标注基准线为划线基准。若工件上个别平面已加工过，则以加工过的平面为划线基准。常见的划线基准有 3 种类型：

(1) 以两个相互垂直的平面（或线）为基准。

(2) 以一个平面与对称平面（和线）为基准。

(3) 以两个互相垂直的中心平面（或线）为基准。

五、划线操作要点

1. 划线前的准备工作

(1) 工件准备：包括工件的清理、检查和表面涂色。

(2) 工具准备：按工件图样的要求，选择所需工具，并检查和校验工具。

2. 操作时的注意事项

(1) 看懂图样，了解零件的作用，分析零件的加工顺序和加工方法。

(2) 工件夹持或支承要稳妥，以防滑倒或移动。

(3) 在一次支承中应将要划出的平行线全部划全，以免再次支承补划，造成误差。

(4) 正确使用划线工具，划出的线条要准确、清晰。

(5) 划线完成后，要反复核对尺寸，才能进行机械加工。

六、划线实例

1. 找基准线

划线时，应以工件上某一条线或某一个面作为依据来划出其余的尺寸线，这样的线（或面）称为划线基准。划线基准应尽量与设计基准一致，毛坯的基准一般选其轴线或安装平面作基准。如图 2-2 所示的支承座应以设计基准 B 面和 A 线（对称线）为划线基准，就能按照图上的尺寸画出全部尺寸界线。

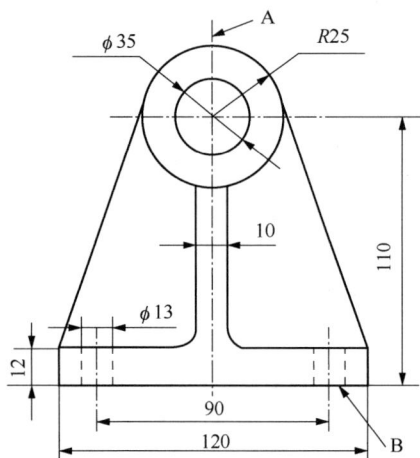

图 2-2 划线基准

2. 划线步骤

划线分平面划线和立体划线。平面划线是在工件的一个表面上划线，方法与机械制图相似。立体划线是在工件的几个表面上划线，如在长、宽、高方向或其他倾斜方向上划线。工件的立体划线通常在划线平台上进行，划线时，工件多用千斤顶来支承，有的工件也可用方箱、V 形块等支承。

1）划线前的准备工作

毛坯在划线前要进行清理（将毛坯表面的污物清除干净，清除毛刺），划线表面需涂上一层薄而均匀的涂料，毛坯面用大白浆或粉笔；已加工面用紫色涂料（龙胆紫加虫胶和酒精）或绿色涂料（孔雀绿加虫胶和酒精）。有孔的工件，还要用铅块或木块堵孔，以便确定孔的中心。

2）立体划线操作

轴承座的立体划线操作方法如图 2-3（a）所示，它属于毛坯划线。划线及具体步骤如图 2-3（b）至图 2-3（f）所示。

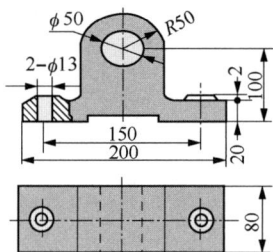

(a)轴承零件图

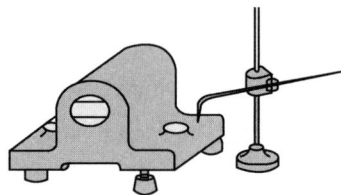

(b)根据孔中心及上平面，调节千斤顶，使工件水平

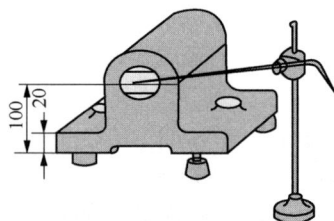

(c)划底面加工线和大孔的水平中心线

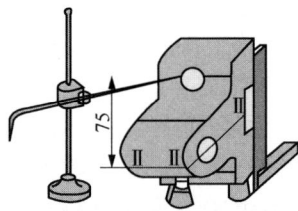

(d)转90°，用角尺找正，划大孔的垂直中心线及螺孔中心线

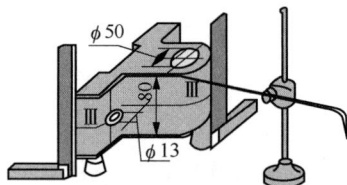

(e)再翻转90°，用直尺两个方向找正，划螺钉孔、另一方向的中心线及大端面加工线

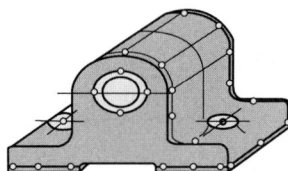

(f)打样冲眼

图 2-3　轴承座的立体划线

第二节 锯 割

用手锯把工作材料切开或者在工件上锯出沟槽的操作称为锯割。锯割是一种粗加工，平面度可以控制在 0.2mm 以内。锯割操作方便、简单灵活，应用非常广泛。锯割主要用于锯断各种材料和材料上多余部分、在工件上锯出沟槽等。

一、手锯组成

手锯一般由锯弓、锯路和锯条三部分组成。

1. 锯弓

固定式：锯弓是一个整体，只能装一种长度规格的锯条。

可调式：在段套内可以伸缩，因此可以安装几种不同长度规格的锯条。

2. 锯路

在制造锯条时，使锯齿按一定的规律左右错开，排列成一定的形状，称为锯路（图2-4）。

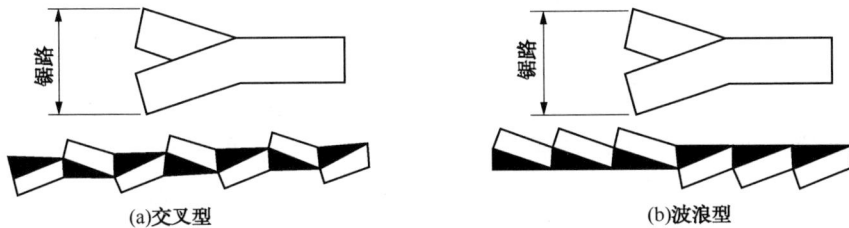

(a)交叉型　　　　　　　　　　　　　　　(b)波浪型

图 2-4 锯路

锯路作用：使工件上的锯缝宽度大于锯条背部的厚度，从而减少了锯削过程中的摩擦、夹锯和锯条折断现象，使排屑顺利，锯割省力，延长了锯条使用寿命。

3. 锯条

一般用碳素钢经热处理加工制成，锯割时起到切削作用。锯条的长度规格以两端安装孔中心距来表示，常用的是 300mm。

1）锯条的选用

锯齿的粗细是按锯条上每 25mm 长度内齿数表示的，分为粗 1.8mm、中 1.4mm 和细 1.1mm 3 种。因为锯屑较多，要求较大的容屑空间，在锯割软材料（如铜铝合金等）或厚材料时，应选用粗齿锯条。锯薄材料时，锯齿易被工件勾住而崩断，需要走全锯以便减小锯齿承受的阻力，因此锯割硬材料（如合金钢等）或薄板、薄管时，应选用细齿锯条。

（2）锯条的安装

手锯是向前推时进行切割，在向后返回时不起切削作用，因此安装锯条时应锯齿向前（图2-5）。锯条的松紧要适当，太紧失去了应有的弹性，锯条容易崩断；太松会使锯条扭曲、锯缝歪斜，锯条也容易崩断。

二、手锯的使用

右手满握锯柄，左手轻扶锯弓前端。

锯割时，手握锯弓要舒展自然，右手握住手柄向前施加压力，左手轻扶在弓架前端，稍

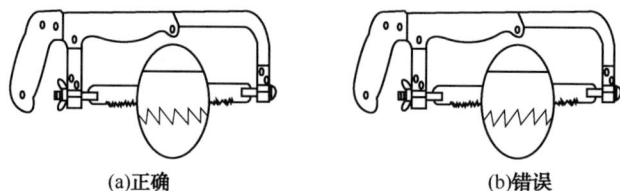

(a)正确　　　　　　　　　　(b)错误

图 2-5　锯条的安装

加压力。人体重量均分布在两腿上。锯割时速度不宜过快，以每分钟 30~60 次为宜，并应用锯条全长的 2/3 工作，以免锯条中间部分迅速磨钝。

1. 工件的夹持

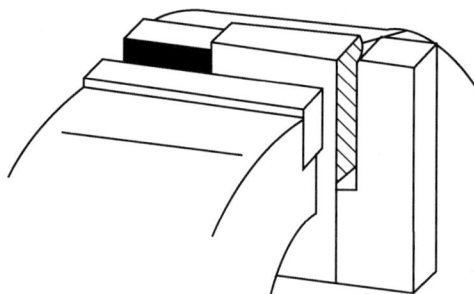

图 2-6　竖直夹持零件

工件的夹持要牢固，不可有抖动，以防锯割时工件移动而使锯条折断（图 2-6）。同时也不要用力过猛，以防夹坏已加工表面和工件变形。工件尽可能夹持在虎钳的左面，不应伸出钳口太长（一般为 20mm 左右）避免震动；锯割线应与钳口垂直，以防锯斜。

2. 锯割操作方法

推锯时锯弓运动方式有两种：一种是直线运动，适用于锯缝底面要求平直的槽和薄壁工件的锯割；另一种锯弓上下摆动，这样操作自然，两手不易疲劳。身体与锯弓做协调性的小幅摆动。即当手锯推进时，身体略向前倾，双手随着压向手锯的同时，左手上翘，右手下托，回程时右手上抬，左手自然跟回。锯割到材料快断时，用力要轻，以防碰伤手臂或折断锯条。

三、各种材料的锯割方法

1. 棒料的锯割

锯割断面要求平整的，应从起锯开始连续锯到结束。起锯方法如图 2-7 所示。若锯割断面要求不高的，可将棒料转过一定角度再锯，由于锯削面变小而易锯入可提高工作效率。

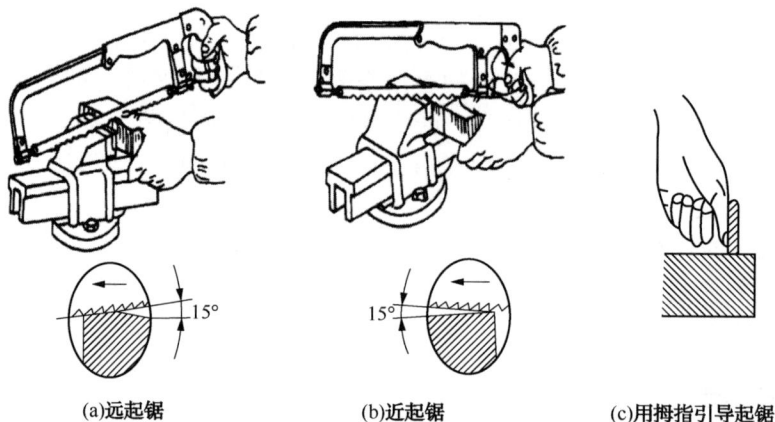

(a)远起锯　　　　　　　(b)近起锯　　　　　　　(c)用拇指引导起锯

图 2-7　起锯方法

2. 管子的锯割

薄壁管子用 V 形木垫夹持以防夹扁和夹坏管子表面。管子锯割时要在锯透管壁时向前转一个角度再锯，否则容易造成锯齿的崩裂。

3. 板料的锯割

板料锯缝一般较长，工件装夹要有利于锯割操作。

（1）薄板料的锯割：将薄板料夹持在两木块之间，以增加刚性。

（2）深缝锯割：当锯缝深度超过锯弓高度时，应该将锯条转过 90°重新安装。

四、锯割时产生的问题及原因

1. 锯条崩裂的原因

（1）锯条选择不当。

（2）起锯角度太大。

（3）锯割运动突然摆动过大，以及锯齿有过猛的撞击，使锯齿撞断。

2. 锯条折断原因

（1）工件未夹紧，锯割时松动。

（2）锯条装得过松或过紧。

（3）压力过大，或锯割用力突然偏离锯缝方向。

（4）强行纠正歪斜的锯缝，或调换锯条后，仍在原锯缝过猛地锯下。

（5）锯条中间局部磨损，当拉长使用时而被卡住，引起折断。

（6）中途停止使用时，手锯未从工件中取出而碰断。

3. 锯缝产生歪斜的原因

（1）工件安装时，锯缝线方向未与铅垂线方向一致。

（2）锯条安装太松或与锯弓平面扭曲。

（3）使用锯齿两面磨损不均的锯条。

（4）锯割压力过大，使锯条左右摆动。

（5）锯弓未挡正或用力歪斜，使锯条背偏离锯缝中心平面。

4. 维护与保养

（1）注意工件装夹正确，以免锯削时锯伤台虎钳。

（2）锯割速度不可过快，以免产生较大切削热，降低锯条使用寿命。

（3）锯割后，应将锯弓上的张紧螺母适当放松，并妥善放置。

第三节　錾　　削

錾削是利用锤子锤击錾子，实现对工件切削加工的一种方法。錾削主要用于除去毛坯的飞边、毛刺、浇冒口，切割板料、条料，开槽以及对金属表面进行粗加工等。

一、錾削工具

1. 錾子

錾子一般由碳素钢锻成，切削部分磨成所需的楔形后，经热处理便能满足切削要求。錾子切削时的角度如图 2-8 所示。

图 2-8　錾削

1）錾子切削部分的两面一刃

錾子切削部分的两面一刃如图 2-9 所示。

（1）切削平面：錾子工作时与切屑接触的表面。

（2）基面：錾子工作时与切削表面相对的表面。

（3）切削刃：錾子切削平面与基面的交线。

2）錾子切削时的 3 个角度

（1）楔角 β_o：前面与后面所夹的锐角。

（2）后角 α_o：后面与切削平面所夹的锐角。

（3）前角 γ_o：前面与基面所夹的锐角。

3）錾子的构造与种类

錾子由头部、柄部及切削部分组成。头部一般制成锥

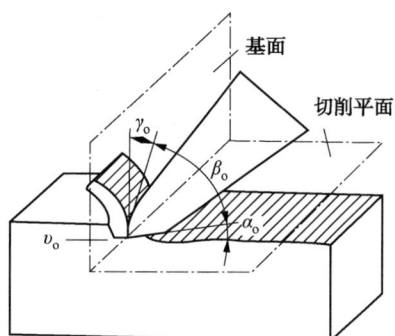

图 2-9　錾子切削部分的两面一刃

v_o—速度

形，以便锤击力能通过錾子轴心。柄部一般制成六边形，以便操作者定向握持。切削部分则可根据錾削对象不同，制成 3 种类型，如图 2-10 所示。

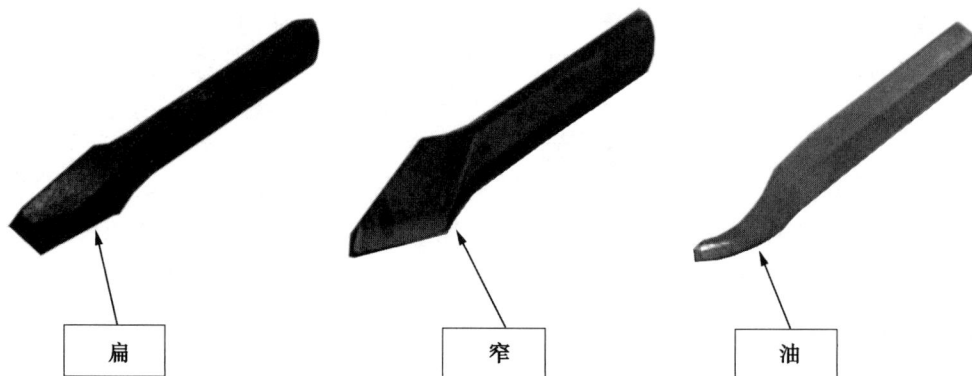

扁　　　窄　　　油

图 2-10　錾子的构造与种类

72

4）錾子的刃磨与热处理

錾子切削刃的刃磨方法是：将錾子刃面置于旋转的砂轮轮缘上，并略高于砂轮的中心，且在砂轮的全宽方向做左右移动。刃磨时要掌握好錾子的方向和位置，以保证所磨的楔角符合要求。前、后两面要交替磨，以求对称。刃磨时，加在錾子上的压力不应太大，以免刃部因过热而退火，必要时，可将錾子浸入冷水中冷却。

合理的热处理，能保证錾子切削部分的硬度和韧性。对錾子粗磨后再热处理，有利于清楚地观察切削部分的颜色变化。热处理时，把约20mm长的切削部分加热到呈暗樱红色（约750℃~780℃）后迅速浸入冷水中冷却（图2-11中图）。浸入深度5~6mm。为了加速冷却，可手持錾子在水面慢慢移动。

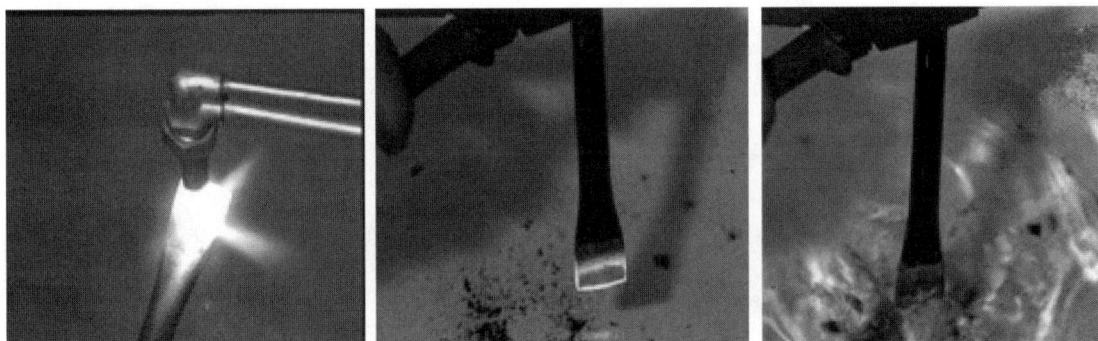

图 2-11 錾子的刃磨与热处理

2. 锤子

锤子由锤头、木柄等组成。根据用途不同，锤有软、硬之分。锤子的常见形状如图2-12所示。

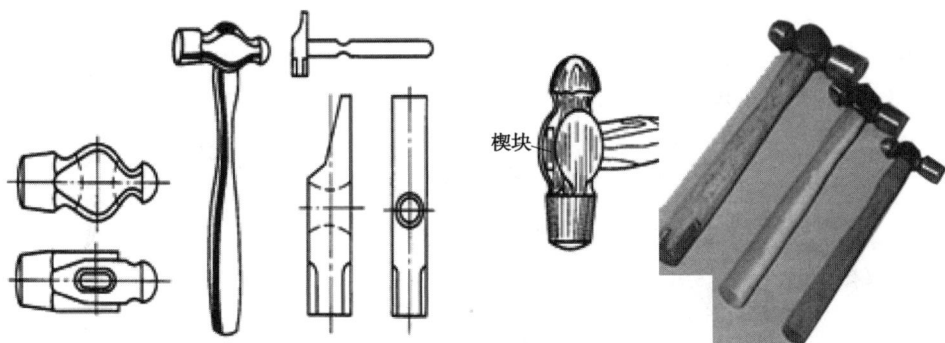

楔块

图 2-12 锤子

二、錾削方法

1. 錾子的握法

錾子用左手的中指、无名指和小指握持，大拇指与食指自然合拢，让錾子的头部伸出约20mm（图2-13）。錾削时，小臂要自然平放，并使錾子保持正确的后角。

73

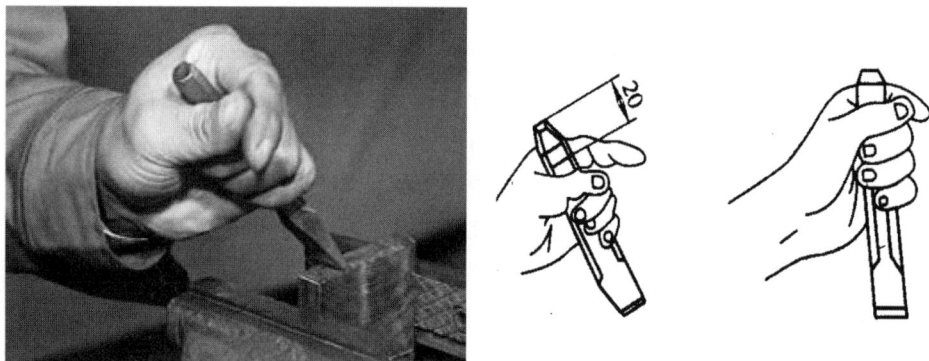

图 2-13　錾子的握法

2. 锤子的握法

锤子的握法分为紧握法和松握法两种（图 2-14）。

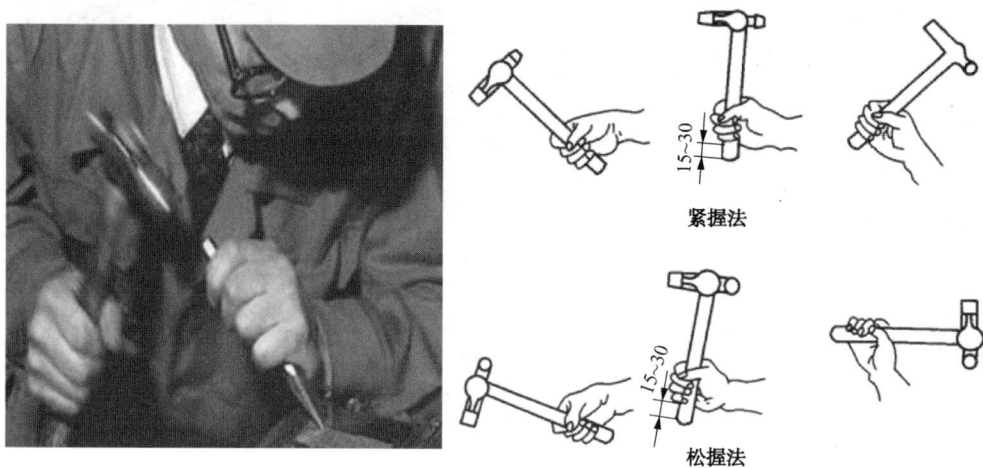

图 2-14　锤子的握法

3. 挥锤方法

挥锤方法分为手挥、肘挥和臂挥 3 种（图 2-15）。

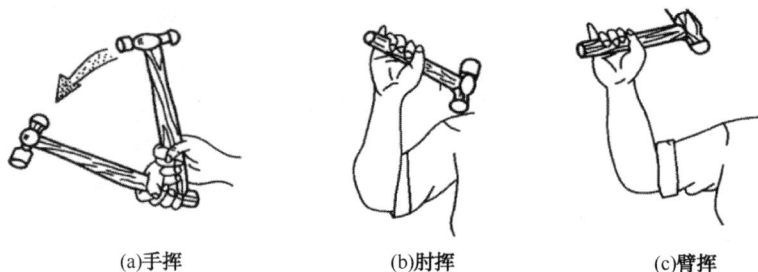

(a)手挥　　　　　　　　(b)肘挥　　　　　　　　(c)臂挥

图 2-15　挥锤方法

4. 錾削姿势

錾削时，两脚互成一定角度，左脚跨前半步，右脚稍微朝后，身体自然站立，重心偏于右脚。右脚要站稳，右腿伸直，左腿膝盖关节应稍微自然弯曲。眼睛注视錾削处。左手握錾使其在工件上保持正确的角度。右手挥锤，使锤头沿弧线运动，进行敲击。

三、常见的錾削

1. 平面的錾削方法

錾削平面时，主要采用扁錾。平面的錾削方法如图 2-16 所示。

开始錾削时应从工件侧面的尖角处轻轻起錾。起錾后，再把錾子逐渐移向中间，使切削刃的全宽参与切削。

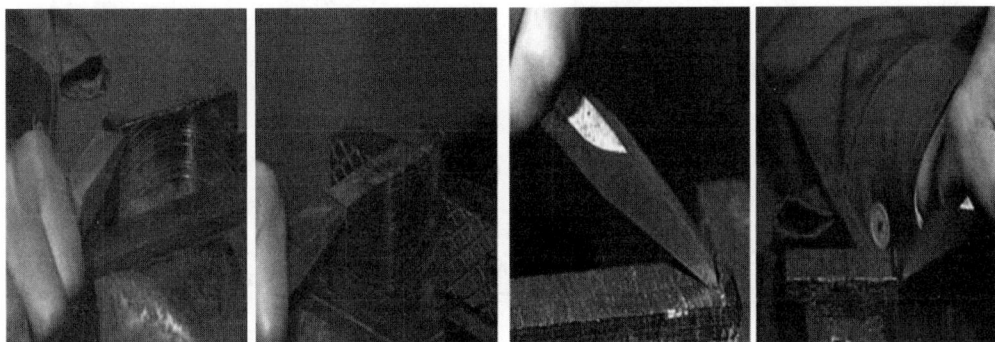

图 2-16 平面的錾削方法

錾削较宽平面时，应先用窄錾在工件上錾若干条平行槽，再用扁錾将剩余部分錾去。錾削较窄平面时，应使切削刃与錾削方向倾斜一定角度。

錾削余量一般为每次 0.5~2mm。

2. 油槽的錾削方法

錾油槽前，首先要根据油槽的断面形状对油槽錾的切削部分准确刃磨，再在工件表面准确划线，最后一次錾削成形（图 2-17）。也可以先錾出浅痕，再一次錾削成形。

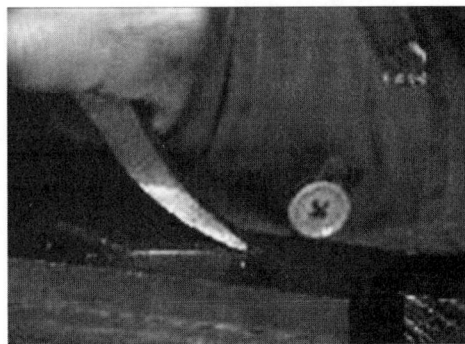

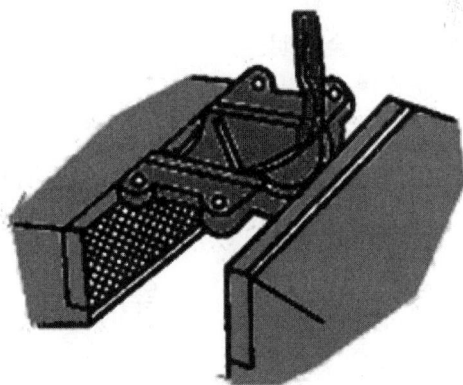

图 2-17 油槽的錾削方法

3. 錾切板料

錾切板料如图 2-18 所示。

（1）在台虎钳上錾切。

（2）在铁砧或平板上錾切。

（3）用密集排孔配合錾切。

75

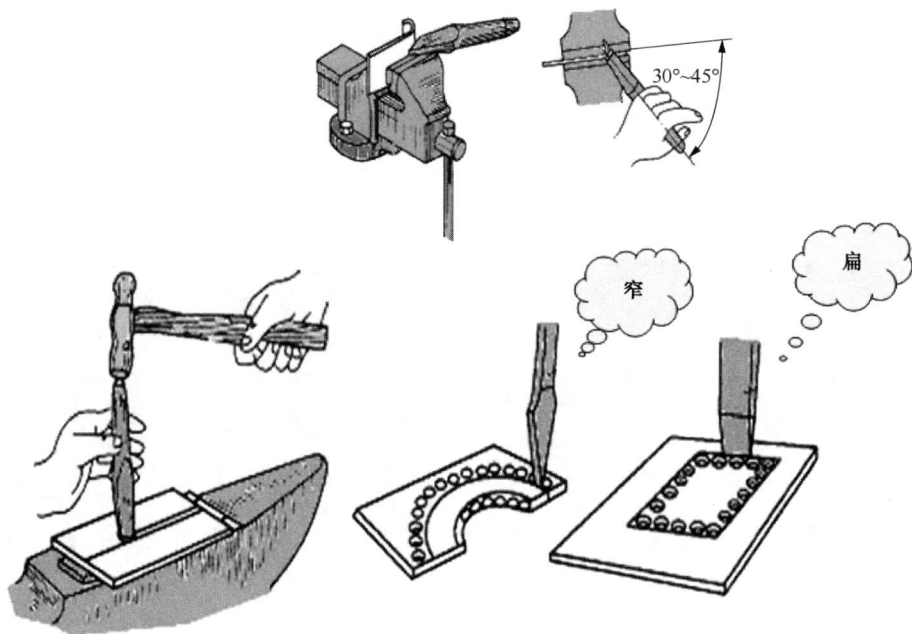

图 2-18　錾切板料

四、废品分析和安全文明生产

1. 錾削时废品分析

（1）錾过了尺寸界线。

（2）錾崩了棱角或棱边。

（3）夹坏了工件表面。

2. 錾削时安全文明生产

（1）防止锤头飞出。

（2）及时磨掉錾子头部的毛刺。

（3）操作者应戴上防护眼镜，工作场地周围应装有安全网。

（4）经常对錾子进行刃磨，保持正确的后角，錾削时防止錾子滑出工件表面。

第四节　锉　　削

一、锉刀的构造

锉刀由锉刀身和锉刀柄两部分组成（图 2-19）。锉刀面是锉削的主要工作面，一般在锉刀面的前端做成凸弧形，便于锉削工件平面的局部。锉刀边是指锉刀的两侧面，有的其中一边有齿，另一边无齿（称为光边），这样在锉削内直角工件时，可保护另一相邻的面。锉刀舌用来装锉刀柄。

锉刀的齿纹分为单齿纹和双齿纹两种（图 2-20）。一般锉刀边做成单齿纹，锉刀面做成双齿纹，底齿角为 45°，面齿角为 65°。

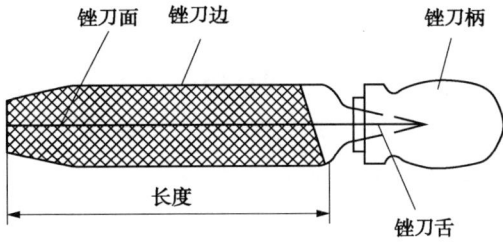

图 2-19 锉刀组成

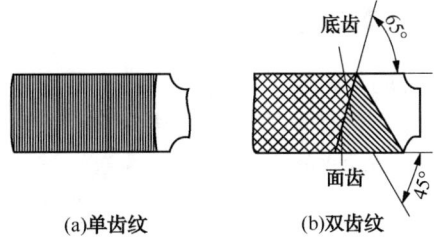

图 2-20 锉刀的齿纹

二、锉刀的种类

锉刀按用途的不同可分为普通锉刀、整形锉刀和异形锉刀（图 2-21）。普通锉刀按其断面形状分为平锉（板锉）、半圆锉、三角锉、方锉和圆锉 5 种。异形锉刀用于加工工件特殊表面，有刀口锉、菱形锉、扁三角锉、椭圆锉、圆肚锉等几种。整形锉刀又称为什锦锉或组锉，因分组配备各种断面形状的小锉而得名，主要用于修整工件上的细小部分。

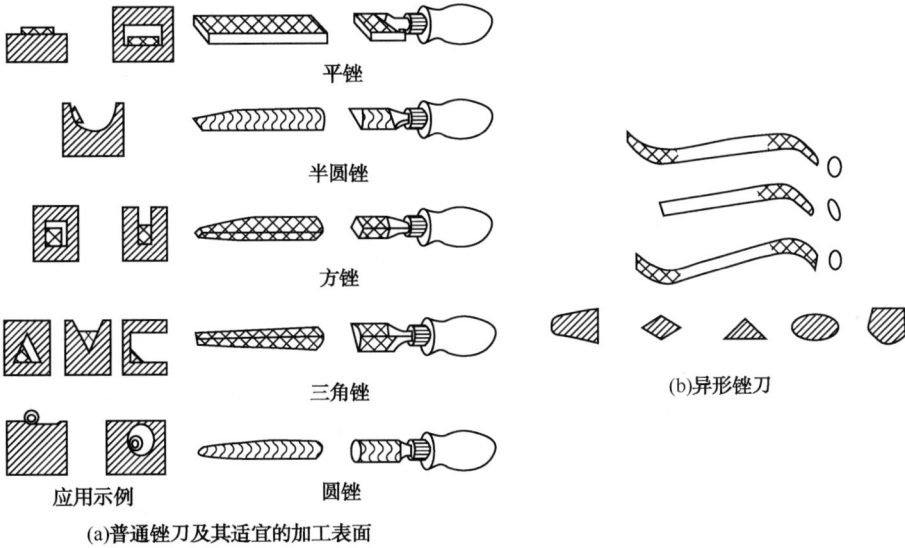

(a)普通锉刀及其适宜的加工表面

(c)整形锉刀

图 2-21 锉刀种类

三、锉刀的规格

锉刀的规格主要是指锉刀的大小和粗细。普通锉刀的尺寸规格用锉身的长度表示（方锉用端面边长表示，圆锉用端面直径表示）；特种锉刀的尺寸规格用锉刀的长度表示；整形锉刀用每套的支数表示。锉齿的粗细规格，依照 GB 5805—1986 规定，以锉刀每 10mm 轴向长度内的主要锉纹条数来表示，通常也可用 1~5 号锉纹号表示。常用平锉刀的具体规格参数见表 2-1。

表 2-1 锉刀的规格

主锉纹条数（10mm 内）／锉纹号 规格（mm）	1	2	3	4	5
100	14	20	28	40	56
125	12	18	25	36	50
150	11	16	22	32	45
200	10	14	20	28	40
250	9	12	18	25	36
300	8	11	16	22	32
350	7	10	14	20	—
400	6	9	12	—	—
450	5.5	8	11	—	—

四、锉刀的选用

每种锉刀都有一定的功用，如选择不合理，非但不能充分发挥它的效能，还将直接影响锉削的质量。选择锉刀主要依据下面两个原则：

（1）根据被锉削工件表面形状选用（图 2-22）。

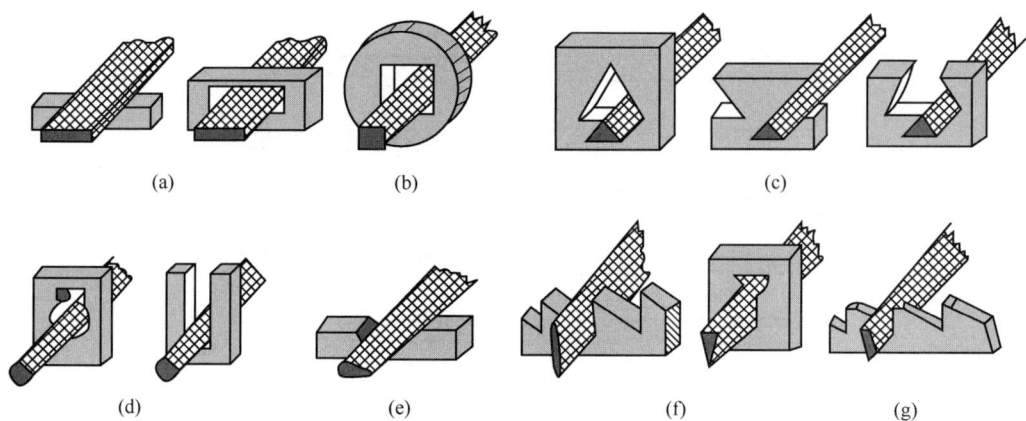

(a)　　　　　(b)　　　　　(c)

(d)　　　　　(e)　　　　　(f)　　　　　(g)

图 2-22 锉刀选用

（2）根据工件材料的性质、加工余量的大小、加工精度、表面粗糙度要求选择合适的锉刀（表2-2）。

表2-2　锉刀的适用场合

锉刀粗细	适用场合		
	加工余量（mm）	精度尺寸（mm）	表面粗糙度 Ra（μm）
1号（粗齿锉刀）	0.5~1	0.2~0.5	100~25
2号（中齿锉刀）	0.2~0.5	0.05~0.2	25~6.3
3号（细齿锉刀）	0.1~0.3	0.02~0.05	12.5~3.2
4号（双细齿锉刀）	0.1~0.2	0.01~0.02	6.3~1.6
5号（油光锉）	<0.1	0.01	1.6~0.8

五、锉刀的选择和粗锉、半精锉削、精锉削确定的参考依据

加工余量是指加工前工件表面至加工后正确位置表面之间的距离，通俗地讲，就是将要锉掉的材料的多少。根据加工余量的多少，把加工分为粗锉、半精锉削和精锉削。粗加工是为了较快地把余量去除；精加工是保证达到尺寸精度和表面粗糙度要求；半精加工是根据粗加工情况，介于精加工前的过渡加工，有时粗加工质量较好时可以省去半精加工。

六、锉刀柄的拆装

锉刀舌是用来安装锉刀柄的。制造锉刀柄常用木质材料，在锉刀柄的前端有一安装孔，孔的最外围有铁箍。锉刀柄的安装有两种方法［图2-23（a）］：第一种方法，右手握锉刀，左手五指扶住锉刀柄，在台虎钳后面的砧面上用力向下冲击，利用惯性把锉刀舌部装入柄孔内；第二种方法，左手握住锉刀，先把锉刀轻放入柄孔内，然后右手拿手锤敲击锉刀柄，使锉刀舌部装入柄孔内。注意在安装的时候，要保持锉刀的轴线与柄的轴线一致。

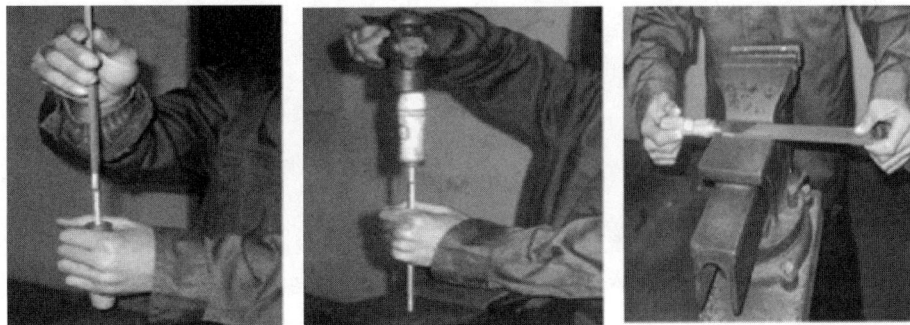

(a)安装　　　　　　　　　　　　(b)用惯性力拆锉刀柄

图2-23　锉刀柄的安装与拆卸

拆锉刀柄时，不能硬拔；否则，不但容易出事故，而且不易拔出。通常在台虎钳侧面的上止口，锉刀平放，柄水平方向由远至近地加速冲击，柄运动至台虎钳止口突然停住，而锉刀在惯性的作用下与柄分开，这样做既省力又快［图2-23（b）］。注意拆卸的时候，锉刀

运动方向上不能有人，以免受到伤害。

七、锉刀的握法

锉刀的正确握法是保证锉削姿势自然协调的前提。250mm 锉刀的基本握法如图 2-24 所示，初学者必须熟练掌握。其方法是：右手紧握锉刀柄，柄端抵住手掌心，大拇指放在锉刀柄上部，其余手指由下而上地握着锉刀柄；左手的基本握法是拇指自然屈伸，其余四指弯向手心，与手掌共同把持锉刀前端。

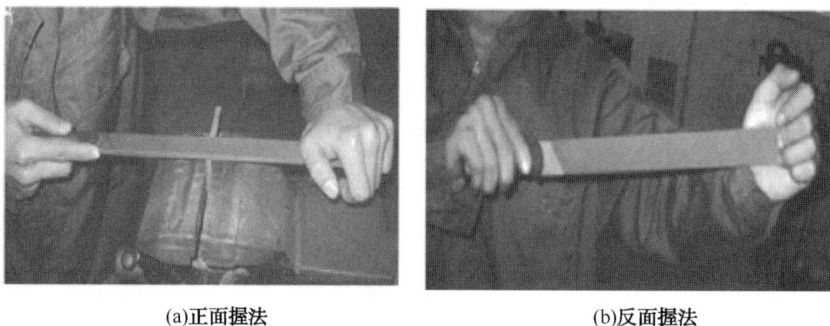

(a)正面握法　　　　　　　　　　　　　(b)反面握法

图 2-24　250mm 锉刀握法

八、其他锉刀的握法

三角锉握法：右手与 250mm 锉刀握法相同，左手大拇指与中指、食指对捏正下压，如图 2-25（a）所示。

200mm 以下锉刀握法：右手与 250mm 锉刀握法相同，左手中指、食指抵住锉刀前端端面，大拇指下压在锉刀面正上方，如图 2-25（b）所示。

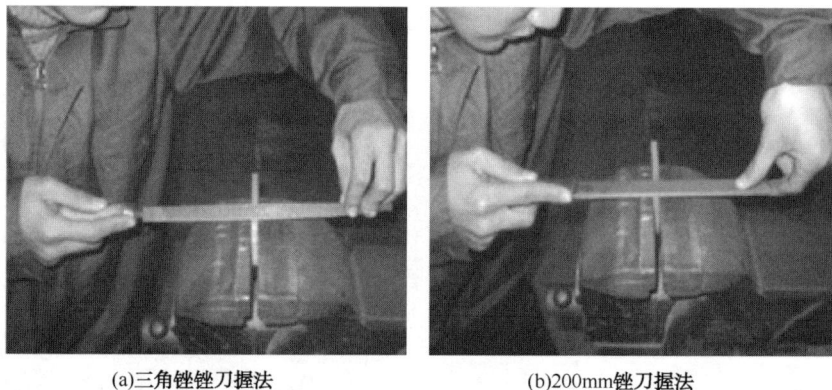

(a)三角锉锉刀握法　　　　　　　　　　(b)200mm锉刀握法

图 2-25　三角锉及 200mm 锉刀握法

九、锉削姿势与动作

正确的锉削姿势能够减轻疲劳，提高锉削质量和效率。锉削姿势与锉刀的大小有关。锉削时站立要自然，左手、锉刀、右手形成的水平直线称为锉削轴线，如图 2-26 所示。右脚掌心在锉削轴线上，右脚掌长度方向与轴线成 75°；左脚略在台虎钳前左下方，与轴线成

30°；两脚跟之间距离因人而异，通常为操作者的肩宽；身体平面与轴线成 45°；身体重心大部分落在左脚，左膝呈弯曲状态，并随锉刀往复运动做相应屈伸，右膝伸直。

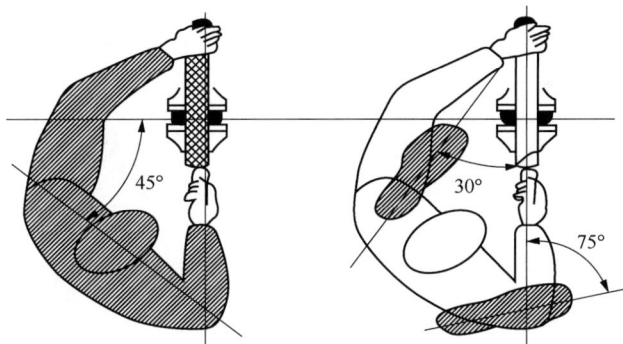

图 2-26　锉削姿势

开始锉削时，身体前倾 10°左右，右肘尽量向后收缩，如图 2-27 所示。

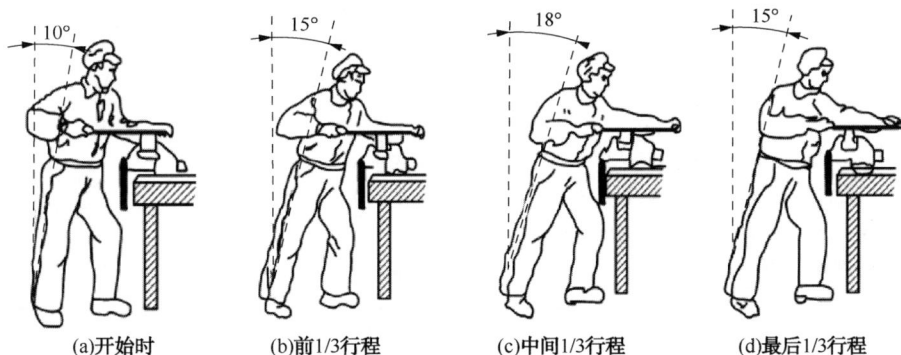

(a)开始时　　　(b)前1/3行程　　　(c)中间1/3行程　　　(d)最后1/3行程

图 2-27　锉削动作

锉刀长度推进前 1/3 行程时，身体前倾 15°左右，左膝弯曲度稍增。锉刀长度推进中间 1/3 行程时，身体前倾 18°左右，左膝弯曲度稍增。锉刀推进最后 1/3 行程时，右肘继续推进锉刀，同时利用推进锉刀的反作用力，身体退回到 15°左右。锉刀回程时，将锉刀略微提起退回，同时手和身体恢复到原来姿势。

十、锉削力和锉削速度（或频率）

要锉出平整的平面，必须保证站姿正确，且使锉刀保持直线运动。锉削时左、右手的用力要随锉刀的前行做动态改变，右手的压力要随锉刀的前行逐步增加，同时左手的压力要逐步减小，当行程达到一半时，两手压力应相等。在锉削过程中锉刀应始终处于水平状态，回程时不加压力，以减少锉齿的磨损。

锉削速度（或频率）一般为 40 次/min 左右，精锉适当放慢，回程时稍快，动作要自然协调，这也是初学者的操作难点。

十一、平面的锉削方法

平面的锉削方法见表 2-3。

表 2-3　平面的锉削方法

锉削方法	说明	图示
推锉	推锉是指用两手对称地横握住锉刀，两手尽可能靠近工件，以减少锉刀左右摆动量，用两大拇指推动锉刀顺着工件长度方向推拉。与加工余量小、平面相对狭窄和修正尺寸时使用推锉方法，此法锉削效率较低	
顺向锉	顺向锉是最常用的锉削方法，锉削时，锉刀的推进方向自始至终朝向一个方向。顺向锉可以得到整齐一致的锉纹，比较美观，适用于锉削面积不大或最后精锉的场合	
交叉锉	交叉锉是指从两个交叉的方向交替对工件表面锉削的方法。交叉锉可使锉刀与工件的接触面积增大，锉刀运动时容易掌握平稳，能及时反映出平面度的情况，且锉削效率较高。但在工件表面易留下交叉纹路，美观度相对顺向锉较差，因此，一般多用于粗锉和半精锉	

　　不论是选用顺向锉还是选用交叉锉，为了保证加工平面的平面度，应尽可能做到锉刀在不同处重复锉削的次数、用力及锉刀的行程保持相同，并且每次的横向移动量均匀、大小适当。锉削移动方向如图 2-28 所示。

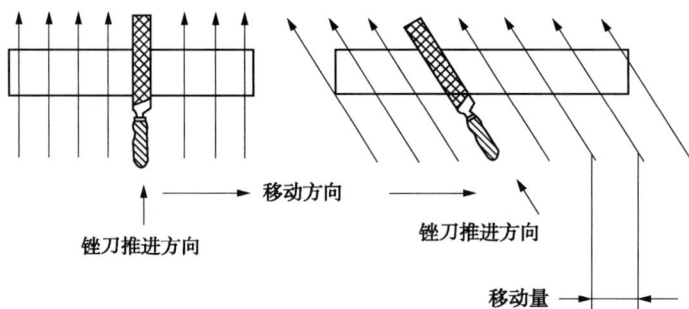

图 2-28　锉削移动方向

十二、锉削时的注意事项

（1）操作时应保持工具、锉刀、量具的摆放有序，取用方便。

（2）练习时，要时刻保持正确的操作姿势。

（3）粗锉时要充分利用锉刀的有效长度，这样即可以提高锉削效率，又可以延长锉刀的使用寿命。

（4）锉削时要综合考虑精度要求。

（5）锉刀柄要装牢，无柄、裂柄或没有锉刀柄箍的锉刀不可使用。

（6）锉刀不能当作其他工具使用，如锤或棒等。锉刀上不可沾油或水。

（7）不能用嘴吹铁屑，不能用手摸锉削表面。如锉屑嵌入锉刀齿纹内，应及时用锉刀刷或用薄铁片剔除。

（8）测量工件时应先去除毛刺，锐边倒钝。

（9）锉刀应先使用一面，待用钝后再用另一面。

（10）夹持已加工表面时，应衬保护垫片。

十三、平面质量的检测及分析

1. 平面度的检测

常用刀口尺通过透光法检测锉削面的平面度。检查时，刀口尺应垂直放在工件表面，在纵向、横向、对角方向多处逐一进行，其最大直线度误差即为该平面的平面度误差（图2-29）。如果刀口尺与锉削平面间透光强弱均匀，说明该锉削面较平；反之，说明该锉削面不平，其误差值可以用厚薄规（塞尺）塞入检查。

提示：检查过程中，在不同的检查位置应当将刀口尺提起后再放下，以免刀口磨损，影响检查精度。

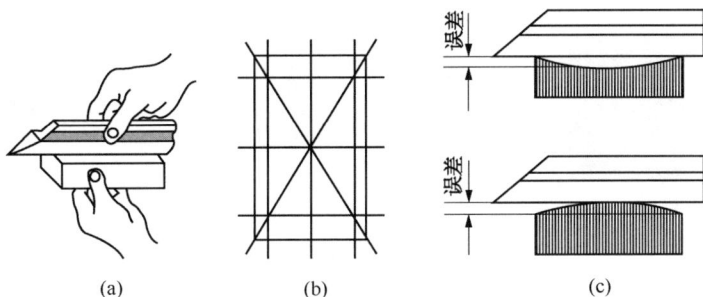

图 2-29　平面度的检测

2. 锉削质量的分析

锉削质量的分析见表2-4。

表 2-4　锉削质量的分析

锉削质量问题	产生原因
平面中凸	（1）锉削时双手用力不能使锉刀保持平衡。 （2）锉刀在开始推进时，右手压力太大，锉刀被压下；锉刀推到前面时，左手压力太大，锉刀被压下，形成前、后锉。 （3）锉削姿势不正确。 （4）锉刀本身中凹
对角扭曲或塌角	（1）左手或右手施加压力时重心偏在锉刀一侧。 （2）工件未能夹持正确。 （3）锉刀本身扭曲
平面横向中凸或中凹	锉刀在锉削时左右移动不均匀

第五节　钻孔、扩孔、铰孔、锪孔

大家知道无论什么机器，从制造每个零件到最后装成机器为止，几乎离不开孔，这些孔就是通过如铸、锻、车、镗、磨，在钳工有钻、扩、铰、锪等加工形成。选择不同的加工方法所得到的精度、表面粗糙度不同。合理地选择加工方法有利于降低成本，提高工作效率。

钻孔：用钻头在实心工件上加工孔称为钻孔（图 2-30）。钻孔只能进行孔的粗加工。IT12 左右，$Ra12.5\mu m$ 左右。

扩孔：用于扩大已加工出的孔，它常作为孔的半精加工（图 2-31）。IT10，$Ra6.3\mu m$，余量为 0.5~4mm。

铰孔：用铰刀从工件壁上切除微量金属层，以提高其尺寸精度和表面质量（图 2-32）。IT8~7，$Ra1.6~0.8\mu m$，余量可根据孔的大小从手册中查取。

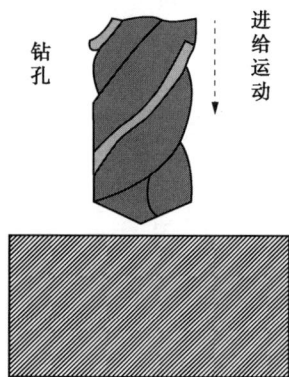 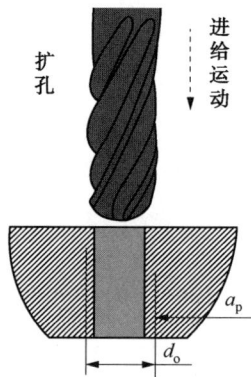 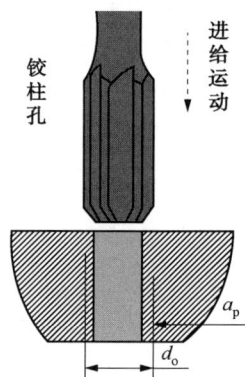

图 2-30　钻孔　　　　　图 2-31　扩孔　　　　　图 2-32　铰孔

锪孔：用锪钻对工件上的已有孔进行孔口形面的加工（图 2-33），其目的是为保证孔端面与孔中心线的垂直度，以便使与孔连接的零件位置正确，连接可靠。

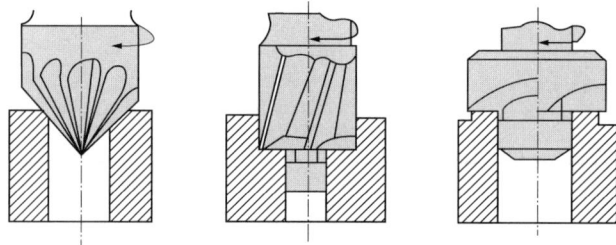

图 2-33　锪孔

一、设备

1. 台式钻床

台式钻床钻孔直径一般在 12mm 以下，特点小巧灵活，主要加工小型零件上的小孔（图 2-34）。

2. 立式钻床

主要由主轴、主轴变速箱、进给箱、立柱、工作台和底座组成（图2-35）。立式钻床可以完成钻孔、扩孔、铰孔、锪孔、攻丝等加工，立式钻床适于加工中小型零件上的孔。

图 2-34　台式钻床

图 2-35　立式钻床

3. 摇臂钻床

它有一个能绕立柱旋转的摇臂，摇臂带着主轴箱可沿立柱垂直移动，同时主轴箱等还能在摇臂上做横向移动，适用于加工大型笨重零件及多孔（图2-36）。

4. 手电钻

在其他钻床不方便钻孔时，可用手电钻钻孔。

5. 其他钻孔设备

另外，目前市场上有许多先进的钻孔设备，如数控钻床减少了钻孔划线及钻孔偏移的烦恼，还有磁力钻床等。

二、刀具和附件

1. 刀具

（1）钻头：有直柄和锥柄两种（图2-37、图2-38）。它由柄部、颈部和切削部分组成，它有两个前刀面、两个后刀面、两个副切削刃和一个横刃，一个顶角116°～118°。

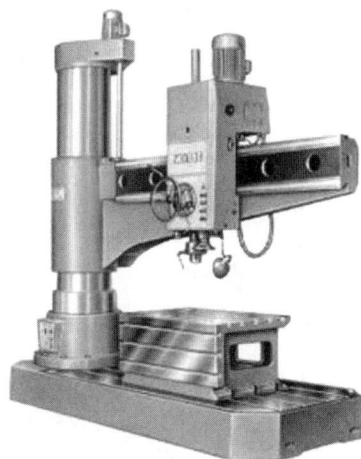

图 2-36　摇臂钻床

图 2-37　直柄钻头

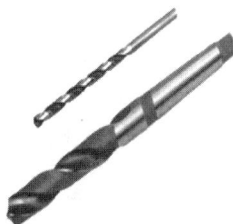

图 2-38　锥柄钻头

85

（2）扩孔钻：基本上与钻头相同，不同的是，它有 3~4 个切削刃，无横刃，刚度、导向性好，切削平稳，因此加工孔的精度、表面粗糙度较好。

（3）铰刀：有手用、机用、可调锥形等多种形式，铰刀有 6~12 个切削刃，没有横刃，其刚性、导向性更高。

锪孔钻：有锥形、柱形、端面等几种形式。

2. 附件

（1）钻头夹：装夹直柄钻头。

（2）过渡套筒：连接锥柄钻头。

（3）手虎钳：装夹小而薄的工件。

（4）平口钳：装夹加工过而平行的工件。

（5）压板：装夹大型工件。

三、钻孔、扩孔、铰孔、锪孔方法

1. 钻孔

若在一个工件上钻孔，则首先应划线、打样冲眼。其次，试钻一个约孔径 1/4 的浅坑，来判断是否对中，偏得较多要纠正，纠正的方法就是想办法增大应该钻掉一方的切削，当对中后方可钻孔。最后钻孔，钻孔时进给力不要太大，要时常抬起钻头排屑，同时加冷却润滑液，钻孔要透时，要减少进给防止切削突然增大，折断钻头。

2. 扩孔、铰孔、锪孔

实际操作时，扩孔、铰孔、锪孔同钻孔一样，但使用铰刀铰孔时，铰刀不能反转，以免崩刃。

第六节　刮　　削

一、概述

刮削是指刮除工件表面薄层以提高加工精度的加工方法。

1. 原理

在工件与校准工具或与其相配合的工件之间涂上一层显示剂，经过对研，使工件上较高的部位显示出来，然后用刮刀微量刮削，刮去较高部位的金属层。在刮削的同时，刮刀对工件还有推挤和修光的作用，这样经过反复地显示和刮削，就能使工件的加工精度达到预定的要求。

2. 刮削余量

由于刮削加工每次只能刮去很薄的一层金属，刮削工作的劳动强度很大，因此要求工件在机械加工后留下的刮削余量不宜太大，一般为 0.05~0.4mm。

3. 种类

1）平面刮削

有单个平面刮削（如平板、工作台面等）和组合平面刮削（如 V 形导轨面、燕尾槽面等）两种。

2）曲面刮削

有内圆柱面、内圆锥面和球面刮削等。

二、刮削工具

刮削工具包括刮刀和校准工具。

1. 刮刀

刮刀可由碳钢、轴承钢或硬质合金制成，硬度达到 60HRC 左右。

（1）平面刮刀：用于刮削平面和刮花，一般多采用 T10A 钢、T12A 钢制成。当工件表面较硬时，也可用焊接高速钢或硬质合金刀头制成。常用的平面刮刀有直头和弯头两种。

（2）曲面刮刀：用于刮削内曲面，常用的有三角刮刀、蛇头刮刀和柳叶刮刀。

2. 校准工具

（1）校准工具是用来推磨研点和检查被刮面准确性的工具，也称为研具。

（2）常用的校准工具有校准平板（通用平板）、校准直尺、角度直尺以及根据被刮面形状设计制造的专用校准型板。

三、显示剂

工件和校准工具对研时，所加的涂料称为显示剂，其作用是显示工件误差的位置和大小。

1. 种类

（1）红丹粉。红丹粉分为铅丹（氧化铅，呈橘红色）和铁丹（氧化铁，呈红褐色）两种，颗粒较细，用机油调和后使用，广泛用于钢和铸铁工件。

（2）蓝油。蓝油用蓝粉和蓖麻油及适量机油调和而成，呈深蓝色，显示的研点小而清楚，多用于精密工件和有色金属及其合金工件。

2. 用法

刮削时，显示剂可以涂在工件表面上，也可以涂在校准件上。

四、刮削前的准备工作

1. 工作场地的选择

刮削场地的光线应适当，太强或太弱都可能看不清研点。

2. 工件的支承

工件必须安放平稳，使刮削时不产生摇动。

3. 工件的准备

应去除工件刮削面毛刺，锐边要倒角，以防划伤手指，擦净刮削面上油污，以免影响显示剂的涂布和显示效果。

4. 刮削工具的准备

根据刮削要求应准备所需的粗刮刀、细刮刀、精刮刀及校准工具和有关量具等。

五、刮削方法

1. 平面刮削方法

（1）平面的刮削姿势有手刮法和挺刮法两种。

①手刮法。刮削时右手如握锉刀柄姿势，左手四指向下蜷曲握住刮刀近头部约 50mm

处，刮刀和刮面成 25°~30° 角度。左脚前跨一步，上身随着推刮而向前倾斜，以增加左手压力，以便于看清楚刮刀前面的研点情况。右臂利用上身摆动使刮刀向前推进，在推进的同时，左手下压，引导刮刀前进，当推进到所需距离后，左手迅速提起，这样就完成了一个手刮动作。这种刮削方法动作灵活、适应性强，应用于各种工作位置，对刮刀长度要求不太严格，姿势可以合理掌握，但是手较易疲劳，故不宜在加工余量较大的场合采用。

②挺刮法。刮削时将刀柄放在小腹右下侧，双手握住刀身，左手在前，握于距刀刃约 80mm 处，右手在后；刀刃对准研点，左手下压，利用腿部和臀部力量将刮刀向前推进，当推进到所需距离后，用双手迅速将刮刀提起，这样就完成了一个挺刮动作。由于挺刮利用下腹肌肉施力，每刀切削量较大，因此适合大余量的刮削，工作效率较高，需要弯曲身体操作，故腰部易疲劳。

（2）平面刮削可以按粗刮、细刮、精刮和刮花四步进行。

①粗刮。当工件表面有明显的加工痕迹或严重生锈、加工余量较大（0.05mm 以上）时，必须进行粗刮。刮削时，可以采用连续推铲的方法，刮刀的刀痕连成长片。整个刮削面上要均匀地刮削，不能出现中间低、边缘高的现象，如果刮削面有平行度要求时，刮削前应先测量一下，根据前道加工所遗留的误差情况，进行不同量刮削，以消除显著的不平行情况，提高刮削精度。当刮到每 25mm×25mm 方框内有 2~3 个研点时，即可以转入细刮。

②细刮。用细刮刀在刮削面上刮去稀疏的大块研点，以进一步改善不平行现象。细刮时，采用的刮刀不能太宽，在 15mm 左右为宜，可以采用短刮法（刀迹长度约为刀刃的宽度）。随着研点的增多，刀迹逐渐缩短。在刮第一遍时，必须保持一定方向，刮第二遍时要交叉刮削，形成 45°~60° 的网纹，以消除原方向的刀迹，达到精度要求。当整个刮面上，在每 25mm×25mm 内出现 12~15 个研点时，即可以进行精刮。

③精刮。在细刮的基础上，通过精刮来增加研点，能显著提高刮削表面的质量。精刮时，刀迹长度一般为 5mm 左右，若刮面越狭小，精度要求越高，刀迹则越短。刮削时，落刀要轻，起刀要迅速，在每个研点只能刮一刀，不应重复，并始终交叉地进行刮削。当研点数逐渐增多到每 25mm×25mm 内出现 20 个以上研点时，即可分为三区分别对待。最大最亮的研点全部刮去；中等研点在其顶点刮去一小片；小研点留着不刮。这样连续刮几遍，即能迅速达到所需的研点数。在刮到最后两三遍时，交叉刀迹大小一致、排列整齐，以使刮削面美观。在不同的刮削步骤中，每刮一刀的深度应适当控制。刀迹的深度可以从刀迹的宽度上反映出来。因此可以从控制刀迹宽度来控制刀迹深度。若左手对刮刀的压力大，则刮后的刀迹宽而深。粗刮时，刀迹宽度不要超过刃口宽度的 2/3~3/4；否则，刀刃的两侧容易陷入刮削面造成沟纹。细刮时，刀迹宽度为刃口宽度的 1/3~1/2，刀迹过宽也会影响到单位面积内的研点数。精刮时，刀迹宽度应该更窄。

④刮花。刮花是在刮削面或机器外露表面上利用刮刀刮出装饰性的花纹，以增加刮削面的美观，并能使滑动件之间造成良好的润滑条件。同时，还可以根据花纹的消失情况来判断平面的磨损程度。常见的花纹有斜雍花、鱼鳞花和半月花 3 种。此外，还有其他多种花纹，可以根据需要，自行设计、刮出。

2. 平行面和垂直面的刮削方法

1）平行平面的刮削方法

先确定被刮削的一个平面为基准面，首先进行粗刮、细刮和精刮，达到单位面积研点数的要求后，就以此面为基准面，再刮削对应的平行面。刮削前用百分表测量该面对基准面的平行度误差，确定粗刮时各刮削部分的刮削量，并以标准平板为测量基准，结合显点刮削，以保证平面度要求。在保证平面度和初步达到平行度的情况下，进入细刮工序。细刮时除了用显点方法来确定刮削部位外，还要结合百分表进行平行度测量，以做必要的刮削修正。达到细刮要求后，可进行精刮，直至单位面积的研点和平行度都符合要求为止。

用百分表测量平行度时，将工件的基准平面放在标准平板上，百分表底座与平板相接触，百分表的测量头触在加工表面上。测量触头触及测量表面时，应调整到使其有 0.3mm 左右的初始读数，然后将百分表沿着工件被测表面的四周及两条对角线方向进行测量，测得最大读数和最小读数之差即为平行度误差。

2）垂直面的测量方法

垂直面的测量方法与平面的测量方法相似，先确定一个平面进行粗刮、细刮和精刮后作为基准面，然后对处置面进行测量，以确定粗刮的刮削部分和刮削量，并结合显点刮削，以保证达到平行度要求。细刮和精刮时，除按研点进行刮削外，还要不断地进行垂直度测量，直至被刮面的单位面积上的研点数和垂直度都符合要求为止。

3. 曲面的刮削方法

曲面刮削一般是指内曲面刮削。其刮削的原理和平面刮削一样，只是刮削方法及所用的刀具不同。内面刮削时，应该根据其不同形状和不同的刮削要求，选择合适的刮刀和显点方法。一般是以标准轴（也称工艺轴）或与其相配合的轴作为内曲面研点的校准工具。研合时将显示剂涂在轴的圆周上，使轴在曲面中旋转时显示研点，然后根据研点进行刮削。

内曲面的刮削姿势有两种。第一种，刮削时右手握刀柄，左手掌心向下，四指横握刀身，大拇指抵住刀身，左、右手同时做圆弧运动，并顺曲面刮刀做后拉或前推的螺旋运动，刀迹与曲面轴线成45°夹角，且交叉进行。第二种，刮刀并搁在右手臂上，双手握住刀身，刮削动作和刮刀轨迹与上一种姿势相同。

曲面刮削时的注意事项：

（1）刮削时用力不可太大，以不发生抖动、不产生振痕为宜。

（2）交叉刮削，刀迹与曲面内孔中心线约成45°，以防止刮面产生波纹，研点也不会为条状。

（3）研点时相配合的轴应沿着曲面做来回转动，精刮时转动弧长应小于 25mm，切忌沿轴线方向做直线研点。

（4）一般情况下，由于孔的前后端磨损快，因此刮削时，前后端的研点要多一些，中间的研点可以少些。

六、刮削精度的检查

对刮削面的质量要求，一般包括形状和位置精度、尺寸精度及贴合程度、表面粗糙度等。根据工件的工作要求不同，检查刮削精度的方法有下列两种：

（1）以贴合点的数目来表示。

即以边长 25mm 的正方形内的研点数目的多少来表示（点数越多，精度越高）。

（2）用允许的平面度和直线度表示。工件大范围平面内的平面度以及机床导轨面的直线度等，可以用方框水平仪检查，同时其接触精度应符合规定的技术要求。

第七节　攻螺纹和套螺纹

一、攻螺纹

用丝锥在孔中切削加工内螺纹的方法称为攻螺纹（图2-39）。

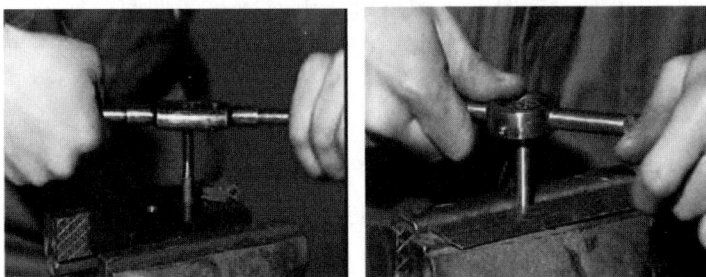

图2-39　攻螺纹

1. 攻螺纹工具

1）丝锥

丝锥的种类按使用方法不同，分为手用丝锥和机用丝锥两大类（图2-40）。

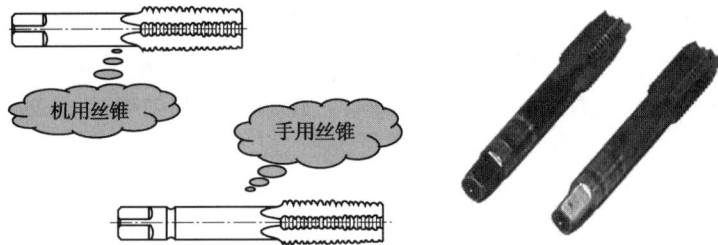

图2-40　丝锥

（1）丝锥的种类。

丝锥按其用途不同，可以分为普通螺纹丝锥、英制螺纹丝锥、圆柱管螺纹丝锥、圆锥管螺纹丝锥、板牙丝锥、螺母丝锥、校准丝锥及特殊螺纹丝锥等。其中，普通螺纹丝锥、圆柱管螺纹丝锥和圆锥管螺纹丝锥是常用的3种丝锥（图2-41）。

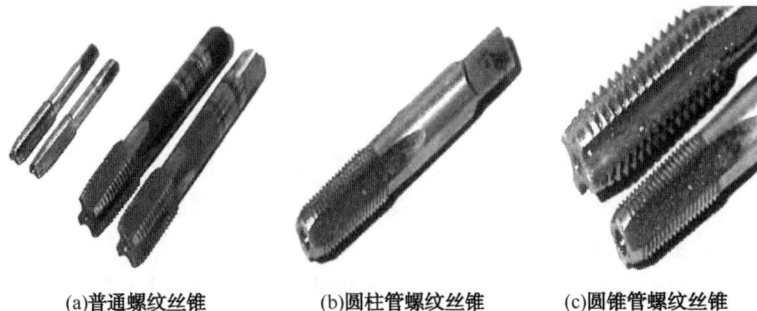

(a)普通螺纹丝锥　　(b)圆柱管螺纹丝锥　　(c)圆锥管螺纹丝锥

图2-41　丝锥的种类

（2）丝锥的构造。

丝锥由工作部分和柄部组成。工作部分包括切削部分和校准部分，切削部分磨出锥角，校准部分具有完整的齿形。柄部有方榫（图2-42）。

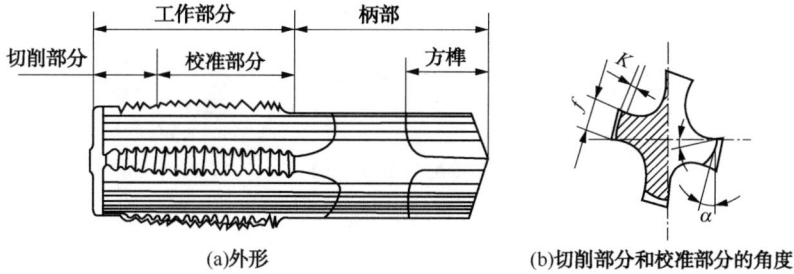

(a)外形　　　(b)切削部分和校准部分的角度

图 2-42　丝锥的构造

（3）丝锥的几何参数。

①前角、后角。

丝锥前角见表2-5。

表 2-5　丝锥前角

被加工材料	铸青铜	铸铁	硬钢	黄铜	中碳钢	低碳钢	不锈钢	铝合金
前角 γ（°）	0	5	5	10	10	15	15~20	20~30

后角 α_0，一般用手用丝锥 $\alpha_0 = 6° \sim 8°$，机用丝锥 $\alpha_0 = 10° \sim 12°$，齿侧为 $0°$。

②容屑槽。

M8 以下的丝锥一般有 3 条容屑槽，M8—M12 的丝锥既有 3 条容屑槽的，也有 4 条的容屑槽，M12 以上的丝锥一般有 4 条容屑槽（图2-43）。较大的手用丝锥和机用丝锥及管螺纹丝锥也有 6 条容屑槽的。

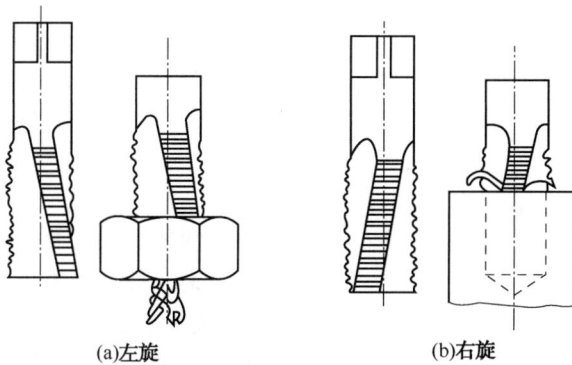

(a)左旋　　　(b)右旋

图 2-43　丝锥的容屑槽

（4）丝锥负荷的分配。

丝锥负荷的分配一般有锥形分配和柱形分配两种形式（图2-44）。

2）铰杠

铰杠是手工攻螺纹时用的一种辅助工具。铰杠分普通铰杠和丁字形铰杠两类（图2-45）。

3）保险夹头

在钻床上攻螺纹时，通常用保险夹头来夹持丝锥，以免当丝锥的负荷过大或攻制不通螺孔到达孔底时，产生丝锥折断或损坏工件等现象。锥体摩擦式保险夹头如图2-46所示。

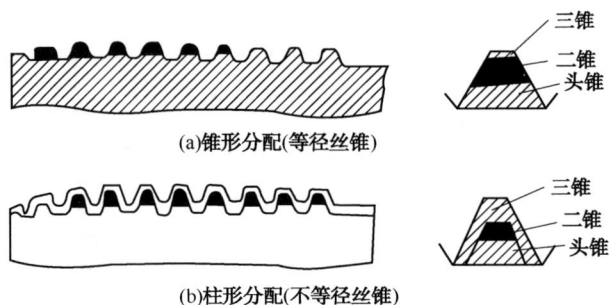

(a)锥形分配(等径丝锥)

(b)柱形分配(不等径丝锥)

图 2-44　丝锥负荷的分配

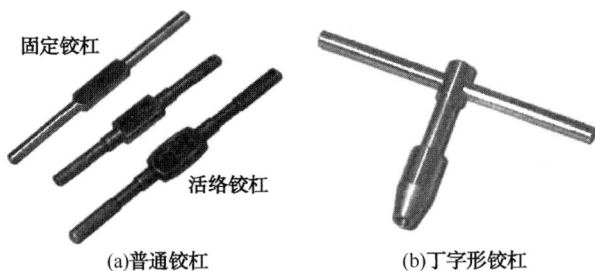

固定铰杠

活络铰杠

(a)普通铰杠　　　　(b)丁字形铰杠

图 2-45　铰杠

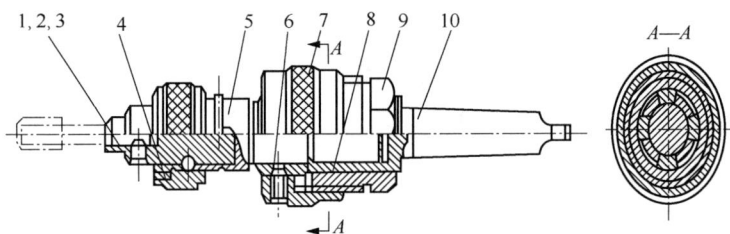

图 2-46　锥体摩擦式保险夹头

1，2，3—可换夹头；4—滑套；5—轴；6—螺钉；7—螺母；8—摩擦块；9—螺套；10—本体

2. 攻螺纹方法

1）攻螺纹前螺纹底孔直径的确定

螺纹底孔直径的大小，应根据工件材料的塑性和钻孔时的扩张量来考虑，使攻螺纹时既有足够的空隙来容纳被挤出的材料，又能保证加工出来的螺纹具有完整的牙形。攻螺纹前的挤压现象如图 2-47 所示。攻螺纹材料与底孔计算公式见表 2-6。

表 2-6　攻螺纹材料与底孔计算公式

被加工材料和扩张量	钻头直径计算公式
钢和其他塑性大的材料，扩张量中等	$D_0 = D - P$
铸铁和其他塑性小的材料，扩张量较小	$D_0 = D - (1.05 \sim 1.1) P$

注：D_0 表示钻头直径；D 表示螺纹公称直径；P 表示螺距。

攻不通孔螺纹时，一般取：钻孔深度＝所需螺孔深度+0.7D。

2）攻螺纹要点

（1）攻螺纹前螺纹底孔口要倒角，通孔螺纹两端孔口都要倒角。这样可使丝锥容易切

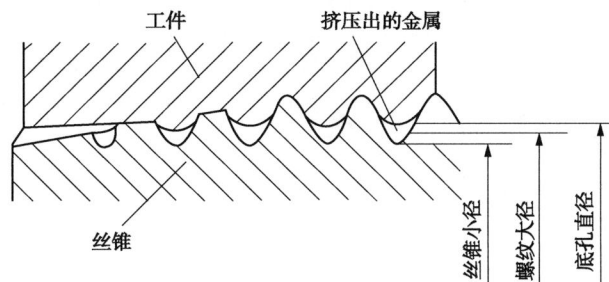

图 2-47　攻螺纹前的挤压现象

入，并防止攻螺纹后孔口的螺纹崩裂。

（2）攻螺纹前，工件的装夹位置要正确，应尽量使螺孔中心线置于水平或垂直位置，其目的是攻螺纹时便于判断丝锥是否垂直于工件平面。

（3）开始攻螺纹时，应把丝锥放正，用右手掌按住铰杠中部沿丝锥中心线用力加压，此时左手配合做顺向旋进；或两手握住铰杠两端平衡施加压力，并将丝锥顺向旋进，保持丝锥中心与孔中心线重合，不能歪斜。当切削部分切入工件 1~2 圈时，用目测或角尺检查和校正丝锥的位置。当切削部分全部切入工件时，应停止对丝锥施加压力，只需平稳地转动铰杠靠丝锥上的螺纹自然旋进。

（4）为了避免切屑过长咬住丝锥，攻螺纹时应经常将丝锥反方向转动 1/2 圈左右，使切屑碎断后容易排出。

（5）攻不通孔螺纹时，要经常退出丝锥，排除孔中的切屑。当将要攻到孔底时，更应及时排出孔底积屑，以免攻到孔底丝锥被轧住。

（6）攻通孔螺纹时，丝锥校准部分不应全部攻出头；否则，会扩大或损坏孔口最后几牙螺纹。

（7）丝锥退出时，应先用铰杠带动螺纹平稳地反向转动，当能用手直接旋动丝锥时，应停止使用铰杠，以防铰杠带动丝锥退出时产生摇摆和振动，破坏螺纹粗糙度。

（8）在攻螺纹过程中，换用另一支丝锥时，应先用手握住旋入已攻出的螺孔中。直至用手旋不动时，再用铰杠攻螺纹。

（9）在攻材料硬度较高的螺孔时，应头锥、二锥交替攻削，这样可减轻头锥切削部分的负荷，防止丝锥折断。

（10）攻塑性材料的螺孔时，要加切削液。一般用机油或浓度较大的乳化液，要求高的螺孔也可用菜籽油或二硫化钼等。

3. 普通螺纹钻底孔用钻头直径尺寸

普通螺纹钻底孔用钻头直径尺寸采用下列公式计算：

$$\begin{cases} P = d - P & (P > 1mm) \\ D = d - (1 \sim 1.1)P & (P < 1mm) \end{cases}$$

式中　P——螺距，mm；

　　　D——攻螺纹前钻头直径，mm；

　　　d——螺纹公称直径，mm。

普通螺纹钻底孔用钻头直径尺寸见表 2-7。

表 2-7 普通螺纹钻底孔用钻头直径尺寸

公称直径	螺距		钻头直径	公称直径	螺距		钻头直径
1	粗	0.25	0.75	14	粗	2	11.9
	细	0.2	0.8		细	1.5	12.5
2	粗	0.4	1.6			1.25	12.7
	细	0.25	1.75			1	13
3	粗	0.5	2.5	16	粗	2	13.9
	细	0.35	2.65		细	1.5	14.5
4	粗	0.7	3.3			1	15
	细	0.5	3.5	18	粗	2.5	15.4
5	粗	0.8	4.2		细	2	15.9
	细	0.5	4.5			1.5	16.5
6	粗	1	5			1	17
	细	0.75	5.2	20	粗	2.5	17.4
8	粗	1.25	6.7		细	2	17.9
	细	1	7			1.5	18.5
		0.75	7.2			1	19
10	粗	1.5	8.5	22	粗	2.5	19.4
	细	1.25	8.7		细	2	19.9
		1	9			10.5	20.5
		0.75	9.2			1	21
12	粗	1.75	10.2	24	粗	3	20.9
	细	1.5	10.5		细	2	21.9
		1.25	10.7			1.5	22.5
		1	11			1	23
27	粗	3	23.9	42	粗	4.5	37.3
	细	2	24.9		细	4	37.8
		1.5	25.5			3	38.9
		1	26			2	39.9
30	粗	3.5	26.3			1.5	40.5
	细	3	26.9	45	粗	4.5	40.3
		2	27.9		细	4	40.8
		1.5	28.5			3	41.9
		1	29			2	42.9
33	粗	3.5	29.3			1.5	43.5
	细	3	29.9	48	粗	5	42.7
		2	30.9		细	4	43.8
		1.5	31.5			3	44.9
36	粗	4	31.8			2	45.9
	细	3	32.9			1.5	46.5
		2	33.9	52	粗	5	46.7
		1.5	34.5		细	4	47.8
39	粗	4	34.8			3	48.9
	细	3	35.9			2	49.9
		2	36.9			1.5	50.5
		1.5	37.5			—	—

4. 攻螺纹时废品分析

攻螺纹时废品分析见表2-8。

表2-8　攻螺纹时废品分析

废品分析	产品的原因
烂牙	(1) 螺纹底孔直径太小，丝锥不易切入，孔口烂牙。 (2) 换用二锥、三锥时，与已切出的螺纹没有旋合好就强行攻削。 (3) 头锥攻螺纹不正，用二锥、三锥时强行纠正。 (4) 对塑性材料未加切削液或丝锥不经常倒转，而把已切出的螺纹啃伤。 (5) 丝锥磨钝或刀刃有黏屑。 (6) 丝锥铰杠掌握不稳，攻铝合金等强度较低的材料时，容易被切烂
滑牙	(1) 攻不通孔螺纹时，丝锥已到底仍继续扳转。 (2) 在强度较低的材料上攻较小螺孔时，丝锥已切出螺纹仍继续加压力，或攻完退出时连铰杠转出
螺孔攻歪	(1) 丝锥位置不正。 (2) 机攻螺纹时丝锥与螺孔不同心
螺纹牙深不够	(1) 攻螺纹前底孔直径太大。 (2) 丝锥磨损
螺纹中径大 （齿形瘦）	(1) 在强度低的材料上攻螺纹时，丝锥切削部分全部切入螺孔后，仍对丝锥施加压力。 (2) 机攻螺纹时，丝锥晃动，或切削刃磨得不对称
烂牙	(1) 圆杆直径太大。 (2) 板牙磨钝。 (3) 套螺纹时，板牙没有经常倒转。 (4) 铰杠掌握不稳，套螺纹时板牙左右摇摆。 (5) 板牙歪斜太多，套螺纹时强行修正。 (6) 板牙刀刃上具有切屑瘤。 (7) 用带调整槽的板牙套螺纹，第二次套螺纹时板牙没有与已切出螺纹旋合，就强行套螺纹。 (8) 未采用合适的切削液切烂
螺纹歪斜	(1) 板牙端面与圆杆不垂直。 (2) 用力不均匀，铰杠歪斜
螺纹中径小 （齿形瘦）	(1) 板牙已切入仍施加压力。 (2) 由于板牙端面与圆杆不垂直而多次纠正，使部分螺纹切去过多
螺纹牙深 不够	(1) 圆杆直径太小。 (2) 用带调整槽的板牙套螺纹时，直径调节太大
崩牙或扭断	(1) 工件材料硬度太高，或硬度不均匀。 (2) 丝锥或板牙切削部分刀齿前、后角太大。 (3) 螺纹底孔直径太小或圆杆直径太大。 (4) 丝锥或板牙位置不正。 (5) 用力过猛，铰杠掌握不稳。 (6) 丝锥或板牙没有经常倒转，致使切屑将容屑槽堵塞。 (7) 刀齿磨钝，并黏附有积屑瘤。 (8) 未采用合适的切削液。 (9) 攻不通孔时，丝锥碰到孔底时仍继续扳转。 (10) 套台阶旁的螺纹时，板牙碰到台阶仍继续扳转

二、套螺纹

用板牙在圆杆或管子上切削加工外螺纹的方法称为套螺纹。

1. 套螺纹工具

1）圆板牙

圆板牙外形像一个圆螺母，只是在它上面钻有几个排屑孔并形成刀刃（图2-48）。

图 2-48　圆板牙

2）管螺纹板牙

管螺纹板牙分为圆柱管螺纹板牙和圆锥管螺纹板牙。圆柱管螺纹板牙的结构与圆板牙相仿。圆锥管螺纹板牙的基本结构也与圆板牙相仿，只是在单面制成切削锥，只能单面使用。圆锥管螺纹板牙所有刀刃均参加切削，因此切削时很费力。板牙的切削长度影响管螺纹牙形的尺寸，因此套螺纹时要经常检查，不能使切削长度超过太多，只要相配件旋入后能满足要求即可。

3）板牙铰杠

板牙铰杠是手工套螺纹时的辅助工具。板牙铰杠的外圆旋有 4 只紧定螺钉和一只调松螺钉，使用时，紧定螺钉将板牙紧固在铰杠中，并传递套螺纹时的扭矩（图2-49）。当使用的圆板牙带有 V 形调整槽时，通过调节上面两只紧定螺钉和调整螺钉，可使板牙螺纹直径在一定范围内变动。

2. 套螺纹方法

1）套螺纹前圆杆直径的确定

用卡尺测量。

2）套螺纹要点

（1）为使板牙容易对准工件和切入工件，圆杆端部要倒成圆锥斜角为 15°～20° 的锥体（图2-50）。锥体的最小直径可略小于螺纹小径，使切出的螺纹端部避免出现锋口和卷边，从而影响螺母的拧入。

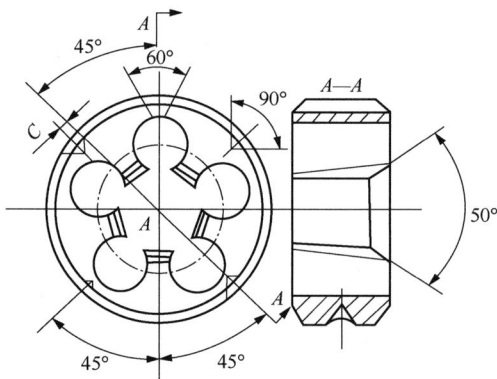

图 2-49　板牙铰杠

图 2-50　圆杆端部倒成圆锥斜角为 15°～20° 的锥体

（2）为了防止圆杆夹持出现偏斜和夹出痕迹，圆杆应装夹在用硬木制成的 V 形钳口或软金属制成的衬垫中，在加衬垫时圆杆套螺纹部分离钳口要尽量近。

（3）套螺纹时应保持板牙端面与圆杆轴线垂直；否则，套出的螺纹两面会有深浅，甚至烂牙。

（4）在开始套螺纹时，可用手掌按住板牙中心，适当施加压力并转动铰杠。当板牙切入圆杆 1~2 圈时，应目测检查和校正板牙的位置。当板牙切入圆杆 3~4 圈时，应停止施加压力，而仅平稳地转动铰杠，靠板牙螺纹自然旋进套螺纹。

（5）为了避免切屑过长，套螺纹过程中板牙应经常倒转。

（6）在钢件上套螺纹时要加切削液，以延长板牙的使用寿命，减小螺纹的表面粗糙度。

第八节　研　　磨

研磨是使用研具和研磨剂从工件上除去一层极薄的金属，使工件达到精确的尺寸、准确的几何形状和很小的表面粗糙度。

一、概述

1. 研磨的基本原理

研磨是一种微量的金属切削运动，它的基本原理包含着物理和化学的综合作用。

1）物理作用（磨料对工件的切削作用）

研磨时，要求研具的材料比工件的材料软。当受到一定的压力后研磨剂中的微小颗粒（磨料）被嵌在研具的表面，成为无数个刀刃，由于研具和工件的相对运动，磨料对工件产生微量的切削与挤压，使工件表面被均匀地刮去一层极薄的金属，借助于研具的精确型面，从而使工件逐渐得到准确的尺寸精度及表面粗糙度。

2）化学作用

当采用氧化铬、硬脂酸或其他化学研磨剂对工件进行研磨时，与空气接触的金属表面很快形成一种氧化膜，而且氧化膜很快又被研磨掉，这就是研磨的化学作用。

2. 研磨的作用

1）减小表面粗糙度

与其他加工方法相比，经过研磨加工的表面粗糙度最小，一般情况下表面粗糙度 Ra 为 $0.8~0.05\mu m$，最小可以达到 $0.006\mu m$。

2）能达到精确的尺寸

经过研磨加工的工件，尺寸精度可达 $0.001~0.005mm$。

3）提高零件几何形状的准确性

工件在一般机械加工方法中产生的形状误差，可以通过研磨的方法来校正。

4）延长工件的使用寿命

经过研磨加工后的工件，表面粗糙度很小，形状准确，因此工件的耐蚀性、抗腐蚀能力和抗疲劳强度也相应得到提高，从而延长了零件的使用寿命。

3. 研磨余量

研磨的切削余量很小，一般每研磨一遍所能磨去的金属层不超过 $0.002mm$，因此研磨余量不能太大，否则，会使研磨时间增加，并且研具的使用寿命也要缩短。通常研磨的余量在 0.005~0.03mm 范围内比较适宜。有时研磨余量就留在工件的公差以内。

二、研磨工具的材料及类型

1. 研磨工具的材料

材料的组织要细致均匀，要有很高的稳定性和耐磨性，研具工作面的硬度应比工件表面硬度稍软，具有较好的嵌存磨料的性能。常用的研磨工具的材料有灰铸铁、球墨铸铁、软钢和钢。

2. 研磨工具的类型

生产中需要研磨的工件多种多样，不同形状的工件应用不同类型的研具。常用的研具有以下几种。

1）研磨平板

研磨平板（图 2-51）主要用来研磨平面，如块规、精密量具的测量面等。它分有槽的和光滑的两种。有槽的用于粗研，研磨时易将工件压平，防止将工件磨成凸起的弧面。精研时，则应在光滑的平板上进行。

图 2-51　研磨平板

2）研磨环

研磨环（图 2-52）主要用来研磨外圆柱表面。研磨环的内径通常比工件的外径大0.025~0.05mm。经过一段时间研磨后，研磨环的内径增加，这时可以通过拧紧调节螺钉使孔径缩小，以保持所需要的间隙。

图 2-52　研磨环

3）研磨棒

研磨棒（图 2-53）主要用来研磨圆柱孔，有固定式和可调式两种。固定式研磨棒制造容易，但是磨损以后无法补偿。因此，对工件上某一孔位的研磨，需要 2~3 个预先制好的有粗研、半粗研、精研磨余量的研磨棒来完成。有槽的用于粗研，光滑的用于精研，多用于单件研磨或机修中。可调式研磨棒，能在一定的尺寸范围内调整，适用于成批生产中工件孔位的研磨，可延长使用寿命，应用较广。

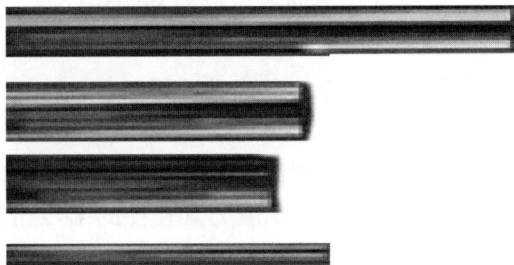

图 2-53　研磨棒

三、研磨剂

研磨剂是由磨料和研磨液调和而成的混合剂。

1. 磨料

磨料在研磨中起切削作用，研磨工作的效率、精度、表面粗糙度及研磨成本，都与磨料有密切的关系。常用的磨料有以下 3 种：

（1）氧化物磨料。氧化物磨料适用于钢和铸铁工件的研磨。

（2）碳化物磨料。碳化物磨料呈粉状，硬度高于氧化物磨料，除了可用于研磨一般的钢铁材料制件外，主要用来研磨硬质合金、陶瓷与硬铬之类的高硬度工件。

（3）金刚石磨料。金刚石磨料分人造和天然两种，其切能力和硬度，均高于氧化物磨料和碳化物磨料，且实用效果好。但是由于价格昂贵，一般只用于对硬质合金、硬铬、宝石、玛瑙和陶瓷等高硬度工件进行精磨加工。

2. 研磨液

研磨液在研磨中起调和磨料、冷却和润滑的作用。常用的研磨液有煤油、汽油、10 号机油、20 号机油、工业甘油、透平油及熟猪油。研磨液应该具备以下条件：

（1）有一定的黏度和稀释能力。

（2）有良好的润滑和冷却作用。

（3）对工件无腐蚀性，且不影响人体健康，选用研磨液首先应考虑不损害操作者的皮肤和健康，而且易于清洗干净。

四、研磨方法

研磨分为手工研磨和机械研磨两种。手工研磨时，要使工件表面各处都受到均匀的切削，应合理选择运动轨迹，这对提高研磨效率、工件表面质量和研具的耐用度都有直接的影响。

手工研磨的运动轨迹，一般采用直线、摆线、螺旋线和 8 字形或仿 8 字形等几种。不论哪一种轨迹的研磨运动，其运动的共同特点是：工件的被加工表面和研具的表面在研磨过程中始终保持相密合的平行运动。这样既能获得比较理想的研磨效果，又能保持研究具的均匀磨损，提高研具的使用寿命，增加耐用度。

1. 平面的研磨

（1）一般平面的研磨：工件沿平板全部表面按 8 字形、仿 8 字形或螺旋式运动轨迹进行研磨。

（2）狭窄平面的研磨：防止被研磨平面产生倾斜和圆角。

2. 圆柱面的研磨

圆柱面一般采用手工和机床相互配合的方式进行研磨。

1）外圆柱面的研磨

研磨外圆柱面一般是在车床或钻床上用研磨环对工件进行研磨。研磨环的内径应该比工件的外径大 0.025~0.05mm，研磨环的长度一般为其孔径的 1~2 倍。

2）内圆柱面的研磨

与外圆柱面的研磨相反，内圆柱面是将工件套在研磨棒上进行研磨。研磨棒的外径应该比工件的内径小 0.01~0.025mm，一般情况下研磨棒的长度是工件长度的 1.5~2 倍。

五、机械密封研磨机操作

1. 研磨机械密封前准备工作

（1）准备好待研磨的机械密封。

（2）准备好研磨膏。

（3）准备好研磨液。

2. 研磨实际操作

（1）将研磨机上的盖子取下。

（2）接通研磨机的电源。

（3）将研磨机的配重取下，加入研磨液。

（4）将机械密封的动、静环取出，在密封面上抹上研磨膏，然后用螺丝分别将动、静环固定在圆形铁片上，分别将装有动、静环的铁片放入研磨机内。

（5）将配重装在研磨件上。

（6）启动按钮。

（7）研磨 40min 后按停止按钮。

（8）将研磨好的机械密封取出，切断研磨机的电源，清洗研磨机，将配重装回研磨机，盖上研磨机盖子。

第三章　常用设备的维护与检修

维修钳工是从事机械设备维修、保养的工作人员，专门负责维护机械设备，确保其运行稳定性。鉴于维修钳工要求工人知识面比较宽、专业基础要求较高、设备维修技术涉及范围广，本章对各种设备的维护与检修进行了阐述。

第一节　离心泵

一、离心泵的工作原理

离心泵装置如图 3-1 所示，其工作原理如下：

（1）液体在流经叶轮的运动过程中获得能量，并以高速离开叶轮外缘进入蜗形泵壳。在蜗壳内，由于流道逐渐扩大而减速，又将部分动能转化为静压能，达到较高的压强，最后沿切向流入压出管道。

（2）在液体受迫由叶轮中心流向外缘的同时，在叶轮中心处形成真空。泵的吸入管路一端与叶轮中心处相通，另一端则浸没在输送的液体内，在液面压力（常为大气压）与泵内压力（负压）的压差作用下，液体经吸入管路进入泵内，只要叶轮的转动不停，离心泵便不断地吸入和排出液体。由此可见，离心泵主要是依靠高速旋转的叶轮所产生的离心力来输送液体，故名离心泵。

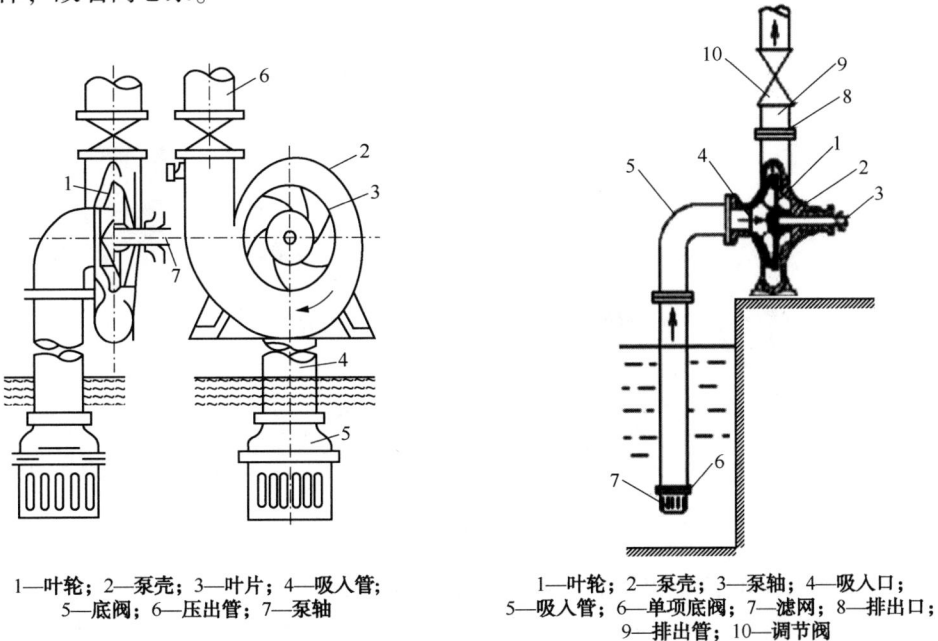

1—叶轮；2—泵壳；3—叶片；4—吸入管；
5—底阀；6—压出管；7—泵轴

1—叶轮；2—泵壳；3—泵轴；4—吸入口；
5—吸入管；6—单项底阀；7—滤网；8—排出口；
9—排出管；10—调节阀

图 3-1　离心泵装置简图

二、离心泵的一般特点

（1）水沿离心泵叶轮的轴向吸入，垂直于轴向流出，即进出水流方向互成 90°。

（2）由于离心泵靠叶轮进口形成真空吸水，因此在启动前必须向泵内和吸水管内灌注引水，或用真空抽气，以排出空气形成真空，而且泵壳和吸水管路必须严格密封，不得漏气，否则形不成真空，也就吸不上水来。

（3）由于叶轮进口不可能形成绝对真空，因此离心泵吸水高度不能超过 10m，加上水流经吸水管路带来的沿程损失，实际允许安装高度（水泵轴线距吸入水面的高度）远小于10m。如安装过高，则不吸水。此外，在大气压力低的高山地区安装时，其安装高度应降低；否则也不能吸上水来。

三、离心泵的组成

离心泵主要由叶轮、泵体、泵轴、轴承、密封环和填料盒 6 部分组成（图 3-2、图 3-3）。

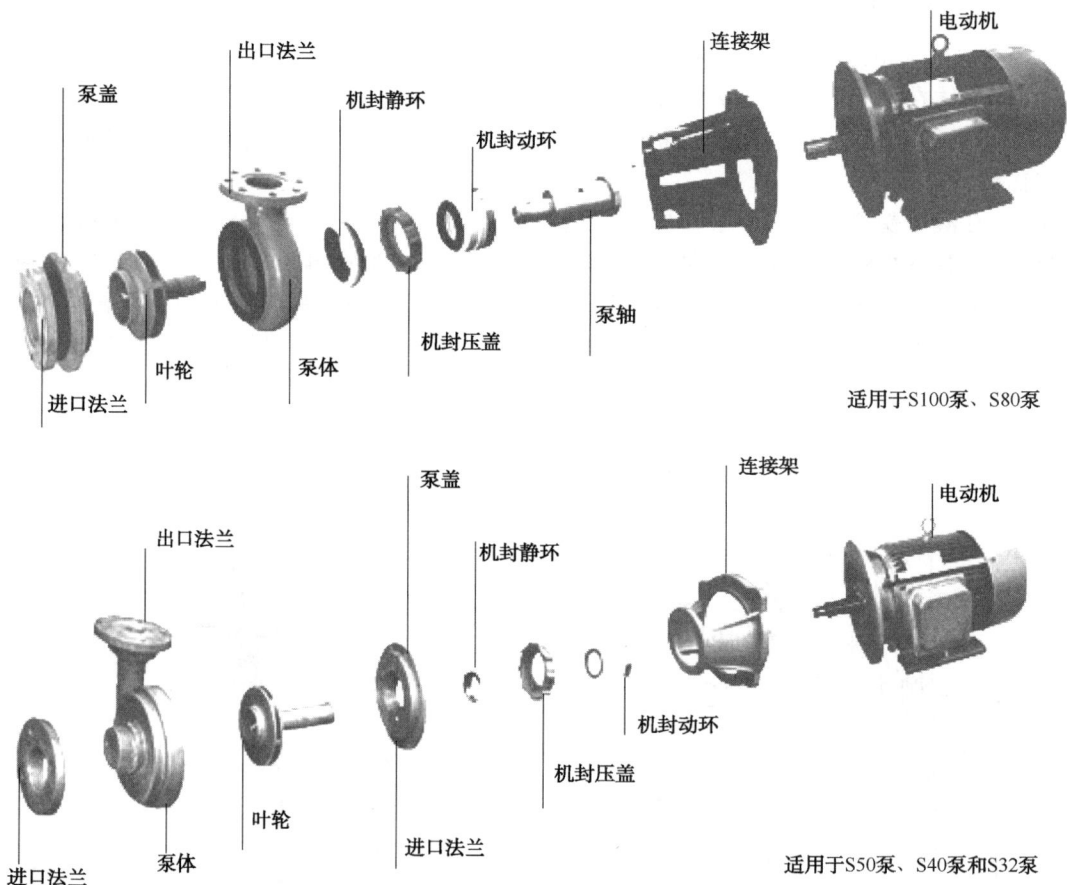

适用于 S100 泵、S80 泵

适用于 S50 泵、S40 泵和 S32 泵

图 3-2　离心泵的组成部分

（1）叶轮是离心泵的核心部分。叶轮有闭式、半闭式和开式 3 种，如图 3-4 所示。闭式叶轮在叶片两侧有前后盖板，效率高，适用于输送不含杂质的清洁液体。一般的离心泵叶轮多为此类。半闭式叶轮在吸入口一侧无盖板，而在另一侧有盖板，适用于输送易沉淀或含

有颗粒的物料，效率也较低。开式叶轮在叶片两侧无盖板，适用于输送含有较大量悬浮物的物料，效率较低，输送的液体压力不高。

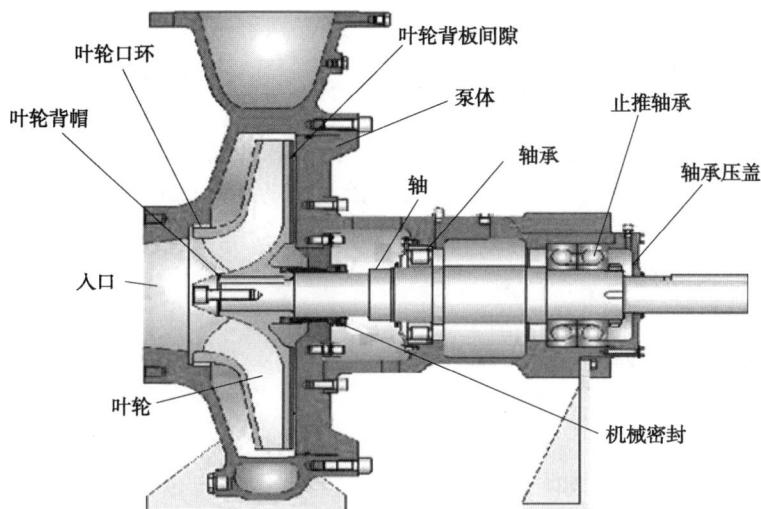

图 3-3 离心泵结构图

图 3-4 离心泵的叶轮

（2）泵体是水泵的主体，也称泵壳，泵壳多做成蜗壳形，故又称蜗壳。泵壳分双吸式和单吸式。

（3）泵轴是传递机械能的主要部件。

（4）轴承是套在泵轴上支撑泵轴的构件，有滚动轴承和滑动轴承两种。

（5）密封环又称减漏环。

（6）填料盒主要由填料、水封环、填料筒、填料压盖、水封管组成。

四、离心泵的种类

1. 离心泵的分类方法

1）按泵轴布置方式分

（1）卧式泵：泵轴为水平布置。

（2）立式泵：泵轴为垂直布置。

2）按吸入方式分

（1）单吸泵：叶轮从一个方向吸入液体。

（2）双吸泵：叶轮从两个方向吸入液体。

3）按叶轮级数分

（1）单级泵：泵轮上只安装一个叶轮。

（2）多级泵：泵轴上安装两个或两个以上的叶轮。

2. 几种常用离心泵

常用的离心泵有清水泵、耐腐蚀泵、油泵、屏蔽泵、多级离心泵和电动潜油离心泵等。

1）清水泵

清水泵是应用最广的离心泵。最普通的清水泵是单级单吸式，其系列代号为"B"，如3B33A 型水泵，第一个数字表示该泵的吸入口径为 3in（76.2mm），字母 B 表示单吸悬臂式，33 表示泵的扬程为 33m，最后的字母 A 表示该型号泵的叶轮外径比基本型号小一级，即叶轮外周经过一次切削。

如果要求压头较高，可采用多级离心泵，其系列代号为"D"。如要求的流量很大，可采用双吸式离心泵，其系列代号为"Sh"。

2）耐腐蚀泵

输送酸碱等腐蚀性液体时，必须用耐腐蚀泵。耐腐蚀泵中所有与腐蚀性液体接触的各种部件都需用耐腐蚀材料制造，如灰口铸铁、高硅铸铁、镍铬合金钢、聚四氟乙烯塑料等。其系列代号为"F"。但是用玻璃、橡胶、陶瓷等材料制造的耐腐蚀泵，多为小型泵，不属于"F"系列。

3）油泵

输送石油产品的泵称为油泵。由于油品易燃、易爆，因此要求油泵必须有良好的密封性能。输送高温油品（200℃以上）的热油泵还应具有良好的冷却措施，其轴承和轴封装置都带有冷却水夹套，运转时通冷水冷却。其系列代号为"Y"，双吸式为"YS"。

4）屏蔽泵

屏蔽泵（图 3-5）是一种无泄漏泵，叶轮和电动机联为一体并密封在同一泵壳内，不需要轴封装置，常用以输送易燃、易爆、剧毒及具有放射性的液体。其缺点是效率较低。

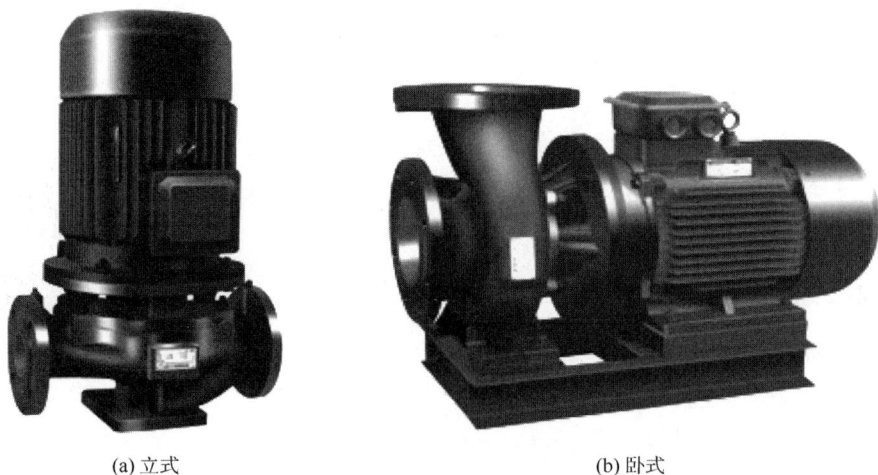

(a) 立式   (b) 卧式

图 3-5 单级单吸式屏蔽泵

5）多级离心泵

在油田注水和远距离输油作业中，需要提供较大的压力，因此，通常采用多级离心泵（图 3-6）。中压分段式多级离心泵的流量为 5~720m³/h，扬程为 100~650m 液柱；高压分段式多级离心泵的扬程可达 2800m，甚至更高。

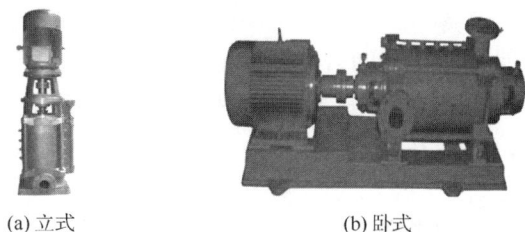

(a) 立式   (b) 卧式

图 3-6　多级离心泵

6）电动潜油离心泵

电动潜油离心泵是（图 3-7）一种在井下工作的多级离心泵，用油管下入井内，地面电源通过潜油泵专用电缆输入井下潜油电动机，使电动机带动多级离心泵旋转产生离心力，将井中的原油举升到地面。

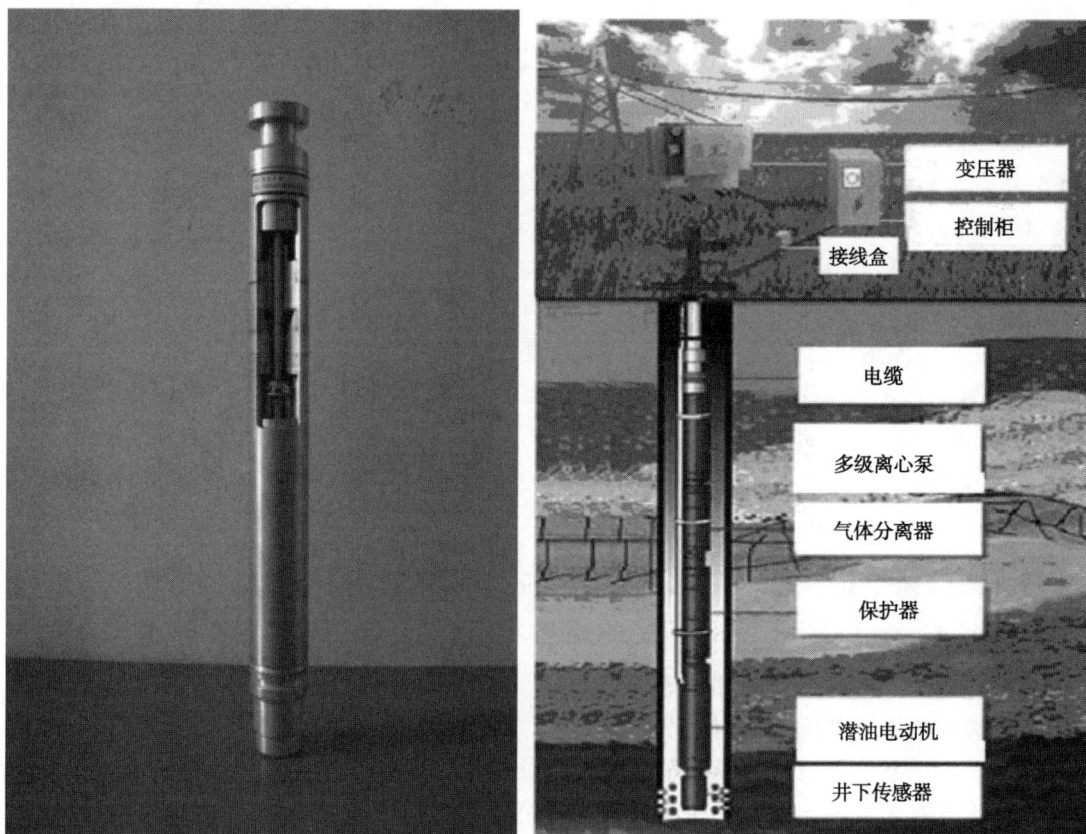

图 3-7　电动潜油离心泵

五、离心泵的其他特点

1. 流量调节

（1）改变阀门的开度。

（2）改变泵的转速。

2. 并联与串联操作

1）并联

当一台泵的流量不够时，可以用两台泵并联操作，以增大流量。两台相同的泵并联操作时，在同样的压头下，并联泵的流量为单台泵的两倍。但需注意，对于同一管路，其并联操作时泵的流量不会增大一倍，因并联后流量增大，管路阻力也增大。

2）串联

串联一般是指前面一台泵的出口向后面一台泵的入口输送液体，主要目的是提高扬程，增加输送距离。

3. 汽蚀

1）汽蚀的定义

由离心泵的工作原理可知，在离心泵叶轮中心（叶片入口）附近形成低压区。离心泵的安装位置越高，叶片入口处压强越低，当泵的安装高度高至一定位置，叶片入口附近的压强可能降至被输送液体的饱和蒸气压，引起液体的部分汽化并产生气泡。

含气泡的液体进入叶轮后，因流道扩大压强升高，气泡立即凝聚，气泡消失产生局部真空，周围液体高速涌向气泡中心，造成冲击和振动。尤其是当气泡的凝聚发生在叶片表面附近时，众多液体质点犹如细小的高频水锤撞击着叶片。另外，气泡中还可能带有氧气等，对金属材料发生化学腐蚀作用。泵在这种状态下长期运转，将导致叶片过早损坏，这种现象称为泵的汽蚀。

2）汽蚀的主要原因

造成叶轮进口处压力过分降低的原因可能有：吸入高度过高；所输送的液体温度过高；气压太低；泵内流道设计不完善而引起液流速度过大等。

3）汽蚀对离心泵工作的影响

（1）引起噪声和振动。

（2）引起泵工作效率下降。

（3）引起泵叶轮的破坏。

六、离心泵维护检修

1. 小修项目

（1）清洁外部，应无锈蚀和油迹。

（2）检查各连接部位的密封情况。

（3）双支承泵检查清洗轴承、轴承箱、挡油环、挡水环、油标等，调整轴承间隙。

（4）检查修理联轴器及驱动机与泵的对中情况。

（5）处理在运行中出现的一般缺陷。

（6）检查清理冷却水、封油和润滑等系统。

（7）检查紧固件连接螺丝。

2. 大修项目

大修项目除包括小修项目外，还包括如下内容：

（1）检查修理机械密封。

（2）解体检查各零部件的磨损、腐蚀和冲蚀情况。泵轴、叶轮必要时进行无损探伤。

（3）检查清理轴承、油封等，测量、调整轴承油封间隙。

（4）检查测量转子的各部圆跳动和间隙，必要时做动平衡校验。

（5）检查并校正轴的直线度。

（6）检查轴套、压盖、封油环、口环、隔板、衬套、中间托瓦等间隙。

（7）测量并调整转子的轴向窜动量。

（8）检查泵体、基础、地脚螺栓及进出口法兰的错位情况，防止将附加应力施加于泵体，必要时重新配管。

（9）检查清洗入口过滤器。

3. 检修作业

1）检修前准备

（1）确定检修施工的时间安排。

（2）备齐检修所需的零配件和相应的材料，办理作业许可证等资料。

（3）备齐检查检修专用工具和经检验合格的量具、器具。

（4）查阅离心泵振动、轴承温度、压力及泄漏点。

（5）查阅上次检修资料和有关图纸，准备好最新版本的检修作业规程。

（6）了解离心泵运行中存在的问题。

（7）确认已经进行能量隔离，安全准备防范工作已经做好。

（8）地面铺好塑料布，在泵下铺上毛毡等防护品。

2）解体

（1）拆卸离心泵附属管线，并检查清扫。严格执行《管线设备打开安全管理规定》中的内容。

（2）拆卸联轴器护罩，设定联轴器的定位标记。

（3）拆除联轴器连接螺栓。

（4）检查联轴器膜片、螺栓有无缺陷及损坏。

（5）拆除泵端联轴器。半联轴器与轴配合为 H7/js6。

（6）拆卸泵盖、叶轮、轴承箱。

①拆卸检查轴承箱放油丝堵，放掉轴承箱内的机油。

②安装吊卸设备。

③拆下泵盖螺栓，放净泵内介质。

④将叶轮从泵腔内抽出，擦净叶轮和泵腔内的介质。

⑤拆卸叶轮，取出键。

⑥拆卸轴承箱。

（7）拆卸检查机封。

①拆卸机封压盖。

②拆卸机封动环、轴套，检查磨损情况。

③拆卸机封静环、静环垫子，检查磨损、完好情况。

（8）拆卸轴承箱配件，检查轴承磨损情况。

①拆卸轴承箱两侧的油封。

②拆卸轴承箱两端端盖。

③拆卸泵轴。

④拆卸轴承。

⑤清洗轴、轴承及轴承箱。

离心泵解体危害因素识别见表3-1。

表3-1 离心泵解体危害因素识别

序号	操作步骤	危害事件	产生原因	削减措施	负责人
1	拆卸离心泵附属管线	物料泄漏风险，其他冷却介质泄漏伤人	吹扫或置换不彻底	使用防爆工具，缓慢打开附属管线，卸压，并用泄漏收集桶收集物料。穿戴防护服等劳动保护用品	施工作业人员
2	拆除泵端联轴器	物体打击	多人合作、交叉作业、工具碰撞	作业人员有防护意识采取防护措施	施工作业人员
3	将叶轮从泵腔内抽出，擦净叶轮和泵腔内的介质	物体打击	工具使用不当、吊装操作不当、吊装设备故障	佩戴防滑手套，按规范正确操作。设置作业区域警示标识，起重指挥人员和吊装人员都需有强烈的防护意识。加强吊装设备检查	施工项目负责人
4	拆卸叶轮，取出键	物体打击	拆叶轮专用工具使用不当	熟练使用，有防护意识	施工作业人员

3）检查检测

（1）检查轴承箱、轴承。

①检查轴承支撑架是否损坏。

②检查轴承有无磨损、裂纹、重皮等明显缺陷。

（2）检查轴承箱壳体。

①检查轴承箱有无裂纹、冲刷、腐蚀。

②检查确认轴承箱油视窗清洁透明无渗漏。

③检查后用干净布封闭。

（3）检测叶轮、泵轴。

①检查叶轮，有无裂纹、腐蚀等缺陷。

②检查轴有无腐蚀或凹陷，检查轴颈处有无沟痕。

③测量泵轴径的圆度、圆柱度（表3-2）。

表3-2 轴径圆柱度   单位：mm

名称	径向	
部位	一端（上下—左右）	另一端（上下—左右）
质量标准	<0.025	<0.025

（4）测量轴弯曲度与端面垂直度（表 3-3）。

表 3-3　轴弯曲度与端面垂直度

名称	轴弯曲度		端面垂直度	
测点	电动机侧	非电动机侧	电动机侧	非电动机侧
质量标准	0.02mm/m	0.02mm/m	0.01	0.01

（5）测量轴与键的配合。键与轴键槽的过盈量见表 3-4。

表 3-4　键与轴键槽的过盈量　　　　　　　　　　单位：mm

轴径	40~70	70~100	100~230
过盈量标准	0.009~0.012	0.011~0.015	0.012~0.017

（6）转子做动平衡。

遇到以下情况时转子必须做动平衡：

①转子跳动严重超标时。

②转子上其他零部件修磨或补焊后。

（7）壳体检测。

①测量壳体口环与叶轮口环间隙。

②两个支架与底座必须接触均匀，塞尺不能塞入。

③地脚螺栓应无松动。

4）回装

（1）回装前确认。

①确认转子的磨损和损坏等缺陷已经全部修复或更换，并符合本作业规程的要求。

②离心泵所有零部件按要求清洗和吹扫干净。

（2）回装轴承。

①清除轴承箱两侧盖垫子残留物，重做两侧盖垫子。

②将电动机端轴承装在泵轴上。

③回装电动机端轴承锁片、锁帽。

④将非电动机端轴承回装在轴承箱上。

⑤回装泵轴。

⑥回装轴承箱两侧垫子、端盖。

⑦回装轴承箱放油丝堵。

⑧回装轴承箱两侧油封。

（3）回装机械密封，调整机封压缩量。

①回装机封静环垫。

②回装静环。

③回装机封动环在轴套上。

④回装机封轴套。

⑤回装动环、静环。

⑥回装泵盖。

⑦调整压缩量，锁定机封固定环。

（4）回装泵轴键、叶轮、泵盖。

（5）回装半联轴器。

离心泵回装危害因素识别见表3-5。

表3-5 离心泵回装危害因素识别

序号	操作步骤	危害事件	产生原因	削减措施	负责人
1	回装轴承	物体打击	工具使用不当；泵轴在安装过程中容易倒，砸伤人	佩戴防滑手套，按规范正确操作；设置作业区域警示标识，作业人员需有安全意识；加强人员协作	施工作业人员、施工项目负责人
2	回装泵轴	物体打击	作业位置高于作业基准面	作业人员有分工，互相照顾	施工作业人员
3	回装机械密封	物体打击	工具使用不当；大泵需要将泵体直立安装机械密封	佩戴防滑手套，按规范正确操作；设置作业区域警示标识，作业人员互相协助，有人扶住，有人安装，并要有安全意识	施工作业人员、施工项目负责人
4	回装泵轴键、叶轮、泵盖	物体打击	作业位置高于作业基准面，有吊装设备砸伤人	作业人员有分工，互相照顾	施工作业人员

5）校正联轴器同心度

（1）采用双表法校正泵轴和电动机轴同心度（图3-8）。

（2）回装联轴器护罩。

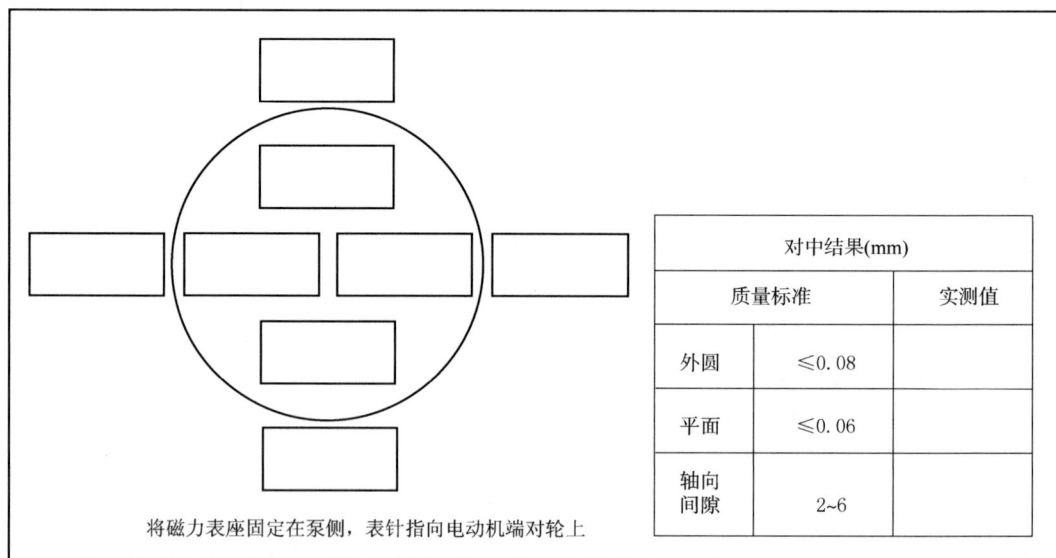

对中结果(mm)		
质量标准		实测值
外圆	≤0.08	
平面	≤0.06	
轴向间隙	2~6	

将磁力表座固定在泵侧，表针指向电动机端对轮上

图3-8 检修后校正泵轴和电动机轴同心度

4. 检修质量标准

1）联轴器

（1）半联轴器与轴配合为 H7/js6。

（2）联轴器两端轴向间隙一般为 2~6mm。

（3）安装齿式联轴器，应保证外齿在内齿宽的中间部位。

（4）安装弹性圈柱销联轴器时，其弹性圈与柱销应力为过盈配合，并有一定紧力。弹性圈与联轴器销孔的直径间隙为 0.6~1.2mm。

（5）联轴器的对中要求值应符合表 3-6 要求。

表 3-6　联轴器的对中要求表　　　　　　　　　　单位：mm

联轴器形式	径向允差	端面允差
刚性	0.06	0.04
弹性圈柱销式	0.08	0.06
叠片式	0.15	0.08

（6）联轴器对中检查时，调整垫片每组不得超过 4 块。

（7）热油泵预热升温正常后，应校核联轴器对中。

（8）叠片联轴器做宏观检查。

2）滚动轴承

（1）承受轴向载荷和径向载荷的滚动轴承配合为 H7/js6。

（2）仅承受径向载荷的滚动轴承与轴配合为 H7/k6。

（3）凡轴向止推采用滚动轴承的泵，其滚动轴承外圈的轴向间隙应留有 0.02~0.06mm。

（4）滚动轴承拆卸时，采用热装的温度不超过 120℃，严禁直接用火焰加热，推荐采用高频感应加热器。

（5）滚动轴承的滚动体与滚道表面应无腐蚀、坑疤与斑点，接触平滑无杂音，保持架完好。

3）密封

（1）机械密封。

①压盖与轴套的直径间隙为 0.75~1.0mm，压盖与密封腔间的垫片厚度为 1~2mm。

②密封压盖与静环密封圈接触部位的表面粗糙度 Ra 为 3.2μm。

③安装机械密封部位的轴或轴套，表面不得有锈斑、裂纹等缺陷，粗糙度 Ra 为 1.6μm。

④静环尾部的防转槽根部与防转销顶部应保持 1~2mm 的轴向间隙。

⑤弹簧压缩后的工作长度应符合设计要求。

⑥机械密封并圈弹簧的旋向应与泵轴的旋转方向相反。

⑦压盖螺栓应均匀上紧，防止压盖端面偏斜。

⑧静环装入压盖后，应检查确认静环无偏斜。

（2）填料密封。

①间隙环与轴套的直径间隙一般为 1.00~1.50mm。

②间隙环与填料箱的直径间隙为 0.15~0.20mm。

③填料压盖与轴套的直径间隙为 0.75~1.00mm。

④填料压盖与填料箱的直径间隙为 0.10~0.30mm。

⑤填料底套与轴套的直径间隙为 0.50~1.00mm。

⑥填料环的外径应小于填料函孔径 0.30~0.50mm，内径大于轴径 0.10~0.20mm。切口角度一般与轴向成 45°。

⑦安装时，相邻两道填料的切口至少应错开 90°。

⑧填料均匀压入，至少每两圈压紧一次，填料压盖压入深度一般为一圈密封填料高度，但不得小于 5mm。

4）转子

（1）转子的跳动。单级离心泵转子跳动应符合表 3-7 要求。

表 3-7　单级离心泵转子跳动表　　　　　　　　　　　单位：mm

测量部位直径	径向圆跳动		叶轮端面跳动
	叶轮密封环	轴套	
≤50	0.05	0.04	0.20
50~120	0.06	0.05	
120~260	0.07	0.06	
>260	0.08	0.07	

（2）轴套与轴配合为 H7/h6，表面粗糙度 Ra 为 1.6μm。

（3）平衡盘与轴配合为 H7/js6。

（4）根据运行情况，必要时转子应进行动平衡校验，其要求应符合相关技术规定。一般情况下，动平衡精度要达到 6.3 级。

5）叶轮

（1）叶轮与轴的配合为 H7/js6。

（2）更换的叶轮应做静平衡，工作转速为 3000r/min 的叶轮，外径上允许剩余不平衡量不得大于表 3-8 的要求。必要时组装后转子做动平衡校验，一般情况下，动平衡精度要达到 6.3 级。

表 3-8　叶轮静平衡允许剩余不平衡量表

叶轮外径（mm）	≤200	200~300	300~400	400~500
不平衡重（g）	3	5	8	10

（3）平衡校验，一般情况下在叶轮上去重，但切去厚度不得大于叶轮壁厚的 1/3。

（4）对于热油泵，叶轮与轴装配时，键顶部应留有 0.10~0.40mm 间隙，叶轮与前后隔板的轴向间隙不小于 1~2mm。

6）主轴

（1）主轴颈圆柱度为轴径的 0.25‰，最大值不超过 0.025mm，且表面应无伤痕，表面粗糙度 Ra 为 1.6μm。

（2）以两轴颈为基准，找联轴节和轴中段的径向圆跳动公差值为 0.04mm。

（3）键与键槽应配合紧密，不允许加垫片，键与轴键槽的过盈量应符合表 3-4 要求。

7）壳体口环与叶轮口环、中间托瓦与中间轴套的直径间隙值

壳体口环与叶轮口环、中间托瓦与中间轴套的直径间隙值应符合表 3-9 要求。

表 3-9　口环、托瓦、轴套配合间隙表　　　　　单位：mm

泵　类	口环直径	壳体口环与叶轮口环间隙	中间托瓦与中间轴套间隙
冷油泵	<100	0.40~0.60	0.30~0.40
	≥100	0.60~0.70	0.40~0.50
热油泵	<100	0.60~0.80	0.40~0.60
	≥100	0.80~1.00	0.60~0.70

8）转子与泵体组装后，测定转子总轴向窜量

转子与泵体组装后，测定转子总轴向窜量，转子定中心时应取总窜量的一半；对于两端支承的热油泵，入口的轴向间隙应比出口的轴向间隙大 0.5~1.00mm。

5. 验收

（1）清扫现场。

（2）试车前准备。

①检查检修记录，确认检修数据正确。

②单试电动机合格，确认转向正确。

③热油泵启动前要暖泵，预热速度不得超过 50℃/h，每半小时盘车 180°。

④润滑油、封油、冷却水等系统正常，零（附）件齐全好用。

⑤盘车无卡涩现象和异常声响，轴封渗漏符合要求。

（3）试车。

①离心泵严禁空负荷试车，应按操作规程进行负荷试车。

②对于强制润滑系统，轴承油的温升不应超过 28℃，轴承金属的温度应小于 93℃；对于油环润滑或飞溅润滑系统，油池的温升不应超过 39℃，油池温度应低于 82℃，液位在 1/2~2/3 处。

③轴承振动标准见 SHS 01003—2004《石油化工旋转机械振动标准》。

④保持运转平稳，无杂音，油封、冷却水和润滑油系统工作正常，泵及附属管路无泄漏。

⑤控制流量、压力和电流在规定范围内。

⑥密封介质泄漏不得超过下列要求：

对于机械密封，轻质油 10 滴/min，重质油 5 滴/min；对于填料密封，轻质油 20 滴/min，重质油 10 滴/min；对于有毒有害、易燃易爆的介质，不允许有明显可见的泄漏。对于多级泵，泵出口流量不小于泵最小流量。

（4）验收。

①连续运转 24h 后，各项技术指标均达到设计要求或能满足生产需要（表 3-10）。

②达到完好标准。

③检修记录齐全、准确，按规定办理验收手续。

表 3-10　验 收 标 准

项目	运行时间（h）	轴承声音		机封渗漏情况
		前	后	
标准	24	无杂音		重油<5 滴/min 轻油<10 滴/min

6. 维护与故障处理

1) 日常维护

（1）严格执行润滑管理制度。

（2）保持封油压力比泵密封腔压力大 0.05~0.15MPa。

（3）定时检查出口压力、振动、密封泄漏、轴承温度等情况，发现问题应及时处理。

（4）定期检查泵附属管线是否畅通。

（5）定期检查泵各部位螺栓是否松动。

（6）热油泵停车后每半小时盘车一次，直至泵体温度降到 80℃ 以下为止，备用泵应定期盘车。

2) 常见故障与处理

离心泵常见故障与处理见表 3-11。

表 3-11　离心泵常见故障与处理

故障	原因	处理方法
泵不上量	进口管线堵塞	清除堵塞物
	流程未导通	改通流程
	叶轮堵塞	拆泵检查，清除堵塞
	泵内充有气体	排放泵内气体
	油温过高，产生气体	降低油温
	电动机反转	调整接线头
	油温过低	提高油温
	过滤器堵塞	清洗过滤器
泵压不足	电动机反转不够	检查原因排除
	进油量不足	检查油制度液位
	泵体内的各部位间隙过大	拆泵检查，重新调整
	压力表指示不准确	校正压力表
	平衡盘磨损过大	调整平衡盘的间隙
	油温过高产生气体现象	降低油温
	叶轮有损坏	检修或更换叶轮
轴承温度过高	缺油	补足润滑油
	轴瓦内油污堵塞	清洗轴瓦
	轴瓦间隙过小	重新研制轴瓦
	油环卡死	调整油环
	轴弯曲使轴瓦偏斜	校正泵轴
	润滑油脏，内有杂质	更换润滑油
	油温过高	降低油温

续表

故障	原因	处理方法
泵振动	电动机与轴不同心	调整同心度
	泵内间隙过大，装配不合格，有碰撞	调整间隙
	轴瓦间隙过大	重新浇铸轴瓦
	上油不好或空转	排出泵内气体
	平衡机构不起作用	重新调整机构间隙
	基础不牢，地脚螺栓松或未装平	加固基础，重新装配
	泵轴弯曲	校正泵轴或更换

第二节　齿　轮　泵

一、齿轮泵的工作原理及结构

齿轮泵依靠齿轮啮合空间的容积变化来输送液体。如图 3-9（a）所示，两个形状及大小相同的齿轮相互啮合地置于泵壳内，一个为主动齿轮，它伸出泵体与原动机轴相连接，另一个为从动齿轮。当齿轮泵工作时，主动轮随电动机一起旋转，并带动从动轮跟着旋转。当吸入室一侧的啮合齿逐渐分开时，吸入室容积增大，形成低压，便将吸入管中的液体吸入泵内。进入泵体内的液体分成两路，在齿轮与泵壳间的空隙中分别被主动齿轮和从动齿轮推送到排出管中。主动齿轮和从动齿轮不断旋转，泵就能连续吸入和排出液体。为了防止泵在出口阀关闭或管路堵塞时造成泵的损坏，在齿轮泵的出口侧设有弹簧室。由于排出室一侧的轮齿不断啮合，排出室容积缩小，这样就将液体压送到排出式安全阀。当泵内压力超过规定值时，安全阀自动开启，高压液体泄回吸入侧。

按齿轮啮合方式，齿轮泵可分为外啮合齿轮泵和内啮合齿轮泵。外啮合齿轮泵如图 3-9（a）所示，它有直齿、斜齿、人字齿等几种齿轮，其中应用最广泛的是渐开线齿形，外啮合齿轮泵的齿轮数目为 2~5，以两齿轮最常用。内啮合齿轮泵如图 3-9（b）所示，它的两个齿轮形状不同，齿数也不同。其中一个为环状齿轮，可在泵体内浮动，主动齿轮在中间与泵体成偏心位置。主动齿轮比环状齿轮少一个齿，同时主动齿轮工作时带动环状齿轮一起转动，利用两齿空间的变化来输送液体。内啮合齿轮泵只有两齿轮一种。

二、齿轮泵的特点

齿轮泵具有自吸性，流量与排出压力无关；结构简单紧凑，工作可靠，维护保养方便；流量小、压力高，用于输送黏性较大的液体，如润滑油、燃料油，可作润滑油泵、燃油泵、输油泵和液压传动装置中的液压泵。但其制造精度要求高，不宜输送黏性低的液体（如水、汽油）和含有固体颗粒的液体，运转时流量和压力有脉动且噪声较大。

齿轮泵采用人字齿轮，能使运转平稳，并消除了轴向推力。螺旋齿轮泵的运转也比较平稳，在大型齿轮泵中，多采用人字齿轮或螺旋齿轮。小型齿轮泵多采用正齿轮。

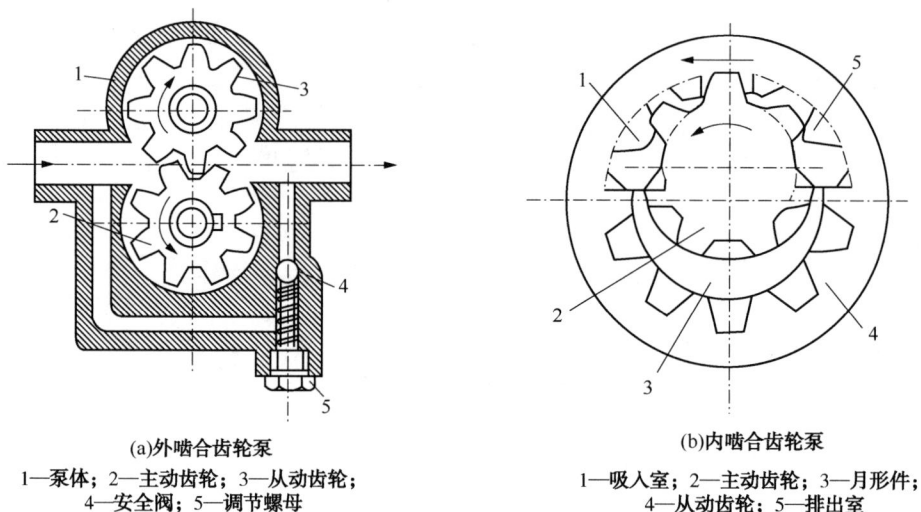

(a)外啮合齿轮泵
1—泵体；2—主动齿轮；3—从动齿轮；
4—安全阀；5—调节螺母

(b)内啮合齿轮泵
1—吸入室；2—主动齿轮；3—月形件；
4—从动齿轮；5—排出室

图 3-9　齿轮泵

三、齿轮泵的检修

齿轮泵在解体过程中或零部件拆卸下来经清洗干净后，应按泵使用维护说明书要求进行检查、测量和组装。并按《设备检修作业规程》进行具体操作。在拆卸和回装过程中需要对各间隙尺寸数据进行调整和确认，并做好记录。确保设备经检修后达到良好状态，各零部件和配合精度等达到《设备检修作业规程》的要求。

1. 拆卸

齿轮泵的拆卸顺序如下：

联轴器→后端盖→前端盖、填料密封或机械密封→齿轮、齿轮轴、轴承。

2. 零部件及配合间隙的检查及调整

1）壳体的检修

壳体两端面粗糙度 Ra 为 $3.2\mu m$；两孔轴心线平行度和对两端垂直度公差值不低于 IT6 级；壳体内孔圆柱度公差值为 $0.02 \sim 0.03mm/100mm$。

2）齿轮的检查

齿轮与轴的配合为 H7/m6；齿轮两端面与轴孔中心线或齿轮轴齿轮两端面与轴中心线垂直度为 $0.02mm/100mm$；两齿轮宽度一致，单个齿轮宽度误差不得超过 $0.05mm/100mm$，两齿轮轴线平行度值为 $0.02mm/100mm$；齿轮啮合顶间隙、侧间隙可用压铅法测量。齿轮啮合顶间隙为 $(0.2 \sim 0.3)m$（m 为模数）；侧间隙应符合表 3-12 的规定。

表 3-12　齿轮啮合侧间隙标准　　　　　　　　　　　　　　　　单位：mm

中心距	≤50	51~80	81~120	120~200
啮合侧间隙	0.085	0.105	0.13	0.17

操作方法：测量时将直径为顶间隙 C $1.25 \sim 1.5$ 倍的软铅丝或熔断丝用油脂粘在齿轮上，铅丝长度不应短于 5 个齿距，然后使齿轮转动，挤压后的软铅丝变偏，其厚度即为实际的顶间隙和侧间隙值，此值可用千分尺或游标卡尺测量。采用压铅法测量时应注意将相关紧固件固定好，以免齿轮产生位移。

齿轮啮合接触应符合规范。

检查方法：先清洗干净两传动齿轮、轴承、泵壳体等部件后用干布抹干两齿轮啮合面，在小齿轮的啮合面上涂上一层薄薄红丹油后回装两齿轮及端盖，按工作转动方向慢慢转动齿轮泵数圈后，拆卸泵端盖取出两齿轮轴，检查接触斑点。齿轮啮合接触斑点应均匀，其接触面积沿齿长不小于 70%，沿齿高不少于 50%。

3）齿轮与壳体及齿轮与泵盖间隙调整

齿顶与壳体壁及齿轮端面与端盖之间的间隙应符合规范。间隙过大，其液体内泄漏量变大；间隙过小，齿轮在转动时，齿轮的齿顶与泵体壳壁，齿轮端面和泵盖端面可能发生磨损。因此，检修时必须检查这两方面的间隙。

齿轮与壳体的径向间隙可用塞尺检查，其间隙值为 0.15~0.25mm，但必须大于轴颈在轴瓦的径向间隙。

齿轮端面与端盖轴向间隙可用压铅法测量。

操作过程：先拆开端盖清洗各零部件，各零部件表面无油污、杂物后，把齿轮装入泵体内，在泵盖端面和齿轮端面分别对称摆放 4 条合适的铅丝，装回泵压盖，对称均匀地把紧螺栓后，拆开压盖取出铅丝，量取各铅丝厚度。如果齿轮端面铅丝厚度减去泵盖端面铅丝厚度为正值，表明两端面有间隙；如果结果为负值，则表明两端面有过盈量。

4）轴与轴承检查及装配

在一般情况下，齿轮泵轴颈不得有伤痕，表面粗糙度 Ra 要达 1.6μm，轴颈圆柱度公差值为 0.01mm；齿轮泵在使用一段时间后，轴颈最大磨损不得大于 0.01D（D 为轴颈直径）。

齿轮泵轴承一般用滚动轴承和滑动轴承，而滑动轴承多为铜套形式。采用滚动轴承的齿轮泵，其轴承内圈与轴的配合为 H7/js6；滚针轴承无内圈时，轴与滚针的配合为 H7/h6；滚针轴承外圈与端盖的配合为 K7/h6，采用滑动轴承的齿轮泵，其轴承内孔与外圆的同轴度公差值为 0.01mm；滑动轴承外圆与端盖配合为 R7/h6；滑动轴承与轴颈的配合间隙（经验值）应符合表 3-13 规定。

表 3-13 轴颈与滑动轴承配合间隙

转速（r/min）	<1500	1500~3000	>3000
间隙（mm）	1.2D/1000	1.5D/1000	2D/1000

注：D 为轴颈直径，单位为 mm。

齿轮泵轴承磨损超规范后应进行更换。用铜套作轴承的齿轮泵，在更换铜套时，首先应检查铜套和端盖的配合情况。

5）轴向密封检查及组装

齿轮泵的轴向密封不论采用机械密封还是填料密封，都可参照离心泵机械密封和填料密封。

6）齿轮泵溢流阀的检修

齿轮泵溢流阀设置在泵出口侧，其作用是保证泵出口压力符合设计要求，当泵内压力超过规定值时，溢流阀自动开启，高压侧介质流回入口，保证出口压力稳定。

如果溢流阀失效，会造成介质通过溢流阀而流回泵入口，致使泵出口压力及流量达不到要求，这时必须进行检修。

溢流阀的检修，主要是确保阀芯和阀座的接触良好，可通过对阀芯和阀座研磨来达到要求。弹簧失效同样可使泵出口压力及流量达不到要求，弹簧的弹力不足，可用调节螺母调节。如果调节螺母调尽后，还是无法解决，则应更换新弹簧。

3. 零部件组装

回装过程中和回装后需要对各配合尺寸重新测量并确认。一般情况下，回装按照拆卸的逆次顺序进行。

1）铜套固定方法

铜套装配后必须再检查轴颈与铜套的配合间隙，若配合间隙太小，应以轴颈为准，刮研铜套，直至符合要求为止。相反，若间隙太大则要重新更换铜套。符合要求后，将铜套外圆涂上润滑油，用压力机将其压入泵端盖体内，最后应在轴承与端盖接口处钻孔攻丝，用螺钉将其固定，如图 3-10 所示，以防铜套转动或轴向窜动。

2）轴向密封组装

参照离心泵机械密封和填料密封的组装方法。

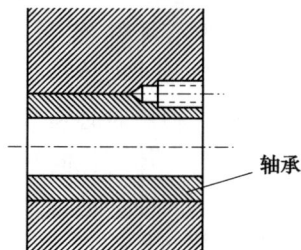

图 3-10　铜套固定方法

3）齿轮与壳体及齿轮与泵盖组装

用压铅丝法进行检查。根据端盖垫片厚度测量结果进行加垫或减垫，使端面间隙在 0.10~0.15mm 之间。

四、齿轮泵的试运转及故障处理

1. 齿轮泵的试运转

1）试运转前的准备工作

（1）检查检修记录，确认数据正确，准备好试运转的各种记录表格。

（2）盘车无卡涩现象和异常响声。

（3）查液面，应符合泵的吸入高度要求。

（4）压力表、溢流阀应灵活好用。

（5）向泵内注入输送介质。

（6）确认泵出口阀已打开。

（7）联系电工检查电动机电阻，并送上电。

（8）点动电动机，确认旋转方向正确。

2）试运转

（1）打开泵出口阀，开启入口阀，使液体充满泵体。打开放空阀，将空气赶净后关闭。

（2）盘车轻松，无卡涩现象，启动电动机。

（3）检查出口压力指示是否正常。

（4）检查轴封渗漏是否符合要求，密封介质泄漏和离心泵轴封泄漏标准相同。

（5）检查泵的振动值和轴承温度是否在允许范围内，其振动值和轴承温度允许值可参照离心泵的标准。

3）注意事项

（1）在开泵前一定要确认泵出口阀已打开。

（2）停泵时不得先关闭出口阀。

4）验收

（1）连续运转24h后，各项技术指标均达到设计要求或能满足生产需要。

（2）达到完好标准。

（3）检修记录齐全、准确，按规定办理验收手续。

2. 齿轮泵的故障处理

齿轮泵常见故障现象、原因及处理方法见表3-14。

表3-14　齿轮泵常见的故障现象、原因及处理方法

序号	故障现象	故障原因	处理方法
1	泵不吸油	吸入管路堵塞或漏气	检修吸入管路
		吸入高度超过允许吸入真空高度	降低吸入高度
		电动机反转	改变电动机转向
		介质黏度过大	将介质加温
2	压力波动大	吸入管路漏气溢流阀没有调好或工作压力过大，使溢流阀时开时闭	检查吸入管路，调整溢流阀或降低工作压力
3	流量不足的处理	吸入高度不够，泵体或入口管线漏气	增高液面，更换垫片，紧固螺栓，修复管路
		入口管线或过滤器堵塞	清理管线或过滤器
		介质黏度大	降低介质黏度
		齿轮径向间隙或齿侧间隙过大	更换泵壳或齿轮
		齿轮轴向间隙过大	调整间隙
		溢流阀弹簧太松或阀瓣与阀座接触不严，电动机转速不够	调整弹簧，研磨阀瓣与阀座，修理或更换电动机
4	轴功率急剧增大	排出管路堵塞，齿轮与泵内严重摩擦，介质黏度太大	停泵清洗管路检修或更换有关零件，将介质升温
5	振动增大	泵与电动机不同心，齿轮与泵不同心或间隙大	调整同心度检修调整
		泵内有气体安装高度过大，泵内产生汽蚀	检查吸入管路，排除漏气，降低安装高度或降低转速
6	泵发热	吸入介质温度过高	降低介质温度
		轴承间隙过大或过小	更换轴承调整间隙
		齿轮的径向、轴向、齿侧间隙过小，出口阀开度过小造成压力过高	更换齿轮开大出口阀门，降低压力
7	机械密封泄漏	装配位置不对，密封压盖未压平，动环和静环密封面碰伤，动环和静环密封圈损坏	重新按要求安装，调整密封压盖，研磨密封面或更换新件更换密封圈

第三节　螺　杆　泵

一、螺杆泵的工作原理及结构

螺杆泵依靠相互啮合的螺杆与泵壳间形成的封闭空间容积的变化吸、排液体。图3-11

为螺杆泵的结构图，它由主动螺杆在泵套之内就形成若干个彼此相隔的密封腔，把泵吸入口与排出口隔开。当螺杆旋转工作时，吸入腔容积发生变化，将输送介质吸入腔内，通过各密封腔带着介质连续、均匀地沿轴向移动到排出口。

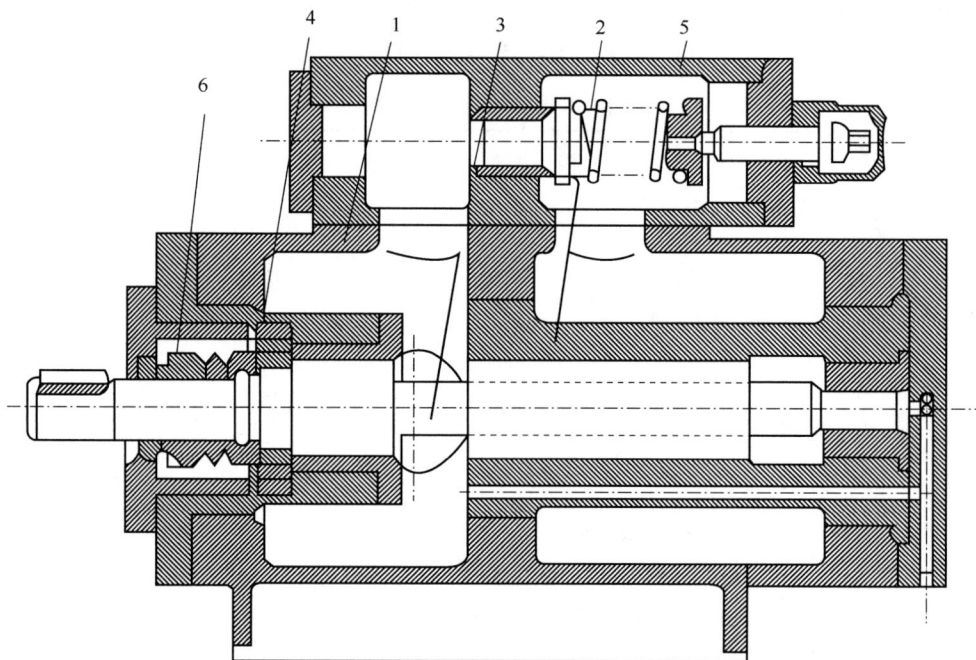

图 3-11　螺杆泵的结构图

1—泵体；2—泵套；3—主动螺杆；4—滚动轴承；5—安全阀套；6—机械密封

（1）壳体部分：由泵体、泵套、密封压盖、泵盖组成一个封闭体，承受泵的压力。

（2）转子部分：由螺杆组成。泵出口端压力较高，使螺杆产生轴向力。该力把螺杆推向吸入端，并使螺杆端部磨损。为了消除轴向力，通常在泵套上钻深孔，将排出端的高压液体引到螺杆端部平衡活塞背面来平衡螺杆上的轴向力。作用在螺杆上的径向力是由液体压力产生的。

（3）轴承部分：螺杆伸出端装有滚动轴承，主动螺杆上未被平衡掉的剩余轴向力由它来承受，从动螺杆的剩余轴向力由止推垫来承受。

（4）轴封部分：螺杆泵轴封通常采用机械密封，高压液体通过密封腔然后回到低压腔，形成回流，以保持机械密封腔内的一定压力，并带走机械密封动环与静环的摩擦热量。螺杆泵轴封有时也采用填料、皮碗等密封结构。

（5）安全阀部分：当排出管路发生故障时，为了防止泵的工作压力突然升高而使泵或电动机损坏，故在泵上带有安全阀。当出口压力超过规定的工作压力时，安全阀自动打开，使排出口与吸入口相通，形成泵内介质自循环，即全回流。全回流时间不宜过长，否则泵容易发热损坏。安全阀只能作为一种保护机构，进行短时间工作，而不能作为流量调节阀使用。

安全阀主要由阀体、阀前盖和阀后盖组成一体。阀座与座瓣在弹簧作用下密封，将高压腔和低压腔分开，调节杆用来调节弹簧压缩量，从而改变全回流压力。调节杆位置调好后用螺母锁紧，防护帽封好。

二、螺杆泵的特点

与其他泵相比，螺杆泵有许多优点：

（1）压力和流量稳定，脉动极小。介质在泵内做连续而均匀的直线流动，无搅拌现象。

（2）有自吸能力，不需要底阀或抽真空的附属设备。

（3）工作平稳，噪声小。

（4）效率高，寿命长。

（5）结构简单、紧凑，体积小，拆装方便。

三、螺杆泵的检修——以橡胶套单螺杆泵为例

1. 拆卸

螺杆泵的拆卸顺序如下：

联轴器或皮带轮→后端盖→缸套前端盖、填料密封或机械密封→螺杆、连接轴→轴承

橡胶套配合比较紧密，不可硬性拔出。

操作方法：与运转方向反向盘动皮带轮或联轴器，用手固定橡胶套，防止橡胶套随螺杆旋转，将橡胶套盘下。

2. 零部件及配合间隙的检查及调整

1）螺杆

螺杆表面不得有伤痕、毛刺，螺旋形面表面粗糙度 Ra 为 $1.6\mu m$，齿顶表面粗糙度 Ra 为 $1.6\mu m$，螺旋外圆表面粗糙度 Ra 为 $1.6\mu m$。

操作方法：螺杆表面毛刺应用油石磨掉，直至把螺杆打磨光滑；否则，对缸套壁磨损严重。

螺杆轴线直线度为 $0.05mm$。

橡胶套应无破损或明显磨损。螺杆的螺纹部分被封闭在泵套的孔内，其齿顶与泵橡胶套之间应紧密配合，必要时可用塞尺法检查。

2）泵体

泵体内表面粗糙度 Ra 为 $3.2\mu m$，泵体、端盖和轴承的配合面及密封面应无明显伤痕，表面粗糙度 Ra 为 $3.2\mu m$。

3）轴承

（1）滚动轴承与轴的配合采用 H7/k6。

（2）与轴承箱的配合采用 H7/h6。

（3）滚动轴承外圈与轴承压盖的轴向间隙为 $0.02\sim0.06mm$。

（4）滑动轴承衬套与轴的配合间隙（经验值）见表 3–13。

（5）滑动轴承衬套与轴承座孔的配合为 R7/h6。

4）密封

参照第三章第一节"离心泵维护检修"中机械密封的装配要求。

3. 零部件组装

回装过程中和回装后需要对各配合尺寸重新测量并确认。一般情况下，回装按照拆卸的逆次顺序进行。

橡胶套回装操作方法：将螺杆用机油润滑，与运转相同方向盘动皮带轮或联轴器，用手固定橡胶套，防止橡胶套随螺杆旋转，将橡胶套盘上。

四、螺杆泵的试运转及故障处理

1. 螺杆泵的试运转

1）试运转前的准备工作

（1）检查检修记录，确认数据正确，准备好试运转的各种记录表格。

（2）把泵周围卫生打扫干净。

（3）封油、冷却水管不堵、不漏。

（4）盘车无卡涩现象和异常响声。

（5）向泵内注入输送介质。

（6）打开进出口阀，至少应有30%开度。

（7）联系电工检查电动机电阻，并送上电。

2）试运转

（1）打开泵出口阀，开启入口阀，使泵体充满液体。

（2）盘车无问题后扭动启动开关，给电启动。

（3）检查出口压力指示是否正常。

（4）检查轴封渗漏是否符合要求，密封介质泄漏和离心泵轴封泄漏标准相同。

（5）检查泵的振动值和轴承温度是否在允许范围内，其振动值和轴承温度允许值可参照离心泵的标准。

3）注意事项

（1）开泵前一定要确认泵出口阀已打开。

（2）停泵时不得先关闭出口阀。

（3）安全阀回流不超过3min。

2. 螺杆泵的故障处理

螺杆泵常见故障现象、原因及处理方法见表3-15。

表3-15　螺杆泵常见的故障原因及处理

序号	故障现象	故障原因	处理方法
1	泵不吸油	吸入管路堵塞或漏气	检修吸入管路
		吸入高度超过允许吸入真空高度	降低吸入高度
		电动机反转	改变电动机转向
		介质黏度过大	将介质加温
2	压力波动大	吸入管路漏气	检查吸入管路
		溢流阀没有调好或工作压力过大，使溢流阀时开时闭	调整溢流阀或降低工作压力

续表

序号	故障现象	故障原因	处理方法
3	流量不足	吸入压头不够	增高液面
		泵体或入口管线漏气	堵漏，消除漏气现象
		入口管线或过滤器堵塞	清理系统杂物
		螺杆间隙过大	调整或更换螺杆，使间隙符合要求
		泵出口溢流阀回流转速达不到额定值	调整和检查溢流阀，检查电动机，调整转速
4	轴功率	功率急剧增大	停泵
		排出管路堵塞	清洗管路
		螺杆与衬套内严重摩擦	检修或更换有关零件
		介质黏度大	将介质升温
5	泵振动大	联轴器对中不良	重新找正
		轴承磨损或损坏	更换轴承，并调整间隙
		泵壳内进入杂物	消除杂物
		地脚螺栓松动或管线共振影响	紧固地脚螺栓或加固管线支撑
6	盘车不动	泵内有杂物卡住	解体清理杂物
		螺杆弯曲或螺杆定位不良	调直螺杆或重新进行螺杆定位
		轴承磨损或损坏	调整或更换轴承
		螺杆径向轴承间隙过小	调整间隙
		螺杆轴承座不同心而产生偏磨，泵内压力大	解体检修，打开出口阀
7	泵发热	泵内严重摩擦	检查调整螺杆和衬套间隙
		机械密封回油孔堵塞	疏通回油孔
		油温过高	适当降低油温
8	机械密封泄漏	密封安装不良	按要求重新装配
		密封零件损坏	更换已损坏的零件
		轴颈密封处磨损或有缺陷	修复或更换
		联轴器对中不良	重新对中
		轴承损坏	更换轴承
		封油压力太低	调整封油压力

第四节　磁　力　泵

一、磁力泵工作原理

将 n 对磁体（n 为偶数）按规律排列组装在磁力传动器的内磁转子与外磁转子上，使磁体部分相互组成完整耦合的磁力系统。当内、外两磁极处于异极相对，即两个磁极间的位移角 $\varPhi=0$，此时磁系统的磁能最低；当磁极转动到同极相对，即两个磁极间的位移角 $\varPhi=2\pi/n$，此时磁系统的磁能最大。去掉外力后，由于磁系统的磁极相互排斥，磁力将使磁体恢复到磁能最低的状态。于是磁体产生运动，带动磁转子旋转。

二、磁力泵结构特点

磁力泵结构如图3-12所示。

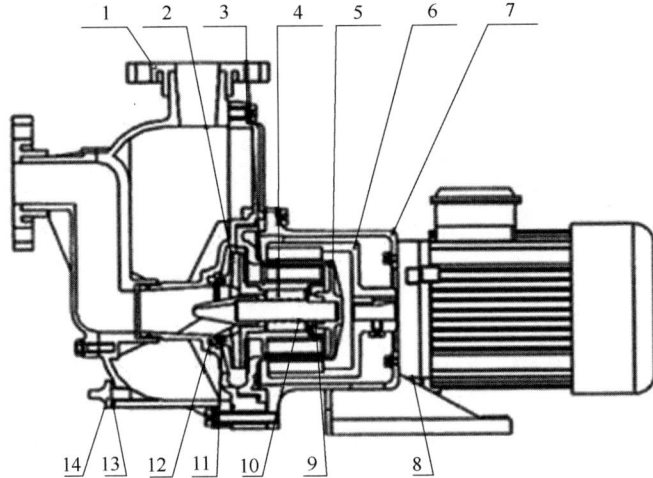

图3-12　磁力泵结构

1—泵体；2—叶轮；3—内磁钢总成；4—轴套；5—隔离套；6—外磁钢总成；7—连接架；
8—电动机；9—止推环；10—泵轴；11—动环；12—静环；13—密封圈；14—排水螺栓

1. 永磁体

由稀土永磁材料制成的永磁体工作温度范围广（-45~400℃），矫顽力高，磁场方向具有很好的各向异性，在同极相接近时也不会发生退磁现象，是一种很好的磁场源。

2. 隔离套

当采用金属隔离套时，隔离套处于一个正弦交变的磁场中，在垂直于磁力线方向的截面上感应出涡电流并转化成热量。

3. 冷却润滑液流量的控制

泵运转时，必须用少量的液体对内磁转子与隔离套之间的环隙区域和滑动轴承的摩擦副进行冲洗冷却。冷却液的流量通常为泵设计流量的2%~3%，内磁转子与隔离套之间的环隙区域由于涡流而产生高热量。当冷却润滑液不够或冲洗孔不畅、堵塞时，将导致介质温度高于永磁体的工作温度，使内磁转子逐步失去磁性，使磁力传动器失效。当介质为水或水基液时，可使环隙区域的温升维持在3~5℃；当介质为烃或油时，可使环隙区域的温升维持在5~8℃。

4. 滑动轴承

磁力泵滑动轴承的材料有浸渍石墨、填充聚四氟乙烯、工程陶瓷等。由于工程陶瓷具有很好的耐热、耐腐蚀、耐摩擦性能，因此磁力泵的滑动轴承多采用工程陶瓷制作。由于工程陶瓷很脆且膨胀系数小，因此轴承间隙不得过小，以免发生抱轴事故。

由于磁力泵的滑动轴承以所输送的介质进行润滑，因此应根据不同的介质及使用工况，选用不同的材质制作轴承。

5. 保护措施

当磁力传动器的从动部件在过载情况下运行或转子卡死时，磁力传动器的主动部件和从动部件会自动滑脱，保护机泵。此时磁力传动器上的永磁体在主动转子交变磁场的作用下，将产生涡损、磁损，导致永磁体温度升高，磁力传动器滑脱失效。

三、磁力泵的优点

同使用机械密封或填料密封的离心泵相比较，磁力泵具有以下优点：

（1）泵轴由动密封变成封闭式静密封，彻底避免了介质泄漏。

（2）无须独立润滑和冷却水，降低了能耗。

（3）由联轴器传动变成同步拖动，不存在接触和摩擦。功耗小、效率高，且具有阻尼减振作用，减少了电动机振动对泵的影响和泵发生气蚀振动时对电动机的影响。

（4）过载时，内磁转子与外磁转子相对滑脱，对电动机、泵有保护作用。

四、磁力泵运行注意事项

1. 防止颗粒进入

（1）不允许有铁磁杂质、颗粒进入磁力传动器和轴承摩擦副。

（2）输送易结晶或沉淀的介质后要及时冲洗（停泵后向泵腔内灌注清水，运转 1min 后排放干净），以保障滑动轴承的使用寿命。

（3）输送含有固体颗粒的介质时，应在泵流管入口处过滤。

2. 防止退磁

（1）磁力矩不可设计得过小。

（2）应在规定温度条件下运行，严禁介质温度超标。可在磁力泵隔离套外表面装设铂电阻温度传感器检测环隙区域的温升，以便温度超限时报警或停机。

3. 防止干摩擦

（1）严禁空转。

（2）严禁介质抽空。

（3）在出口阀关闭的情况下，泵连续运转时间不得超过 2min，以防磁力传动器过热而失效。

五、磁力泵维护检修——以 CW 磁力泵为例

1. 检修周期与内容

1）检修周期

磁力泵检修周期见表 3-16。

表 3-16　磁力泵检修周期　　　　　　　　　　　　　　　　单位：h

检修类别	小修	大修
检修周期	2000~4500	16000~25000

注：根据状态监测及实际运行情况，可适当调整大修周期。

2）检修内容

（1）小修。

①检查各部位的连接螺栓紧固情况，并消除泄漏点。

②检查轴承振动情况及电流是否超出设定值。

③检查清洗系统中的过滤网。

（2）大修。

大修除包括小修内容外，还包括如下内容：

①清洗叶轮和泵壳内腔，检查叶轮的磨损和腐蚀情况，测量口环间隙。

②检查密封圈、前后止推环、前后轴承、前后轴套的磨损情况。

③检查轴承体、隔离套的腐蚀和磨损情况。

④检查零部件的配合尺寸。

⑤检查内磁转子、外磁转子表面磁感应强度有无变化。

2. 检修与质量标准

1）拆卸前的准备

（1）根据检修前设备运行技术状况和状态监测（振动、温度）记录，分析故障的原因和部位，制订详尽的检修技术方案。

（2）熟悉设备技术资料。

（3）备齐检修所需的工具、量具和卡具。

（4）具备检修条件。

（5）各项准备工作应符合安全、环保、质量等方面的要求，按照《炼油化工企业安全、环境与健康（HSE）管理规定》，对检修过程进行必要的危害识别、风险评价、风险控制以及环境因素与环境影响分析。

2）拆卸与检查

（1）拆去所属管件。

（2）依次拆下泵壳，拉出内部旋转组件（为克服内磁转子、外磁转子吸引力作用，需要用力）。

（3）将内磁转子从旋转组件中拆下。

（4）将轴组件从轴承架内抽出并解体，检查碳石墨轴承、隔离套等磨损和腐蚀情况，并测量记录口环间隙。间隙超差则更换新备件。

（5）轴套、轴承、止推环不得有磨损伤痕。

（6）如果轴套、轴承和止推环已损坏或超出允许的磨损极限，则应拆卸轴套、轴承和止推环。

（7）检查定子、转子隔离套有无凸起、凹陷、裂纹和摩擦迹象以及焊缝情况。当定子、转子隔离套需要更换时，可将隔离套的两端氩弧焊缝车掉，即可抽出隔离套予以更换。

（8）在泵使用前（指停车时间较长）或在拆卸前后应测量定子绕组的绝缘电阻。

3）质量标准

（1）叶轮与轴的配合为 H7/js6。

（2）更换的叶轮应做静平衡，工作转速为 3000r/min 的叶轮，外径上允许剩余不平衡量不得大于表 3-17 要求。必要时组装后转子做动平衡校验，动平衡精度要达到 6.3 级。

表 3-17 叶轮静平衡允许剩余不平衡量表

叶轮外径（mm）	≤200	200~300
不平衡重（g）	3	5

（3）平衡校验，一般情况下在叶轮上去重，但切去厚度不得大于叶轮壁厚的 1/3。

（4）键与键槽应配合紧密，不允许加垫片，键与键槽的过盈量应为 0.009~0.012mm。壳体口环与叶轮口环的直径间隙值应符合表 3-18 要求。

表 3-18 口环配合间隙

单位：mm

泵类	口环直径	壳体口环与叶轮口环间隙
冷油泵	<100	0.40~0.60
	≥100	0.60~0.70

（5）转子与泵体组装后，测定转子总轴向窜量，转子定中心时应取总窜量的一半。

（6）轴承间隙应按制造厂提供的数据严格控制。一般长径比在 0.8~1.2 之间的轴承安装间隙应控制在 0.1~0.15mm 之间，大于 0.5mm 必须更换。

（7）用高斯计测量磁性体表面感应强度不得小于初始值的 70%。无初始值的可按 450mT 计算。

3. 试车与验收

1）试车前的准备

（1）确认各项检修工作已完成，检修记录齐全，检修质量符合规定。

（2）设备零部件完整无缺，地脚螺栓等紧固完好。

（3）附带仪表应灵敏，指示准确、可靠。

（4）盘车自如。

（5）泵吸入口的过滤器清洁，各项工艺准备完毕，具备试车条件。

（6）关闭排出阀，打开吸入阀后打开排气阀充分排气。

（7）点动泵确认泵的转向。

2）试车

（1）磁力泵空负荷运行将导致轴承磁性体失磁，故本类泵严禁空负荷运行。

（2）负载试车。

①开启泵前应全开吸入阀，泵内灌满液体，出口管线的排出阀打开约 1/4，泵启动后待转速达到额定转速即应全开排出阀。

②检查电流值，是否超出设定值。

③检查有无杂音和振动，振动值不大于 50μm。

④检查流量、扬程应不低于铭牌值的 90%，隔离套根部工作温度在磁转子材料允许范围以内，不大于 70℃。

3）验收

试车合格，达到完好标准，办理验收手续。验收技术资料包括：

（1）检修质量及缺陷记录。

（2）主要零部件检修记录。

（3）更换零部件记录。

（4）结构、尺寸、材质变更审批单。

（5）试车记录。

4. 日常维护与故障处理

1）日常维护

（1）维护内容。

①压力表的显示是否稳定正常。

②输送介质流量和电流值是否稳定。

③泵运转中是否有异音和异常振动，发现有异常声音和振动应及时处理。

④运行中严禁用任何物体触碰外磁转子，隔离套根部工作温度不大于60℃。

（2）维护时间。

按规定定时进行维护，及时消除缺陷。

2）常见故障与处理方法

磁力泵常见故障与处理方法见表3-19。

表3-19 磁力泵常见故障与处理方法

序号	故障现象	故障原因	处理方法
1	泵不能开动	泵内有异物	清除异物
		泵轴承内杂质聚集被卡住	解体清洗
		内磁转子、外磁转子与隔离套摩擦	解体检查
		电气故障	检查电气元件
2	流量不足或输出压力太低	吸入压力过低	清洗吸入处过滤器
		口环间隙过大	更换口环
		泵内有气体	排气
		磁性体退磁	更换
3	振动和杂音	轴承磨损或损坏	更换轴承
		泵内有异物	清除异物
		外磁转子没正确固定于驱动轴	重新装配外磁转子
		地脚螺栓松动	紧固地脚螺栓
		汽蚀	进行工艺调整
4	泄漏	密封螺栓松动	紧固松动的螺栓
		隔离套损坏	更换隔离套
		垫片失效损坏	检查更换
5	电流偏大	泵内进杂物	清除杂物
		物料黏度偏大	测量黏度应符合要求
		轴承损坏	更换轴承
6	电流偏小	系统管路堵	应及时清堵
7	隔离套工作温度过高	磁性体失磁	检查更换
		内磁转子、外磁转子与隔离套磨损	校正对中
		汽蚀	调整运行工况
		内部回流通道不畅	解体疏通

第五节　屏　蔽　泵

一、屏蔽泵的工作原理和结构特点

普通离心泵的驱动是通过联轴器将泵的叶轮轴与电动机轴相连接,使叶轮与电动机一起旋转而工作,而屏蔽泵是一种无密封泵,泵和驱动电动机都被密封在一个被泵送介质充满的压力容器内,此压力容器只有静密封,并由一个电线组来提供旋转磁场并驱动转子。这种结构取消了传统离心泵具有的旋转轴密封装置,故能做到完全无泄漏。屏蔽泵结构如图3-13和图3-14所示。

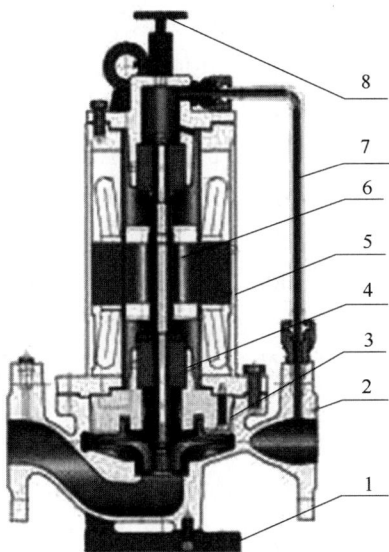

图 3-13　屏蔽泵结构

1—底板；2—泵体；3—叶轮；

4—石墨轴承；5—电动机定子；

6—电动机转子；

7—冷却水管；8—阀门

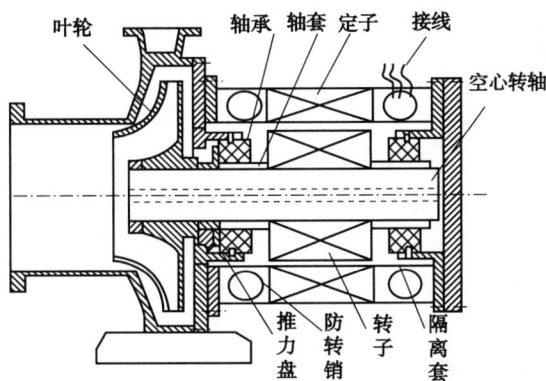

图 3-14　典型的屏蔽泵结构图

二、屏蔽泵的优缺点

1. 屏蔽泵的优点

(1) 全封闭。结构上没有动密封,只有在泵的外壳处有静密封,因此可以做到完全无泄漏,特别适合输送易燃、易爆、贵重液体和有毒、腐蚀性及放射性液体。

(2) 安全性高。转子和定子各有一个屏蔽套,使电动机转子和定子不与物料接触,即使屏蔽套破裂,也不会发生外泄漏。

(3) 结构紧凑占地面积小。泵与电动机系一整体,拆装不需找正中心。对底座和基础要求低,且日常维修工作量少,维修费用低。

(4) 运转平稳,噪声低,不需加润滑油。由于无滚动轴承和电动机风扇,故不需加润滑油，且噪声低。

（5）使用范围广。对高温、高压、低温、高熔点等各种工况均能满足要求。

2. 屏蔽泵的缺点

（1）由于屏蔽泵采用滑动轴承，且用被输送的介质来润滑，故润滑性差的介质不宜采用屏蔽泵输送。一般适合于屏蔽泵输送介质的黏度为 $0.1 \sim 20 \text{mPa} \cdot \text{s}$。

（2）屏蔽泵的效率通常低于单端面机械密封离心泵，而与双端面机械密封离心泵大致相当。

（3）长时间在小流量情况下运转，屏蔽泵效率较低，会发热使液体蒸发，造成泵干转，从而损坏滑动轴承。

三、屏蔽泵的形式及适用范围

根据输送液体的温度、压力、黏度和有无颗粒等情况，屏蔽泵可分为以下几种：

（1）基本型。输送介质温度不超过 120℃，扬程不超过 150m。其他各种类型的屏蔽泵都可以在基本型的基础上，经过变形和改进而得到。

（2）逆循环型。在此型屏蔽泵中，对轴承润滑、冷却和对电动机冷却的液体流动方向与基本型正好相反。其主要特点是不易产生汽蚀，特别适用于易汽化液体的输送，如液化石油气、一氯甲烷等。

（3）高温型。一般输送介质温度最高 350℃，流量最高 $300 \text{m}^3/\text{h}$，扬程最高 115m，适用于输送热介质油和热水等高温液体。

（4）高熔点型。泵和电动机带夹套，可大幅度提高电动机的耐热性，适用于高熔点液体，温度最高可达 250℃。夹套中可通入蒸汽或一定温度的液体，防止高熔点液体结晶。

（5）高压型。高压型屏蔽泵的外壳是一个高压容器，使泵能承受很高的系统压力。为了支撑处于内部高压下的屏蔽套，定子线圈可以用来承受压力。

（6）自吸型。吸入管内未充满液体时，泵通过自动抽气作用排液，适应于从地下容器中抽提液体。

（7）多级型。装有复数叶轮，适用于高扬程流体输送，最高扬程可达 400m。

（8）泥浆型。适用于输送混入大量泥浆的液体。

四、屏蔽泵选型时的注意事项

屏蔽泵采用输送的部分液体来冷却电动机，且环隙很小，故输送液体必须洁净。输送多种液体混合物时，若它们产生沉淀、焦化或胶状物，则此时选用屏蔽泵（非泥浆型）可能堵塞屏蔽间隙，影响泵的冷却与润滑，烧坏石墨轴承和电动机。

屏蔽泵一般均有循环冷却管，当环境温度低于泵送液体的冰点时，则宜采用伴管等防冻措施，以保证泵启动方便。

另外，屏蔽泵在启动时应严格遵守出口阀和入口阀的开启顺序，停泵时先将出口阀关小，当泵运转停止后，先关闭入口阀再关闭出口阀。

总之，采用屏蔽泵，完全无泄漏，有效地避免了环境污染和物料损失，只要选型正确，操作条件没有异常变化，在正常运行情况下，几乎没有什么维修工作量。屏蔽泵的主要性能参数见表 3-20。屏蔽泵是输送易燃、易爆、腐蚀、贵重液体的理想用泵。

表 3-20 屏蔽泵主要性能参数表

性能参数	泵型号			
	R516JMN0405UB	PBN-50-315B	PBY50-40-125×8	R82-317H4BH-0405UB
流量（m³/h）	18	40	100	4
扬程（m）	85	100	150	9
转速（r/min）	2820	3000	3000	2800
电动机功率（kW）	18.5	30	11	8

五、屏蔽电泵维护检修

1. 检修周期与检修内容

1）检修周期

屏蔽泵检修周期见表 3-21。

表 3-21 屏蔽泵检修周期 单位：h

检修类别	小修	大修
检修周期	4000~8000	18000

2）检修内容

（1）小修。

①检查每个连接螺栓紧固情况，并消除泄漏点。

②检查与清扫冷却水系统，保证畅通。

③检查轴承监视器是否完好。

④检查、清理系统中的过滤网。

⑤检查循环系统中针形阀的密封状态，调节是否灵活。

⑥检查记录叶轮的轴向窜动量，清理和疏通叶轮和蜗壳流道。

（2）大修。

大修除包括小修内容外，还包括如下内容：

①清洗叶轮和泵壳内腔，检查叶轮、辅助叶轮的磨损和腐蚀情况，测量口环间隙。

②检查轴承、轴套和推力盘的磨损情况。

③检查定子、转子、壳体和轴的磨损和腐蚀情况，必要时对转子和定子做无损检测。

④全面检查电气接点和泵的绝缘情况，检查定子与转子的电气性能。

⑤测量转子的径向圆跳动值，必要时对转子部件做动平衡校验。清洗、检查冷却器及夹套，涂防锈漆和更换密封圈。

⑥检查其他各零部件的磨损和腐蚀情况。

2. 检修与质量标准

1）拆卸前的准备

（1）根据检修前设备运行技术状况和监测记录，分析故障的原因和部位，制订详尽的检修技术方案。

（2）熟悉设备技术资料。

（3）备齐检修所需的工具、量具和卡具。

（4）检修所需更换的部件符合设计要求。

（5）具备检修条件。

（6）各项准备工作应符合安全、环保、质量等方面的要求，如按照 Q/SHS 0001.3—2001《炼油化工企业安全、环境与健康（HSE）管理规范（试行）》中的规定，对检修过程进行危害识别及风险评估、环境因素识别和影响评价，并办理相关票证。

2）拆卸与检修

（1）卸下辅助配管和冷却器等附属部分，检查有无堵塞和腐蚀。

（2）卸下中间连接体，检查连接螺栓的损坏情况及连接体的磨损情况。

（3）测量记录叶轮与下部端盖或热屏的间隙值。

（4）卸下叶轮与辅助叶轮，检查其磨损和腐蚀情况，并测量记录口环间隙。

（5）卸下轴承监测器，检查其完好情况。

（6）检测轴的轴向窜动值。

（7）卸下前后石墨轴承与轴承座，检查石墨轴承表面有无磨痕和损伤，并测量其内径和长度值，做好记录。

（8）卸下转子，不许擦伤屏蔽套表面，检查定子和转子屏蔽套表面的磨痕和腐蚀情况，校核转子部件的跳动值，必要时对定子和转子做无损检测。

（9）卸下轴套和推力盘，检查它们的表面磨损和腐蚀情况，测量轴套外径值。

（10）检查叶轮与轴、键与轴、轴套与轴的配合尺寸。

3）质量标准

（1）屏蔽泵各部位螺栓紧固力矩值见表 3-22。

表 3-22　螺栓紧固力矩　　　　　　　　　　单位：N·m

螺栓规格	碳钢	不锈钢
M6	15	10
M8	35	25
M10	65	40
M12	75	50
M16	150	150

（2）石墨轴承。

①石墨轴承装入轴承座，应保证周向能微移 10°左右。

②石墨轴承磨损极限见表 3-23。

表 3-23　石墨轴承磨损极限　　　　　　　　　单位：mm

轴承内径标准	标准长度	长度磨损极限	轴承内径-轴套外径
$\phi 24^{+0.021}$	45	0.8	0.3
$\phi 28^{+0.021}$	50	0.8	0.4
$\phi 32^{+0.025}$	60	0.8	0.4
$\phi 38^{+0.025}$	70	0.8	0.4

续表

轴承内径标准	标准长度	长度磨损极限	轴承内径-轴套外径
$\phi46^{+0.025}$	79	0.8	0.5
$\phi58^{+0.025}$	114	1.0	0.5
$\phi80^{+0.1}$	120	1.0	0.5

（3）泵轴的轴向窜动量见表 3-24。

表 3-24 泵轴的轴向窜动量　　　　单位：mm

电动机额定功率	标准值	极限值
7.0~15.0	0.9~2.5	3.6
15~25	1.1~2.9	4.0
30~45	1.2~3.0	4.1
55~110	1.4~3.4	4.5

（4）叶轮与下部端盖或热屏测量间隙见表 3-25。

表 3-25 叶轮与下部端盖或热屏测量间隙　　　　单位：mm

类别	叶轮直径	叶轮与下部端盖标准值
不带机械密封	$\phi100~160$	4±0.1
	$\phi185~200$	4.2±0.1
	$\phi210~250$	4.7±0.1
	$\phi280~350$	6±0.1

（5）叶轮口环与蜗壳的配合间隙见表 3-26。

表 3-26 叶轮口环与蜗壳的配合间隙　　　　单位：mm

叶轮口环直径	间隙	极限值
>100	0.4~0.6	1.3
≤100	0.6~1.0	1.5

（6）轴套、推力盘的表面磨损伤痕深度若超过 0.2mm 时应更换。

（7）叶轮与轴的配合采用 H7/js6 配合。

（8）轴套与轴的配合，一般选用 H7/k6 配合。

（9）键与轴的配合尺寸见表 3-27。

表 3-27 过盈量　　　　单位：mm

轴径	40~70	70~110
过盈量	0.009~0.012	0.011~0.015

（10）叶轮、转子的动平衡试验，精度必须达到 G6.3，叶轮的平衡重允许值见表 3-28。

表 3-28 叶轮的平衡重允许值

叶轮直径（mm）	≤200	201~300	301~400
不平衡重（g）	2	3	6

（11）叶轮口环与轴套的径向跳动值允许范围见表 3-29。

表 3-29　叶轮口环与轴套的径向跳动值允许范围　　　　　单位：mm

叶轮直径	叶轮口环跳动	轴套跳动值
50~120	0.05~0.07	0.04~0.05
120~260	0.06~0.08	0.05~0.06
260~500	0.07~0.09	0.06~0.07

3. 试车与验收

1）试车前的准备工作。

（1）确认各项检修工作已完成，检修记录齐全，检修质量符合规定。

（2）仪表齐全准确、灵活可靠。

（3）打开循环冷却水系统。

（4）关闭排出阀，打开吸入阀，然后打开排气阀充分排气。输送危险液体时要在排气阀的放气部分装上软管，使排出的液体排到密封罐内，注意安全作业。

（5）点动泵确认转子转向。

①观察轴承监视器的指示是否正常。

②超过量程表示反转或电源断相，需改变接线或检查线路。

③黄色、红色表示要调查原因，采取措施。

④绿色表示运转正常。

⑤各项工艺准备完成，具备试车条件。

2）试车

（1）稍微打开排出侧的阀门。

（2）排出侧的阀门不动，运转 1~2min 后，使电泵停止运转，打开排气阀排气，1~2min 后关闭排气阀，此过程可以重复多次，直到气体排净为止。

（3）带负荷试车。

（4）检查泵的流量、扬程应达到额定值的 90% 以上。

（5）检查电流值不超过设定值，设定值一般为工作电流值的 1.1~1.25 倍。

（6）检查有无异音和异常振动，振动值应小于 0.3μm，噪声不得大于 80dB。

（7）检查轴承监视器是否处于安全区域。

（8）出、入口压力是否稳定正常。

3）验收

检修质量符合上述标准，检修资料齐全准确，经试车合格后按规定办理验收手续，交付生产使用。

4. 日常维护与常见故障处理

1）日常维护

（1）维护内容。

①压力表的显示是否稳定正常。

②电流值是否稳定或偏高。

③泵运转中是否有异音和异常振动，发现有异常声音和振动应及时处理。

④检查轴承监视器指示是否在安全区域内。

⑤检查泵的各部分温度，应特别注意冷却水进、出口的温度变化情况。

（2）维护时间

按规定定时进行检查与维护，及时消除隐患。

2）常见故障与处理

屏蔽泵常见故障与处理方法见表3-30。

表3-30　屏蔽泵常见故障与处理

序号	故障现象	故障原因	处理方法
1	泵无法启动	电源缺相	检查接线
		绝缘不良	检查绝缘电阻值，并干燥电动机
		转子卡住	拆卸检查轴承是否烧坏和转子组件有无触碰
2	达不到规定流量值	叶轮腐蚀或磨损	检查或更换叶轮
		异物混入	检查管道系统及粗滤器，消除堵塞
		旋转方向不正确	变更电源接线，确认转向
		产生汽蚀引起	重新排气，消除起因
		叶轮被堵塞	清扫、排除堵塞
		排出管道阻力损失过大	检查排出管道系统是否正常
		吸入侧有空气混入	消除起因
3	扬程达不到规定值	叶轮损坏	检查或更换叶轮
		流量过大	调整排出阀开度，使流量达到规定值
		异物混入	检查管道系统及粗滤器，消除堵塞
		旋转方向不正确	变更电源接线并确认转向，消除起因
		汽蚀	消除汽蚀起因
		叶轮被堵塞	清扫、排除堵塞
		吸入侧有空气混入	消除起因
4	电动机电流过载	绝缘不良	检查绝缘电阻值，并干燥电动机内部
		叶轮和壳体接触	检查各有关部件，消除起因
		转子卡住	检查轴承是否烧坏或各部件的配合是否正确
		轴向推力平衡不良	消除起因
		异物混入	检查管道系统及过滤器，清除堵塞
		工艺技术指标不符	重新调整
5	泵过热	绝缘不良	检查绝缘电阻值，并干燥电动机内部
		叶轮与壳体或转子与定子接触	重新检修，消除起因
		轴向推力平衡不良	消除不平衡因素
		旋转方向不正确，工艺技术指标不符	变更电源接线，确认转向，重新调整
		循环冷却系统阻塞	检查清扫过滤器及管路
		断流运转或流量过少	重新调整流量，消除起因
		夹套热交换器的冷却水不足	清扫除垢或调整水流量
		汽蚀	消除汽蚀原因

序号	故障现象	故障原因	处理方法
6	异常振动或噪声	轴承磨损	更换轴承
		轴套腐蚀或磨损	更换轴套
		叶轮与壳体触碰	重新调整装配
		轴向推力平衡不良	消除不平衡因素
		轴弯曲	校正或更换
		管道系统的振动冲击	检查管道系统，消除起因
		汽蚀	消除汽蚀原因
		异物混入	检查管道系统及粗滤器，消除堵塞
		吸入侧有空气混入	消除起因
7	轴承损坏	轴套腐蚀或磨损	更换轴承、轴套
		轴弯曲变形	校正更新
		轴承磨损	更换轴承
		断流运转或流量过少	调整流量，并更换轴承
		冷却水流量不足	消除异物因素，更换轴承
8	热动开关动作	热动开关不良	检查热动开关，并调整处理
		绝缘不良	检查绝缘状态，并干燥电动机内部
		断流运转或流量过少	调整流量
		夹套热交换器的冷却水不足	清扫除垢或调整水流量
		吸入侧有空气混入	消除漏点
9	轴承监视器失常	轴承磨损	更换轴承
		轴套腐蚀或磨损，叶轮腐蚀或磨损，屏蔽套损坏	更换轴套，修理或更换叶轮，修理或更换转子或定子的组件，修复屏蔽套
		工艺技术指标不符	调整到规定指标

第六节 柱塞计量泵

一、柱塞计量泵结构

柱塞式计量泵由液缸部分与传动箱两部分组成，如图 3-15 所示。

1. 液缸部分

液缸部分由液缸体、吸液阀组、排液阀组、填料函和柱塞等零部件组成。由于计量泵要保证计量准确，因此填料密封的密封性能要求比较高，常用多层软聚氯乙烯人字形密封圈。泵的吸液阀和排液阀多采用球形阀。大直径柱塞泵和低压泵通常采用单层球形阀。而小直径柱塞泵和高压泵多采用双层球形阀，当一层阀失灵时可有另一层保证泵阀的严密性。

2. 传动箱

传动箱由曲柄连杆机构和行程调节机构组成。

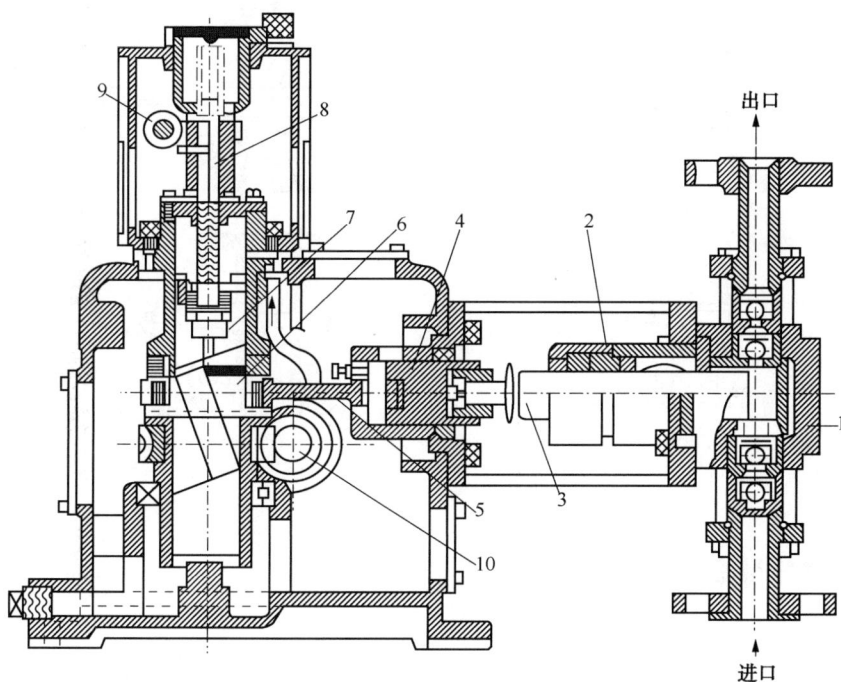

图 3-15　柱塞式计量泵结构

1—泵缸；2—填料函；3—柱塞；4—十字头；5—连杆；
6—偏心轮；7—N 形曲轴；8—调节螺杆；9—调节蜗轮；10—蜗杆

二、柱塞计量泵工作原理

电动机经联轴器与轴直连，带动蜗轮、下套筒、N 形曲轴做回旋运动。N 形曲轴装在偏心块内，并与偏心块套、连杆和十字头相连，组成曲柄连杆机构，使十字头在托架内做往复运动，并带动柱塞做往复运动。当柱塞向后死点移动时，泵容积腔逐步增大形成真空，在大气压力或正吸入压头的作用下，将吸入阀打开，液体被吸入；当柱塞向前死点移动时，此时吸入阀关闭，排出阀打开，液体被挤出排出阀外，使泵达到吸排的目的。

三、柱塞计量泵流量调节

计量泵通常通过调节柱塞行程长短、调节柱塞往复次数或兼有调节柱塞长短和往复次数 3 种方式调节流量，其中以调节柱塞行程方式最为常用。

N 形曲轴调节是靠旋转调节盘，带动小螺旋齿轮、大螺旋齿轮、调节螺杆转动，拖动调节螺母和 N 形曲轴上下移动，改变偏心距，从而达到调节流量的目的。

N 形曲轴与偏心块形成的最大偏心量为该泵行程的一半，如图 3-16（a）所示，当 N 形曲轴靠近最下位置时，因偏心块与 N 形曲轴配合部分的偏心量相抵消为零，偏心块与 N 形曲轴的回转中心一致，此时行程为零，即相对行程为零；如图 3-16（b）所示，当 N 形曲轴靠近最上位置时，偏心块与 N 形曲轴之总偏心量为最大行程的一半，即相对行程为 100%。

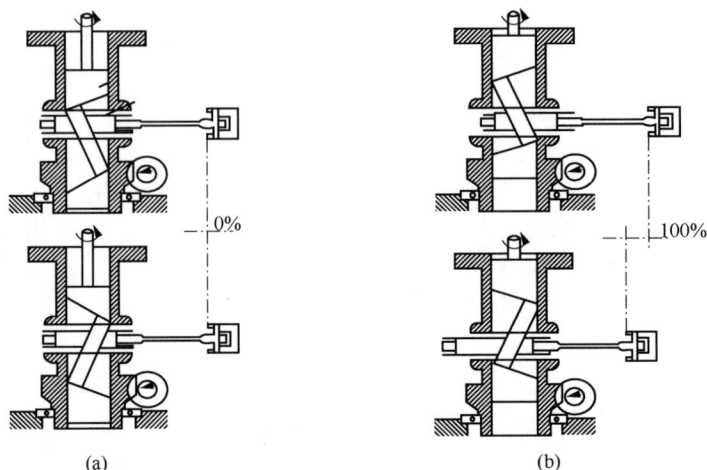

图 3-16　N 形曲轴调节原理

四、柱塞计量泵的检修

1. 拆卸

1）柱塞计量泵液缸部件的拆卸

将柱塞从十字头上旋出，把出入口管法兰及泵液缸与泵托架连接螺栓拆开，将液缸部件全部从传动箱上拆卸下来。先拉出柱塞，旋出填料螺母，拆下填料压盖，取出密封填料、隔环或柱塞套。再拆卸出入口管压板，依次取下阀套、限位片、阀座、阀球或弹簧及阀。

2）传动箱的拆卸

（1）先把传动箱内的润滑油泄开，拆卸箱体后端的盖板。

（2）拆卸电动机，取出联轴器，拆开蜗杆轴承压盖螺栓，将轴承盖、轴承、蜗杆和抽油器从传动箱体内抽出。

（3）打开调节箱盖，拆下调节箱压紧螺母，逆时针旋转调节转盘，使调节丝杆从调节螺母中退出；取下调节箱，再将调节丝杆部件从上套筒上取下，然后把上套筒从传动箱体拆下。

（4）拆下泵托架压紧螺母，将泵托架从传动箱体上取出，打开传动箱上盖，从箱体内取出十字头销和十字头。

（5）将 N 形曲轴和套在 N 形曲轴上的偏心块、连杆、偏心块上环等一并从传动箱体里抽出后，先拆下调节螺母，即可从 N 形曲轴上拆出偏心块、端面轴承。再拉出套在偏心块上的偏心块套，取出滚针、垫圈和偏心块。最后把蜗轮、下套筒、轴承等从传动箱体内取出——拆卸。

2. 零部件清洗、检查

所有零部件拆下后应清洗和检查，对磨损而不能修复的部件及易损件应进行更换。更换的间隙垫片等应测量，机泵组装过程中用间隙垫片调整。

3. 组装

传动箱部分的组装与拆卸顺序相反。在组装过程中要保证以下几方面的内容：

（1）蜗轮与蜗杆的啮合位置如图 3-17 所示。

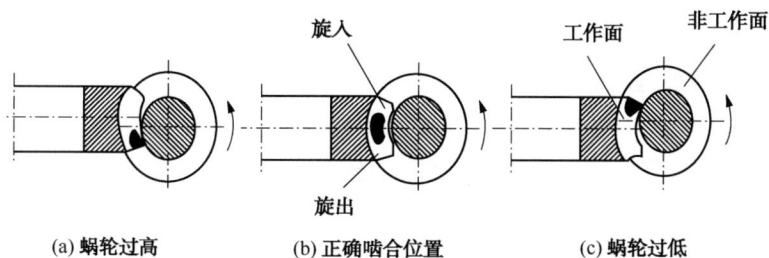

(a) 蜗轮过高   (b) 正确啮合位置   (c) 蜗轮过低

图 3-17 蜗轮与蜗杆的啮合位置

检查方法：在蜗轮工作齿面涂上一层薄薄的红丹后，用手旋转动蜗杆数圈，观察其啮合点位置，如果位置不正确，可在下套筒轴承外圈底部加减垫片调整。

（2）在回装蜗杆和柱塞油封时，一定要确认轴颈处无划痕、碰伤的现象。并在密封表面上涂一层润滑脂，用专用工具轻轻装入，在装配时不得用带尖角的金属块撬，以免损伤油封唇口，影响封油效果。

（3）组装时偏心块套或偏心块与推力轴承之间的轴向间隙要适当，若间隙过大，则泵运行时有冲击声；若间隙太小，则运行时转动调节手轮比较困难，同时机座发热。

调整方法：其间隙大小可通过上套筒与传动箱体之间垫片厚度调整。

（4）调量表回装：传动箱组装完毕后盘车检查，确认转动自如，没有任何卡阻现象后，再转动调节转盘和盘动电动机联轴器，将行程调到零位置，装上指向零位置的调量表，然后转动调节转盘把行程调到规定行程位置，并把十字头移向前死点。

五、计量泵的试运转及故障处理

1. 计量泵的试运转

1）试运转前的准备工作

（1）检查检修记录，确认数据正确，准备好试运转的各种记录表格。

（2）把泵周围卫生打扫干净。

（3）向传动箱内注入 N32 以上的机械油，油位到油标中间处。对于隔膜泵，应在缸体油腔内注满变压器油，同时将油腔内的气排尽。安全自动补油阀应注入适量变压器油至距溢出面约 10mm，在泵头与传动箱之间的托架内也加注变压器油，油位至浸没柱塞填料。

（4）盘车转动自如，无卡涩现象和异常响声。

2）试运转

（1）启动。

①关闭泵出口阀，打开泵进出口连通阀。开启入口阀，使液体充满泵体。

②盘车无问题后扭动启动开关，给电启动。

③逐渐打开泵出口阀，然后关闭进出口连通阀。

④根据工艺流程对流量的需要，把调量手轮转到所需刻度。

⑤检查泵的振动值是否在允许范围内和有不正常响声。如果超标，应停车检查原因，待故障消除后再投入运行。

（2）停车。

①切断电源，停止电动机运行。

②关闭进出口管道阀门，但开车前应注意打开。

2. 计量泵的故障处理

计量泵常见故障现象、原因及处理方法见表3-31。

表3-31　计量泵常见的故障原因及处理方法

序号	故障现象	故障原因	处理方法
1	柱塞计量泵流量不稳定	单向阀密封面损坏	更换单向阀或垫片
		单向阀内有杂物卡阻	清除杂物
		溢流阀泄漏	修理或更换
		吸入压力不足	提高入口液
		来液温度高产生汽化或泵内有气体未排净	降低温度和排净气体
		吸入管漏	修复或更换破损管件
2	柱塞计量泵无法启动	N形曲轴组件严重磨损	更换N形曲轴组件
		齿轮副严重磨损	更换齿轮副
		轴承严重磨损	更换轴承
		电动机损坏	检查处理电动机
		十字头与导轨卡住或销脱落	检查处理
3	柱塞计量泵电动机过载的处理	出口压力过高	调整溢流阀，检查出口管
		填料过紧	适当松开填料压盖螺母
		齿轮副损坏	更换齿轮副
		轴承损坏	更换轴承
		N形曲轴组件磨损严重	更换N形曲轴组件
4	柱塞计量泵有敲击声	连杆连接螺栓松动	紧固螺栓
		偏心套或轴承间隙过大	更换部件
		连杆拉力轴承松动或磨损	紧固螺栓或更换轴承
		锥形轴承套磨损	更换锥形轴承套
		蜗轮传动机构磨损	更换蜗轮传动机构

第七节　凸轮双转子泵

一、凸轮双转子泵的结构原理

凸轮双转子泵的结构如图3-18所示。凸轮双转子泵依靠两同步反转动的转子在旋转过程中于进口处产生吸力（真空度），从而吸入所要输送的物料（图3-19）。两转子将转子室分隔为几个小空间，并按1—2—3—4—5的次序运转；运转至位置1时，只有A室中充满介质；到位置2时，B室中封闭了部分介质；到位置3时，C室中也封闭部分介质；到位置4时，A室中封闭了部分介质；到位置5时，介质即被输送至出料口。

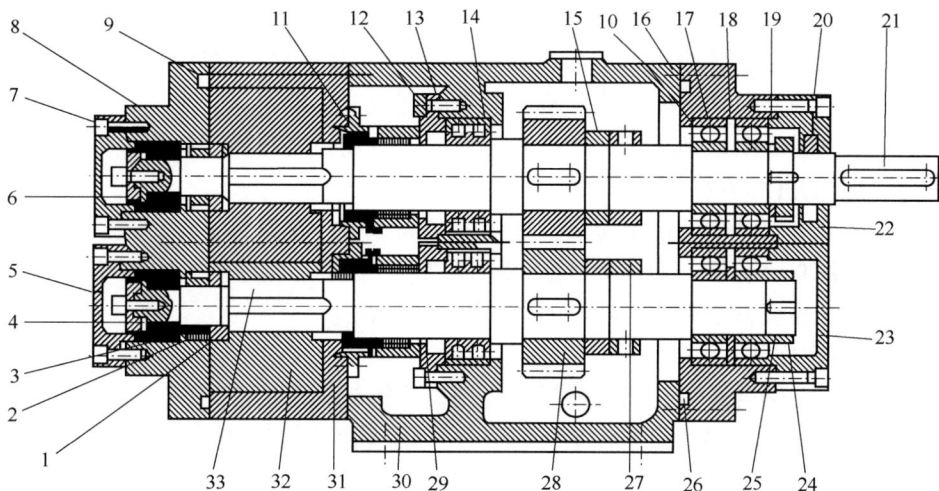

图 3-18 凸轮双转子泵的结构

1—垫片；2—弹簧垫片；3—圆螺帽；4—固定块；5—前轴盖；6—滑动轴承（内）；7—滑动轴承（外）；
8—泵盖；9—泵盖 O 形圈；10—调整块；11—机械密封；12—前端盖；13—密封垫；14—前轴承；
15—齿轮锁紧螺帽；16—后厢盖；17—后轴承；18—格板；19—轴承垫片；20—后端盖骨架油封；
21—主轴；22—后端盖（上）；23—后端盖（下）；24—轴承锁紧螺帽；25—止动垫片；26—O 形圈；
27—固定套；28—齿轮；29—前端盖骨架油封；30—齿轮箱；31—泵体；32—转子；33—副轴

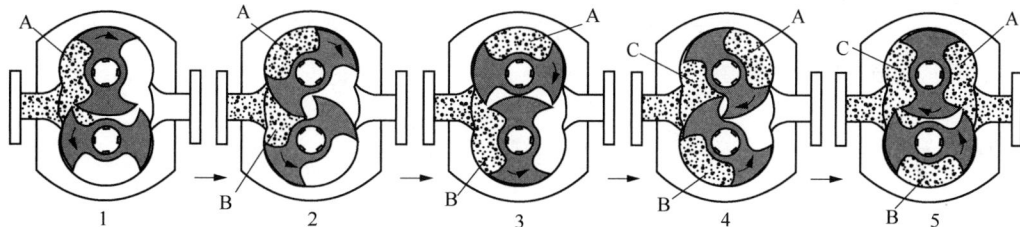

图 3-19 凸轮双转子泵的结构原理

二、凸轮双转子泵的特点

凸轮双转子泵是选用国外先进技能制作的多用途双向容积泵。

凸轮双转子泵选用两个同步运动的转子，转子由一对外置式同步齿轮箱传动，转子在传动轴的带动下同步反方向旋转，然后构成了较高的真空度和排放压力，适合医药级介质和腐蚀性高黏度介质的运送，广泛应用于石油化工、精细化工、日用化工、制药、食物、环保、造纸、涂料、冶金等行业。

凸轮双转子泵转子与转子之间保持一定间隙，无摩擦，运用寿命长；保护、清洗便利，易损件少，能确保连续性运转的可靠性和无泄漏时间；高效节能，运送平稳，故障率低，密封牢靠，噪声低。

三、凸轮双转子泵的检修

1. 拆卸

凸轮双转子泵的拆卸顺序为：泵盖与转子→泵壳→机械密封→齿轮箱。

1）泵盖与转子的拆卸方法

用拔销器将泵盖上的定位销拉出，拆卸泵盖与泵体的紧固螺栓，同时取出泵盖上的O形圈。拆卸主轴、副轴上的轴端螺钉和弹垫，取下固定块、滑动轴承。

用专用扳手将圆螺帽、弹垫、平垫拆卸，然后用专用拉马将转子拉出，取出调整块。

2）机械密封的拆卸方法

用拔销器将泵体中两个定位销拉出，旋出各紧固螺钉，把泵体拆卸后放到工作台上。拆卸机械密封座，并取出动环、动环O形圈及动环垫片。机械密封座里的静环及组件最好不要拆卸，如静环有磨损，请更换静环及O形圈。

3）齿轮箱拆卸方法

拆卸主副轴上后端盖及密封圈，然后用专用扳手拆卸轴承锁紧螺帽、止动垫片和轴承垫片，同时将主副轴上的前端盖及密封垫拆卸下来。用拔销器把后厢盖上的两个定位销拉出，拆卸紧固螺钉，把后厢盖与主副轴从齿轮箱中取出。

把后厢盖用等高硬木架搁置，使两个轴端离开工作台面一定高度，用铜棒分别将主副轴取出，再通过前轴承的工艺缺口取出后轴承和格板（注意：上下两块格板在装配时不能错位，必要时做一记号为宜）。

将前轴承的内外套圈从主副轴及齿轮箱内拆卸。一般情况下，紧压在主副轴上的齿轮、螺母、固定套不需拆卸。

2. 零部件及配合间隙的检查及调整

必须把它们分别堆放和清洗。在清洗过程中，检查每个零件，发现有拉毛、磕碰的地方必须用油石或砂纸打磨或修整。

1）机体、转子

机体应无损伤、裂纹。基础螺栓无松动、断裂现象。机体安装水平度误差不大于0.04mm/m。

转子表面应无砂眼、气孔、裂纹等缺陷。转子两端面的平行度为0.02mm，转子两端面与墙板平行度为0.04mm。转子之间的间隙，转子和机壳、墙板之间的间隙应符合表3-32的要求。

表3-32　转子、机壳和墙板之间的间隙　　　　　　　　单位：mm

两转子间间隙	0.15~0.35
固定端间隙	0.20~0.35
自由端间隙	0.20~0.35

2）轴

轴表面应光滑，无磨痕及裂纹等缺陷。轴径的圆度和圆柱度为直径公差之半。轴的直线度为0.02mm/m，一般轴全长直线度应不大于0.04mm/m。轴与转子端面的垂直度为0.05mm/100mm。

3）滚动轴承

滚动体表面及内、外滚道应无磨痕、麻点、锈蚀等缺陷。轴承符合相应的执行标准。

3. 零部件组装

装配程序与拆卸程序相反。发现磕碰、毛刺（包括齿轮）及时修复，不符合质量要求的标准件进行调换。

1）转子的回装方法

调整块、转子、泵盖在安装过程中，必须按钢印记号对号入座，调整块的两个定位销必须对准机械密封件动环上的两个槽。

2）机械密封的回装方法

把静环O形圈、静环压入机械密封座内，并在动环、静环两个端面涂上白色凡士林或润滑脂，然后将两个端面重叠组合好，分别将两个机械密封座安装在泵体上。把动环的垫片、O形圈分别安装在主轴、副轴的轴颈上，并在垫片、O形圈中涂上白色凡士林，然后将泵体套入主轴、副轴端内，并插入泵体定位销，锁紧固定螺钉。

在装配时注意：泵体的钢印记号必须与齿轮箱的记号相对应；在泵体套入主轴、副轴时，防止动环与轴摩擦、磕碰。

3）齿轮箱的回装方法

把前轴承的内套、外套分别压在主轴、副轴的前端和齿轮箱的前轴座上，并在内套、外套上涂一些润滑脂。把主轴、副轴的前端小心插入前轴承的外套弹夹内。轴承座外圈与轴承箱之间的接合面应紧密配合，不可放置垫片。滚动轴承内圈与轴采用H7/k6配合，轴承座与轴承外圈采用K7/h6配合。滚动轴承安装时，必须紧贴在轴肩或轴肩垫上。轴承应使用专用工具，热装轴承可用100~120℃油浴，也可用轴承加热器加热，严禁敲打和直接火焰加热。

将主轴、副轴装入齿轮箱内时，要重点查看主轴、副轴传动齿轮啮合面的圆眼标记，按此进行装配；否则，会导致两个工作转子不对称而损坏整机。把O形圈放入后厢盖的凹槽内，同时在装配时，认准后厢盖与齿轮箱上的钢印记号，将定位销插入后厢盖，并用螺钉将后厢盖紧固在齿轮箱上。

把齿轮箱的前端面放到工作台上，用硬木垫高并在主轴、副轴的前端衬入垫木，以保证主轴、副轴的后轴承超出后厢盖的端面。将第一口后轴承、格板、第二口后轴承分别压入主轴、副轴挡上，然后把轴承垫片、止动垫片放于主轴、副轴挡上，并用螺母锁紧轴承，关紧止动垫片，取出主轴、副轴垫木，然后将后轴承压入后厢盖内，随后将齿轮箱放平。

将前端盖、密封垫分别安装在齿轮箱的前轴承座上，然后将后端盖密封圈分别放到后端盖上，再紧固在后厢盖上。装配后用工具转动主轴，感觉其旋转是否正常，并用百分表测定其轴向窜动间隙是否在0.02~0.03mm之间。

回装后齿轮啮合应平稳，无杂音。齿轮用键固定后，径向位移不超过0.02mm。

四、凸轮双转子泵的试车及故障处理

1. 凸轮双转子泵的试车

1）试车前的准备工作

（1）确认检修工作完毕，检修记录齐全，检修质量符合规程要求，并做到工完、料净、场地清。

（2）检查出入口阀门是否灵活好用，开、关位置是否正确。

（3）检查润滑油箱、油位是否在液面计两红线之间。

（4）检查电气、仪表、联锁装置，保证正确、无误。

（5）盘动转子，应无异音和卡涩。

2）试车

（1）确认检修工作完毕，检修记录齐全，检修质量符合规程要求，并做到工完、料净、场地清。

（2）检查出入口阀门是否灵活好用，开、关位置是否正确。

（3）检查润滑油箱、油位是否在液面计两红线之间。

（4）检查电气、仪表、联锁装置，保证正确、无误。

（5）检查转子运转是否正常，有无异音。

（6）轴承温度应符合规定。

（7）出口流量及电流等均应合乎规定。

3）验收

凸轮双转子泵检修质量符合要求，记录齐全、准确，经试车合格，认定达到正常的工艺指标和生产能力，即可按有关规定验收，交付生产。

2. 凸轮双转子泵常见故障处理

凸轮双转子泵常见故障处理见表3-33。

表3-33　凸轮双转子泵常见故障处理

序号	故障现象	可能原因	消除方法
1	流量压力不足	进口密封欠佳	重新安装
		转子或腔体磨损	更换转子或泵体
		其他密封漏气	排除上述原因
2	电动机发热	电源缺相	重新接通电源
		接触不良、压力、流量过大	调整压力、流量、检查电流是否过载
		介质黏度过高	加热介质降低黏度
		转动件卡泵	更换转动件
3	振动、噪声严重	进口堵塞	加大进口口径
		压力过高或真空度过高	降低真空度或出口压力
4	密封处泄漏	密封件太松或损坏	调整或更换密封件
5	泵发热	有杂物进入引起流量过小或卡泵	打开泵盖，清除杂物，检查泵转动情况，不正常应更换已损件
6	轴承发热	主轴弯曲，轴承损坏	更换主轴、轴承
		轴承油室存油不足	加润滑油
7	输送介质有气泡	进口管路漏气	检查进口管路和连接口及阀门

第八节　离心风机

一、离心风机的组成及结构

离心风机采用单吸入 D 型传动机构，由联轴器将风机和电动机连接起来。离心风机本体主要由机壳、进风口、转子组（叶轮及主轴）、轴承箱、联轴器等部分组成（F 型传动是双支撑两个轴承箱，单吸的有一个进风室，双吸的有两个进风室。C 型、B 型传动的有主动轮和被动轮）。

机组除风机本体外，根据用户需要，还可配备各种外配套，常见的有：电动机、调节门、整体支架、电动执行器、消声器等。

风机可制成顺转或逆转两种形式：从电动机一端正视，如叶轮按顺时针方向旋转称顺旋风机，以"顺"表示；按逆时针方向旋转称逆风机，以"逆"表示。

风机的出口位置以机壳的出口角度表示："顺"、"逆"均可制成 0°，45°，90°，135°，180°和 225° 6 种角度。也可按用户的要求制成其他的特殊角度。

根据具体的情况，轴承箱有水冷却轴承箱和油冷却轴承箱两种。

二、离心风机的保养

正确的维护、保养，是风机安全可靠运行、提高风机使用寿命的重要保证。因此，在使用风机时，必须引起充分的重视。

1. 叶轮的保养

在叶轮运转初期及所有定期检查时，只要一有机会，都必须检查叶轮是否出现裂纹、磨损、积尘等缺陷。

只要有可能，都必须使叶轮保持清洁状态，并定期用钢丝刷刷去上面的积尘和锈皮等，因为随着运行时间的加长，这些灰尘由于不可能均匀地附着在叶轮上，而造成叶轮平衡破坏，以致引起转子振动。

叶轮只要进行了修理，就需要对其再做动平衡。如有条件，可以使用便携式动平衡仪在现场进行平衡。在做动平衡之前，必须检查所有紧定螺栓是否上紧。因为叶轮已经在不平衡状态下运行了一段时间，所以这些螺栓可能已经松动。

2. 机壳与进气室的保养

除定期检查机壳与进气室内部是否有严重的磨损，清除严重的粉尘堆积之外，这些部位可不进行其他特殊的维修。

定期检查所有的紧固螺栓是否紧固，对有压紧螺栓部的风机，将底脚上的蝶形弹簧压紧到图纸所规定的安装高度。

3. 轴承部的维修保养

经常检查轴承润滑油供油情况，如果箱体漏油，可以把端盖的螺栓拧紧一点，如果还不行，则应换用新的密封填料。

4. 其余各配套设备的维修保养

各配套设备（包括电动机、电动执行器、仪器、仪表等）的维修保养详见各自的使用说明书。这些使用说明书都由各配套制造厂家提供。

5. 风机停止使用时

风机停止使用时，当环境温度低于 5℃时，应将设备及管路的余水放掉，以避免冻坏设备及管路。

6. 风机长期停车存放不用

（1）将轴承及其他主要的零部件的表面涂上防锈油以免锈蚀。

（2）风机转子每隔半月左右，应人工手动搬动转子旋转半圈（即 180°），搬动前应在轴端做好标记，使原来最上方的点在搬动转子后位于最下方。

三、离心风机维护检修

1. 检修周期与检修内容

1）检修周期

离心风机 24~36 个月大修一次。根据状态监测结果及设备运行状况，可适当调整检修周期。

2）检修内容

（1）检查入口调节风门。

（2）检查各零部件磨损情况。

（3）检查测量主轴、转子各部分配合尺寸和跳动。

（4）叶轮找静平衡，必要时进行动平衡试验。

（5）检查地脚螺栓。

（6）联轴器找正。

（7）清扫检查润滑系统。

2. 检修与质量标准

1）拆卸前的准备

（1）掌握风机的运行情况，备齐必要的图纸资料。

（2）备齐检修工具、量具、起重机具、配件及材料。

（3）切断电源、水，关闭风机出入口挡板，符合安全检修条件。

2）拆卸与检查

（1）拆卸联轴器护罩，检查对中。

（2）拆卸联轴器。

（3）拆卸轴承箱压盖，检查转子窜量。

（4）拆卸机壳。

（5）清扫检查转子。

（6）清扫检查机壳。

（7）拆卸检查轴承及清洗轴承箱。

3）检修质量标准

（1）联轴器。

①联轴器与轴配合为 H7/js6。

②联轴器螺栓与弹性圈配合应无间隙，并有一定紧力，弹性圈外径与孔配合应有 0.5~1.0mm 间隙，螺栓应有弹簧垫片或止退垫片锁紧。

③机组的对中应符合表 3-34 规定。

④弹性柱销联轴器两端面间隙为 2~6mm。

⑤对中检查时，调整垫片每组不得超过 4 块。

表 3-34　机组对中允许值（表值）　　　　　　　单位：mm

联轴器型式	外圆径向	端面
弹性柱销式	0.08	0.06

（2）半联轴器。

安装半联轴器时，将半联轴器预热到120℃，安装后需保证轴端比半联轴器端面低0~0.5mm。

（3）叶轮。

①叶轮应进行着色，检查无裂纹、变形等缺陷。

②转速低于2950r/min时，叶轮允许的最大静不平衡值应符合表3-35规定。

表3-35　叶轮允许的最大静不平衡值

叶轮外径（mm）	401~500	501~600	601~700	701~800	801~100	1000~1500
不平衡重（g）	10	12	15	17	20	25

③叶轮的叶片转盘不应有明显减薄。

（4）主轴。

①主轴颈圆柱度公差值应符合表3-36规定。

表3-36　主轴颈圆柱度公差　　　　　　　　　　单位：mm

主轴颈直径	≤150	150~175	175~200	200~225
圆柱度公差	0.02	0.025	0.03	0.04

②主轴直线公差值应符合表3-37规定。

表3-37　主轴直线度公差值

风机转速（r/min）	直线度公差值（mm）	风机转速（r/min）	直线度公差值（mm）
≤500	0.10	1500~3000	0.05
500~1500	0.07		

③主轴应进行检查，其表面光滑，无裂纹、锈蚀及麻点，其他处不应有机械损伤和缺陷。

④轴颈表面粗糙度 Ra 为0.8μm。

（5）滚动轴承。

①滚动轴承的滚动体与滚动表面应无腐蚀、斑痕，保持架应无变形、裂纹等缺陷。

②轴同时承受轴向载荷和径向载荷的滚动轴承配合为H7/js6，轴与仅承受径向载荷的滚动轴承配合为H7/k6，轴承外圈与轴承箱内孔配合为js7/h6。

③滚动轴承热装时，加热温度不超过100℃，严禁直接用火焰加热。

④自由端轴承外圈和压盖的轴向间隙应大于轴的热伸长度，热伸长度参考值应符合表3-38规定。

表3-38　轴热态伸长量

温度（℃）	0~100	100~200	200~300
每米轴长的延伸量（mm）	1.20	2.51	3.92

（6）转子。

转子的各部圆跳动、全跳动允许值应符合表3-39规定。

表 3-39　转子各部跳动允许值　　　　　　　　单位：mm

测量部位	跳动类别	允许值	测量部位	跳动类别	允许值
叶轮外圆	圆跳动	$0.07\sqrt{D}$	叶轮外圆两侧	全跳动	$0.01\sqrt{D}$
主轴的轴承颈	圆跳动	0.02	联轴器外缘	全跳动	0.05
联轴器外圆	圆跳动	0.05	推力盘的推力面	全跳动	0.02

注：D 为叶轮外圆直径。

（7）壳体与轴承箱。

①每个轴承箱中分面的纵向安装水平偏差不应大于 0.04mm/m。

②每个轴承箱中分面的横向安装水平偏差不应大于 0.08mm/m。

③主轴轴颈处的安装水平偏差不应大于 0.04mm/m。

3. 试车与验收

1）试车前的准备

（1）检查检修记录，确认检修数据正确。

（2）轴承箱清洗并检查合格，按规定加注润滑油。

（3）盘车灵活，不得有偏重、卡涩现象。

（4）安全防护装置齐全、牢固。

（5）进气风门调节开度 0°~5°，出口全开。

（6）电动机单机试运转，并确定旋转方向正确。

2）试车

（1）按操作规程启动电动机，各部位无异常现象和摩擦声响，方可继续运行，风机在小负荷下运行时间不应小于 20min，小负荷运转正常后，逐渐开大进气风门，直至规定的负荷为止。

（2）检查轴承温度、振动、风量、电流等，连续运行 4h，并做好记录。

（3）检查风机振动，振动标准见 SHS 01003—2004《石油化工旋转机械振动标准》。

3）验收

（1）经过连续负荷运行 4h 后，各项技术指标均达到设计要求或能满足生产需要。

（2）设备达到完好标准。

（3）检修记录齐全、准确。

4. 日常维护与常见故障处理

1）日常维护

（1）每两小时巡检一次，检查风机声音是否正常，轴承温度和振动是否超标，运行参数是否正常，查看润滑油油位、风量是否稳定。

（2）每 5 天检查一次润滑油质量，一旦发现润滑油变质应及时更换。

（3）及时添加润滑油。

2）常见故障及处理

离心风机的性能故障、机械故障、机械震动故障等产生的原因和处理方法见表 3-40 至表 3-42。

表 3-40 离心风机的性能故障与处理方法

序号	故障名称	产生故障的原因	处理方法
1	压力过高,排出流量减小	气体成分改变,气体温度过低,或气体所含固体杂质增加,使气体的密度增大	测定气体密度,消除密度增大的原因
		出气管道和阀门被尘土、烟灰和杂物堵塞	开大出气阀门,或进行清扫
		进气管道、阀门或网罩被尘土、烟灰和杂物堵塞	开大进气阀门,或进行清扫
		出气管道破裂,或其管法兰密封不严密	焊接裂口,或更换管法兰垫片
		密封圈损坏过大,叶轮的叶片磨损	更换密封圈、叶片或叶轮
2	压力过低,排出流量过大	气体成分改变,气体温度过高,或气体所含固体杂质减少,使气体的密度减小	测定气体密度,消除密度减小的原因
		进气管道破裂,或其管法兰密封不严密	焊接裂纹,或更换管法兰垫片
3	通风系统调节失灵	压力表失灵,阀门失灵或卡住,以致不能根据需要对流量和压力进行调节	修理或更换压力表,修复阀门
		由于需要流量小,管道堵塞,流量急剧减小或停止,使风机在不稳定区(飞动区)工作,产生逆流反击风机转子的现象	如系需要流量减小,应打开旁路阀门,或降低转速;如系管道堵塞应进行清扫
4	风机压力降低	管道阻力曲线改变,阻力增大,通风机工作点改变	调整管道阻力曲线,减小阻力,改变通风机工作点
		通风机制造质量不良,或通风机严重磨损	检修通风机
		通风机转速降低	提高通风机转速
		通风机在不稳定区工作	调整通风机工作区
5	轴承温度高	润滑油脂变质	更换润滑油脂
		轴承磨损或装配不当	调整修理轴承
		机体不水平,轴向负荷大	调整水平
		冷却水系统堵塞	清洗检查冷却水系统
		轴承间隙不合适	调整轴承间隙
		润滑脂过量	减少润滑油脂
6	电动机超负荷	流量超过额定值	调整风机流量
		风机输送介质密度增大或压力过高	调整工艺指标
		电动机输入电压过低或单向断电	检查电系统

表 3-41 机械故障分析及其处理方法

序号	故障名称	产生故障的原因	处理方法
1	叶轮损坏或变形	叶片表面或钉头腐蚀或磨损	如系个别损坏,应更换个别零件,如损坏过半,应更换叶轮
		铆钉和叶片松动	用小冲子紧住,如仍无效,则需更换铆钉
		叶轮变形后歪斜过大,使叶轮径向跳动或端面跳动过大	卸下叶轮后,用铁锤矫正,或将叶轮平放,压轮盘某侧边缘
2	机壳过热	在阀门关闭的情况下,风机运转时间过长	停车,待冷却后再开车

续表

序号	故障名称	产生故障的原因	处理方法
3	密封圈磨损或损坏	密封圈与轴套不同轴，在正常运转中被磨损	先清楚外部影响因素，然后更换密封圈，重新调整和找正密封圈的位置
		机壳变形，使密封圈一侧磨损	
		转子振动过大，其径向振幅之半大于密封径向间隙	
		密封齿内进入硬质杂物，如金属、焊渣等	
		推力轴衬溶化，使密封圈与密封齿接触而磨损	
4	带滑下或带跳动	两带轮位置没有找正，彼此不在同一条中心线上	重新找正带轮
		两带轮距离较近或带过长	调整带的松紧度，或者调整两带轮的间距，或更换适合的带

表 3-42　机械振动分析及其处理方法

序号	原因	特征	机械振动的因素分析	处理方法
1	转子静不平衡与动不平衡	风机和电动机发生同样的振动，振动频率与转速相符合	轴与密封圈发生强烈的摩擦，产生局部高热，使轴弯曲	应换新轴，并需同时修复密封圈
			叶片质量不对称，或一侧部分叶片被腐蚀或磨损严重	更换坏的叶片，或调换新的叶轮，并找平衡
			叶片附有不匀称的附着物，如铁锈、积灰或焦油等	清扫或擦净叶片上的附着物
			平衡块质量与位置不对，或位置移动，或检修后未找平衡	重找平衡，并将平衡块固定牢固
			风机在不稳定区（即飞动区）的工况下运转，或负荷急剧变化	开大闸阀或旁路阀门，调节工况
			双吸风机的两侧进气量不等（由于管道堵塞或两侧进气口挡板调整不当）	清扫进气管道灰尘并调整挡板，使两侧进气口负压相等
2	轴安装不良	振动为不定性的，空转时轻，满载时大（可用降低转速方法查出）	联轴器安装不正，风机轴和电动机轴中心未对正，基础下降	进行调整，重新找正
			带轮安装不正，两带轮轴不平衡	进行调整，重新找正
			减速机轴与风机轴和电动机轴在找正时，未考虑运转时位移的补偿量，或虽考虑但不符合要求	进行调整，留出适当的位移补偿余量
3	转子固定部分松弛或活动部分间隙过大	发生局部振动现象，主要在轴承箱等活动部分，机体振动不明显，与转速无关，偶有尖锐的破击声或杂音	轴衬和轴颈被磨损，造成油间隙过大，轴衬和轴承箱之间紧力过小或有间隙而松动	焊补轴衬合金，调整垫片，或刮研轴承箱中分线
			转子的叶轮、联轴器或带轮与轴松动	修理轴和叶轮，重新配键
			联轴器的螺栓松动，滚动轴承的固定圆螺母松动	拧紧螺母

续表

序号	原因	特征	机械振动的因素分析	处理方法
4	基础或机座的刚度不够或不牢固	产生邻近机房的共振现象，电动机和风机整体振动，而且在各种负荷情形时都一样	机房基础的灌浆不良，地脚螺母松动，垫片松动，机座连接不牢固，连接螺母松动	查明原因后，施以适当的修补和加固，拧紧螺母，填充间隙
			基础或机座的刚性不够，促使转子的不平衡度加剧引起强烈的共振	进行调整和修理，加装支撑装置
			管道未留膨胀余地，与风机连接处的管道未加支撑装置或安装和固定不良	
5	风机内部有摩擦现象	发生振动不规则，且集中在某一部分。噪声和转速相符合，在启动和停车时，可以听见风机内部金属乱碰声	叶轮歪斜与机壳内壁相碰，或机壳刚度不够，左右晃动	修理叶轮和推力轴衬
			叶轮歪斜，与进气口圈相碰	修理叶轮和进气口圈
			推力轴衬歪斜、不平衡或磨损	修补推力轴衬
			密封圈与密封齿相碰	更换密封圈，调整密封圈和密封齿间隙

第九节　罗 茨 风 机

一、罗茨风机结构及工作原理

常用风机外形为卧式结构，有皮带轮传动和联轴器传动两种，进排气口方向采用上进下排方式。风机主要由墙板部、机壳部、齿轮部、叶轮部、传动组、单向阀、压力表、支架、进（出）口消声器、橡胶挠性接头、电动机等零部件组成。

电动机通过 V 形带（或联轴器）带动主动轴，由主动轴通过齿轮箱内同步齿轮的作用，使机体内的两叶型叶轮呈反方向旋转。叶轮相互之间及叶轮与机体之间有一定的工作间隙，当两叶轮旋转时，机体内的气体由进气腔推送至排气腔后排出机体，起到鼓风作用。

1. 转子部分

罗茨风机的转子由叶轮和轴组成，叶轮又可分为直线形和螺旋形，叶轮的叶数一般有两叶、三叶。罗茨风机的转子结构如图 3-20 所示。

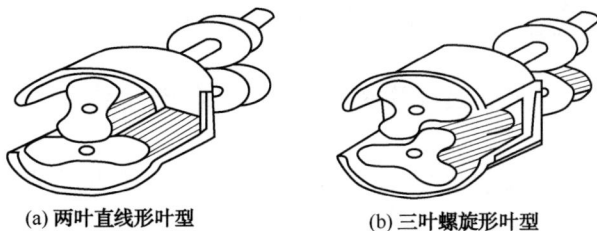

(a) 两叶直线形叶型　　　　　　(b) 三叶螺旋形叶型

图 3-20　罗茨风机转子结构

2. 同步齿轮部分

罗茨风机壳内两叶转子的转动是靠各自的齿轮啮合同步传递转矩的，因此其齿轮也称为

"同步齿轮"，同步齿轮既做传动，又有叶轮定位作用。同步齿轮结构较为复杂，由齿圈和齿轮毂组成，用圆锥销定位。同步齿轮又分为主动轮和从动轮，主动轮一端与联轴器连接。

3. 轴承部分

罗茨风机一般选用滚动轴承，滚动轴承具有检修方便、缩小风机轴向尺寸等优点，而且润滑方便。

4. 密封部分

罗茨风机的密封部位主要在伸出机壳的传动轴和机壳的间隙密封，其结构比较简单，一般采用迷宫密封、涨圈式密封、机械密封或填料密封。轴承的油封采用骨架式橡胶油封。

5. 机壳部分

罗茨风机的机壳有整体式和水平剖分式，结构简单。化工厂常用的煤气鼓风机、吸收塔鼓风机等功率较大的罗茨风机，大多采用检修、安装方便的水平剖分式风机机壳。

二、罗茨风机的特点

罗茨风机是容积式气体压缩机械中的一种，其特点是在最高设计压力范围内，管道阻力变化时流量变化很小，工作适应性强，故在流量要求稳定阻力变动幅度较大的工作场合，可予以自动调节，且叶轮与机体之间具有一定间隙，不直接接触，结构简单，制造维护方便。罗茨风机是靠一对相互啮合的等直径齿轮，以保证两个转子等速反向转动，达到输送气体的目的，在结构上分为立式和卧式两种。罗茨风机可用于输送气体和抽去系统内气体达到负压。

三、罗茨风机的检修

1. 拆卸

罗茨风机的拆卸顺序为：联轴器→同步齿轮端盖→同步齿轮→轴承→轴封。

首先拆去压缩机上的供油管、供水管及仪表等附件，然后依次拆下联轴器、同步齿轮端盖。用拉拔工具拆卸同步齿轮，拆除止推轴承及其余轴承，拆卸轴承应使用专用工具。拆除轴封装置。用起吊工具把转子轻轻吊出，慢慢放在清洁木板或橡胶板上。

2. 零部件及配合间隙的检查

罗茨风机在解体过程中或零部件拆卸下来经清洗干净后，应按泵使用维护说明书和罗茨风机维护检修规程的要求进行检查、测量。其主要包括如下几方面内容：

机体应无损伤、裂纹。基础螺栓无松动、断裂现象。机体安装水平度误差不大于0.04mm/m。

转子表面应无砂眼、气孔、裂纹等缺陷。转子和轴应经无损探伤检查合格。转子裂纹可采用热焊法或冷焊法修理。

轴表面应光滑，无磨痕及裂纹等缺陷。轴颈的圆度和圆柱度为直径公差之半。轴的直线度为0.02mm/m，一般轴全长直线度应不大于0.04mm/m。轴颈表面如有划痕等缺陷，应当用油石或细砂纸修磨光滑。

联轴器表面应无裂纹和损伤。键与键槽侧面紧密配合，上平面之间应有0.10~0.40mm的间隙。旧键槽加宽，不得超过键槽宽度的10%。

滚动轴承滚动体表面及内、外滚道应无磨痕、麻点、锈蚀等缺陷。

3. 零部件组装调整

转子与壳体间隙一般在出厂时即已定好。转子与墙板间隙，用在固定端处加减垫片法调整。

方法：先调整固定端间隙，通过轴承座内侧垫片加减来调整，减垫片间隙减小，加垫片间隙增大，调整好固定端间隙后用塞尺测量一下膨胀端间隙，一般情况下，调整好固定端间隙后，膨胀间隙基本符合要求。

转子与转子间隙通过同步齿轮调整。

方法：先固定一个齿轮，然后将另一个齿轮轻轻装在轴上（用木锤轻敲），用手转动两齿轮，按旋转方向转动数圈，然后反方向转动数圈，直到两转子无明显碰撞声，找到转子与转子之间的最小间隙处（转子有两个间隙，一个是平行间隙，另一个是垂直间隙），按间隙要求插入塞尺，保证两转子不动，把齿轮用专用工具推到位，调整完毕，检查转动两齿轮有无接触碰撞的地方，再用塞尺测量一下转子与转子之间各不同位置的间隙是否达到要求，间隙过大或过小，都需重新调整，直到符合要求为止。

转子两端面的平行度为 0.02mm，转子两端面与墙板平行度为 0.05mm。转子之间的间隙，转子和机壳、墙板之间的间隙符合要求；否则，转子应进行静平衡和动平衡校正。

机体安装水平度误差不大于 0.04mm/m。

两半联轴器径向圆跳动及端面圆跳动按表 3-43 规定。

表 3-43　两半联轴器径向圆跳动及端面圆跳动　　　　　单位：mm

联轴器最大外圆直径	半联轴器径向圆跳动	半联轴器端面圆跳动
105~170	0.07	0.16
190~250	0.08	0.18
290~350	0.09	0.20

联轴器偏差应符合表 3-44 规定。

表 3-44　联轴器偏差　　　　　单位：mm

联轴器最大外圆直径	105~170	190~260	290~350
平行偏移	≤0.14	≤0.16	≤0.18
端面间隙	2~4	2~4	4~6
倾斜偏移	0.10	0.12	0.15

轴承外座圈与轴承箱之间的接合面应紧密配合，不可放置垫片。滚动轴承内圈与轴采用 H7/k6 配合，轴承座与轴承外圈采用 K7/h6 配合。滚动轴承安装时，必须紧贴在轴肩或轴肩垫上。热装轴承可用 100~120℃ 油浴，也可用轴承加热器加热，严禁敲打和直接火焰加热。

橡胶密封圈安装时应轻轻打入。更换填料时，每圈应相互错开 120°。V 形填料与轴间的过盈尺寸一般为 0.1mm。迷宫密封轴套两端的平行度为 0.01mm，其径向圆跳动为 0.06mm，表面粗糙度 Ra 为 3.2μm。

传动齿轮啮合应平稳，无杂音。齿轮用键固定后，径向位移不超过 0.02mm。齿表面接触沿齿高不小于 50%，沿齿宽不小于 70%。齿顶间隙取 20%~30% 模数，侧间隙应符合

表3-45规定。

表3-45　齿顶侧间隙

单位：mm

中心距	≤50	50~80	80~120	120~200	200~320	320~500	500~800
侧间距	0.085	0.105	0.130	0.170	0.210	0.260	0.340

四、罗茨风机试车及故障处理

1. 罗茨风机的试车

1）试车前的准备工作

（1）确认检修工作完毕，检修记录齐全，检修质量符合规程要求，并做到工完、料净、场地清。

（2）检查出入口阀门是否灵活好用，开、关位置是否正确。

（3）检查润滑油箱、油位是否在液面计两条红线之间。

（4）检查电气、仪表、联锁装置，保证正确无误。

（5）顺时针盘动转子，应无异音和卡涩。

（6）重要机组应有试车方案。

2）空负荷试车

（1）按操作规程开车。

（2）将出口安全阀打开，使机器在无阻力的情况下运转4h。

3）负荷试车

（1）空负荷试车正常后，方可进行负荷试车。

（2）启动电动机后，调节电阻器逐步升高工作压力，每升一次压力运转2h，共试车8h。

（3）检查转子运转是否正常，有无异音。

（4）轴承温度应符合规定。

（5）出口温度、风压及电流等均应合乎规定。

4）验收

罗茨风机检修质量符合要求，记录齐全、准确，经试车合格，认为达到正常的工艺指标和生产能力，即可按有关规定验收，交付生产。

2. 罗茨风机常见故障处理

罗茨风机常见故障处理见表3-46。

表3-46　罗茨风机常见故障处理

序号	故障	可能原因	处理方法
1	叶轮与叶轮磨	叶轮上有污染杂质，造成间隙过小	清除污物，并检查内件有无损坏
		齿轮磨损，造成侧隙大	调整齿轮间隙，若齿轮侧隙大于平均值30%应更换齿轮
		齿轮固定不牢，不能保持叶轮同步	重新装配齿轮，保持锥度配合接触面积达75%
		轴承磨损，致使游隙增大	更换轴承

续表

序号	故障	可能原因	处理方法
2	叶轮与墙板、叶轮顶部与机壳	安装间隙不正确	重新调整间隙
		运转压力过高，超出规定值	查出超载原因，将压力降到规定值
		运转温度过高	查出超载原因，将温度降到规定值
		机壳或机座变形，风机定位失效	检查安装准确度，减少管道拉力
		轴承轴向定位不佳	检查修复轴承，并保证游隙
3	温度过高	油箱内油太多、太稠、太脏	降低油位或换油
		过滤器或消声器堵塞	清除堵物
		压力高于规定值	降低通过风机的压差
		叶轮过度磨损，间隙大	修复间隙
		通风不好，室内温度高，造成进口温度高	开设通风口，降低室温
		运转速度太低，皮带打滑	加大转速，防止皮带打滑
4	流量不足	进口过滤堵塞	清除过滤器的灰尘和堵塞物
		叶轮磨损，间隙增大得太多	修复间隙
		皮带打滑	拉紧皮带并增加根数
		进口压力损失大	调整进口压力达到规定值
		管道造成通风泄漏	检查并修复管道
5	漏油或油泄漏到机壳中	油位太高，由排油口漏出	降低油位
		密封磨损，造成轴端漏油	更换密封
		压力高于规定值	疏通通风口
		墙板和油箱的通风口堵塞，造成油泄漏到机壳中	中间腔装上 2mm 孔径的旋塞，打开墙板下的旋塞
6	异常振动和噪声，立即停车	滚动轴承游隙超过规定值或轴承座磨损	更换轴承或轴承座
		齿轮侧隙过大，不对中，固定不紧	重装齿轮并确保侧隙
		外来物和灰尘造成叶轮与叶轮、叶轮与机壳撞击	清洗风机，检查机壳是否损坏
		由于过载、轴变形，造成叶轮碰撞	检查背压，检查叶轮是否对中，并调整好间隙
		由于过热，造成叶轮与机壳进口处摩擦	检查过滤器及背压，加大叶轮与机壳进口处间隙
		积垢或异物使叶轮失去平衡	清洗叶轮与机壳，确保叶轮工作间隙
		地脚螺栓及其他紧固件松动	拧紧地脚螺栓并调平底座
7	电动机超载	与规定压力相比，压差大，即背压或进口压力太高	降低压力到规定值
		与设备要求的流量相比，风机流量太大，因而压力增大	将多余气体放到大气中或降低风机转速
		进口过滤堵塞，出口管道障碍或堵塞	清除障碍物
		转动部件相碰和摩擦（卡住）	立即停机，检查原因
		油位太高	将油位调到正确位置
		窄 V 形皮带过热，振动过大，皮带轮过小	检查皮带张力，换成大直径的皮带轮

第十节 轴　　承

一、滚动轴承常见故障排查法

滚动轴承的故障类型大致有腐蚀、摩擦、过热、烧伤、磨损和疲劳剥落6种。其中，磨损和疲劳剥落是最常见的故障形式。故障诊断的方法有转矩测定法、转速测定法、温度测定法、油分析法和振动法等。其中，振动法适用性强、效果好，测试信号处理简单直观，使用最广泛。

1. 故障识别

运转中的检查项目有轴承的滚动声、振动、温度等，主要识别方法如下。

1）噪声识别

这需要有丰富的经验，应尽量由专人进行这项工作。用听音器或听音棒贴在外壳上可清楚地听到轴承的声音，也可采用测声器对运转轴承滚动声的大小及音质进行监测，分辨出不同的故障。

轴承噪声主要有以下几种：

（1）固有噪声。这是滚动轴承本身具有的一种噪声，属正常噪声。特点：轴承旋转时发出的一种平稳、连续的声音，声音较小；转速变化时，其主频率不变。

（2）装配误差产生的噪声。

（3）滚道噪声。轴承在转动时产生随机脉动滚道噪声，是轴承噪声的主要成分。特点：滚道噪声会随着滚道和滚动体加工精度的提高而降低。

（4）滚动噪声。滚动轴承容易产生滚动噪声。特点：主要发生在滚动体进入、退出承载区的时刻；润滑剂性能不好或黏度极大时最容易产生；滚动轴承只承受径向力，径向游隙比较大时容易产生。

（5）保持架噪声。产生原因：滚动体和保持架、保持架与引导面之间的滑动摩擦，以及保持架与滚动体发生相互撞击而发出的噪声。特点：具有周期性；当采用滚动体引导保持架时，这种运动的不稳定性更加严重，深沟球轴承的冲压保持架较薄，径向、轴向的刚度较低，整体稳定性差，轴承高速旋转时，因弯曲变形而产生自激振动，发出"蜂鸣声"。

（6）夹杂物噪声。大约14%的轴承过早损毁是污染所致，外部杂质进入轴承工作面引起非周期性振动和噪声。特点：随机性强，特别是小型轴承对此很敏感。

（7）伤痕噪声。据统计，16%的轴承过早损毁是由于安装不当或没有使用适当的安装工具。特点：转速不变，噪声频率不变；转速降低，周期变长。如果使用高黏度油脂，噪声将减弱。原因分析：若其噪声连续不断，则可能是滚道有伤；若其噪声或有或无周期性，则为滚动体受损；若滚动体碎裂，会产生"锉齿声、冲击声"。

（8）缺油噪声。特点：发出"金属磨损的哨声"，如果负载较重且缺油严重，可能产生"尖叫声"。

2）振动识别

通常在轴承上安装压电式加速度传感器获取振动信号，然后通过计算机进行信号分析，以判断轴承是否存在故障。滚动轴承磨损后产生的振动同正常轴承产生的振动具有相同的性质，但磨损轴承的振幅明显比正常轴承的高。因此，只要将传感器获得的振动信号加以比较，就可判断出滚动轴承是否存在磨损类故障。如果传感器获得的振动信号出现异常，即波形相隔一段时间就出现峰值极大的尖顶，则可判断滚动轴承出现了疲劳剥落和点蚀等故障。

在工作时隔离圈和滚动体（滚珠、滚柱等）相互摩擦，若润滑不良，则加快磨损。隔离圈磨损后，滚动体松动，严重时会造成隔离圈散架，滚动体脱落。

3）温度识别

使用热感器可以随时监测轴承的工作温度，并在温度超过规定值时实现自动报警以防止事故发生。该方法属比较识别法，仅用于运转状态变化不大的场合。高温表示轴承已处于异常状态，因此，连续监测轴承温度是有必要的。借助于温度计（例如，数字型温度计）可定期测量轴承温度。

4）润滑剂状态识别

即对润滑剂进行采样分析，判断其污浊程度。该方法对不能靠近观察的轴承或大型轴承尤为有效。

2. 损坏形式

滚动轴承常见的损坏形式有以下几种：

（1）滚动体（滚珠和滚柱等）和内外圈滚道表面磨损和剥落。这会造成滚动轴承的径向间隙、轴向间隙增大，滚动轴承在工作中发出噪声和发热，并且改变了与其配合轴的正确工作位置，出现振动。表面疲劳剥落的初期是表面上出现麻点，最后发展成片状的表层脱落。轴承滚动体和内外圈滚道面上均承受周期性脉动载荷的作用，产生周期性变化的接触应力。当应力循环次数达到一定数量后，在滚动体或内外圈滚道工作面上就产生疲劳剥落。如果轴承的负荷过大，会使这种疲劳加剧。另外，轴承安装不正、轴弯曲，也会产生滚道剥落现象。轴承滚道的疲劳剥落会降低轴的运转精度，产生振动和噪声。

（2）内外圈的配合表面磨损。这是由于轴承内外圈与轴和壳体孔没有装配好，破坏了轴承与壳体、轴承与轴的配合关系，进一步加速了轴承本身和与之配合的轴或壳体配合表面的磨损（俗称走内圈或走外圈）。

（3）烧伤。若润滑不良或润滑油不符合要求以及轴承间隙调得过小，轴承工作时迅速发热，工作表面因受高温而退火。在外表观察时，可发现轴承工作表面的颜色发生变化。

（4）塑性变形。若滚道与滚子接触面上出现不均匀的凹坑，说明轴承产生塑性变形。其原因是轴承在很大的静载荷或冲击载荷作用下，工作表面的局部应力超过材料的屈服极限。这种情况一般发生在低速旋转的轴承上。

（5）座圈产生裂纹和保持架碎裂。轴承座圈产生裂纹的原因可能是轴承配合过紧，轴承外圈或内圈松动，轴承的包容件变形以及安装轴承的表面加工不良等。保持架碎裂的原因是润滑不足、滚动体破碎、座圈歪斜等。座圈滚道严重磨损可能是座圈内落入异物、润滑油不足或润滑油牌号不符合要求引起的。

3. 故障诊断方法

1）人工简单检测

滚动轴承故障引起的冲击振动从冲击点以半球面波方式向外传播，通过轴承零件、轴承座传到箱体或机架，由于冲击振动的频率很高，通过零件的界面传递一次，其能量损失80%。因此，在听振动声音时要正确选择测定点，应尽可能地靠近被测轴承承载区，减少中间环节，离轴承外圈的距离越短越直接越好。如止推轴承在轴承盖处振动信号最强，利用听到的声音即可判断其状态："嗡嗡"声表示状态较好；"梗梗"声是内外圈或滚动体破裂；"骨碌碌"声是轴承缺油。还可利用手对温度和振动的感觉对轴承做出判断：若手只能在轴承处放 3s，则说明轴承温度已达 60℃；轴承压盖过热可能是轴承走外圈；如果轴承局部发热或有撞击振动现象，说明轴承装配不当或紧固件松动等。用眼睛观看：看安装轴承处及压盖的漆皮有无变色；轴承的油脂是否发黑、乳化等；观察隔离圈是否损坏；滚动体（滚珠、滚柱等）和内外滚道有无裂纹、伤痕、麻点或烧蚀等。若发现滚动轴承的隔离圈断裂、缺口以及滚柱（珠）脱出等应更换轴承。若轴承受热变色，滚柱（珠）磨损不均匀、断碎等，应予更换。在拆检滚动轴承时，应先把滚动轴承清洗干净，通过外表检查、空转试验和对内部的间隙测量，可判断其质量是否良好。

2）空转试验

一手拿住内圈，另一手转动外圈，使轴承空转，轴承旋转应轻快灵活，无噪声、无卡滞现象。若转动起来有"喀达喀达"的撞击声，应进一步检查滚珠（柱）和内外滚道，若发现滚珠和座圈有严重的麻点、脱皮、破裂等须更换。若转动起来很灵活，无阻滞现象，但"哗哗"的噪声很大，应检查是否磨损过度，可用两只手紧握滚动轴承的内圈和外圈，前后推动轴承，若感到晃动的间隙很大，应更换轴承。

3）仪器监测

通常使用振动检测仪器确定旋转机械性能变化的趋势。要达到此目的，必须迅速可靠地检测出那些能正确表征机器状况的振幅和频率，然后将其与标准参考值加以比较，再根据测量结果是否超标，以决定是否要大修。轴承的噪声可用 S0910-1 型仪器检测，分为 Z1、Z2、Z3 和 Z4 级别；振动用 BVT-1 型仪器检测，分为 V1、V2、V3 和 V4 级别。有条件时，可以用带架的百分表测量径向间隙和轴向间隙。检验径向间隙时，轴承应放在平板上，百分表量头抵住滚动轴承外圈外圆侧面，然后用一只手压紧轴承内圈，另一只手径向推动轴承外圈，表针变动的数字即表示轴承的径向间隙。检验轴向间隙时，应将轴承外圈搁在两个垫块上，使内圈悬空，再在内圈上放一个小平板，将百分表量头抵在小平板中央，然后上下推动内圈，表针变化的数字即为轴承的轴向间隙。

二、拆卸注意事项

（1）滚动轴承应使用专用工具拆卸，禁止直接敲打。

（2）必须敲打时，应用硬度较低的有色金属棒或垫，且敲击力不得加在轴承的滚动体和保持架上。

（3）拆卸中要避免损伤轴、壳孔、轴承及其他零件。

（4）当采用破坏性拆卸时，要对轴采取保护性措施。

三、清洗

（1）用防锈油封存的轴承可用柴油或煤油清洗。

（2）两面带防尘盖或密封圈的轴承保护较好的不需要清洗。

（3）对于拆下的经检验还可以用的轴承，最好采用金属清洗剂清洗，也可用柴油或煤油清洗。

（4）清洗与轴承相配合的有关零件，如轴、轴承座、端盖、衬套等。

（5）经过清洗的轴承应添加润滑油或润滑脂，妥善保管备用。

四、检查与判废标准

1. 轴承的检查

（1）外观检查保持架、滚动体、内外座圈滑道有无斑蚀、锈蚀、裂纹以及过热烧伤等损伤。

（2）游隙用量具检查，轴承的径向游隙应符合 GB/T 4604—2006《滚动轴承径向游隙》的规定。

2. 轴承的判废标准

（1）保持架有损伤，滚动体、内外圈滚道有斑蚀、锈蚀、裂纹、过热灼伤等损伤判废。

（2）超过 GB/T 4604—2006《滚动轴承径向游隙》标准规定判废。

检查轴各配合表面的精度，主要检查与轴承配合的轴颈的尺寸、形位公差及表面粗糙度、轴肩与中心线的垂直度及轴肩根部圆角等是否符合图纸要求。常用设备轴承与轴的配合见表3-47，推力轴承与轴的配合见表3-48。

表 3-47　常用设备轴承与轴的配合

轴旋转状况	内圆负荷类型	适用机件举例	轴承公称内径（mm）			配合	备注
			向心球轴承和向心推力球轴承	短圆柱滚子轴承和圆锥滚子轴承	双列球面滚子轴承		
轴旋转	循环负荷或摆动负荷	离心机、通风机、水泵、齿轮箱	18～100	≤40	—	j6	
			100～140	40～100	—	k6	
		高速机械	18～100	≤40	—	j5	若用 B 级轴承应另选
			100～200	40～140	—	k5	
			—	140～200	—	m5	
		一般通用机械、电动机、水泵、变速箱	18～100	≤40	≤40	k5	圆锥滚子轴承可用 k6 与 m6 代替 k5 与 m5
			100～140	40～100	40～65	m5	
			140～200	100～140	65～100	m6	
		大功率电动机、牵引电动机	—	50～140	50～100	n6	
			—	140～200	100～140	p6	
			—	—	140～200	r6	
			—	—	200～500	r7	
承受纯轴向负荷			所有内径轴承			j6	

表 3-48　推动轴承与外壳的配合

负荷性质	轴承类别	轴承公称内径（mm）	配合
纯轴向负荷	单向推力球轴承	各种内径轴承	j6
	双向推力球轴承		k6
径向和轴向联合负荷，在紧圈上承受局部负荷	球面滚子轴承	≤250	j6
		>250	js6
在紧圈上承受循环负荷或摆动负荷	推力球面滚子轴承	≤200	k6
		200~400	m6

3. 轴承座孔的检查

（1）整体式轴承座孔，检测座孔的磨损量及圆柱度和轴挡肩的垂直度，应严格保证与座孔母线垂直；若不垂直，则负荷将集中在轴承某一部分滚动体上，使其受力不均。

（2）对开式轴承座孔，首先检查分离平面的贴合面情况，当用塞尺检查时，0.05mm以下的塞尺不应从分开面间通过。

然后再检查座孔精度是否符合要求。常用设备轴承与外壳的配合见表 3-49，推力轴承与外壳的配合见表 3-50。

表 3-49　常用轴承与外壳的配合

外圈旋转情况	外圈负荷情况	工作规范	适用机件举例	配合	备注
外圈旋转	循环负荷	轻负荷 ≤ 0.07C 和变动负荷	输送带滚子	M7	外圈轴向固定
		正常负荷 = 0.1C，重负荷或用于薄壁外壳的重负荷 >0.15C	空压机的曲轴轴承	N7	外圈轴向固定
			用滚子轴承的轮毂和桥式吊车的轨道滚轮	P7	外圈轴向固定
外圈不转动或摆动	局部负荷或摆动负荷	轻负荷 ≤0.15C 及正常负荷 ≈0.1C	中型电动机、水泵、曲轴主轴承	J7	外圈可在轴向游动
		正常负荷 ≈0.1C	电动机、水泵、曲轴主轴承	K7	外圈一般不能在轴向游动
		各种负荷	一般机械用轴承	H7	外圈在轴向容易游动
		轴在高温情况下工作	用球面滚子轴承的干燥筒，大型电动机	G7	外圈在轴向较易游动
		重负荷或冲击负荷	牵引电动机主轴承	M7	外圈轴向固定
		需要精密和平稳运转的情况	小型电动机	H6	外圈在轴向较易游动
			磨床主轴用球轴承、小型电动机	J6	外圈可以轴向移动，较高负荷下选用 M6 与 N6 配合
			机床主轴用滚子轴承	K6	外圈不能在轴向移动，较高负荷下选择 M6 与 N6 配合

注：C 为轴承的额定负荷。

表 3-50　推力轴承与外壳的配合

负荷性质	轴承类别	配合	备注
纯轴向负荷	推力球轴承	H8	普通情况下，外壳孔与活圈的间隙为 0.001D（D 为轴承外径）
	推力球面滚子轴承径向负荷由另一轴承承受时	—	外壳孔与活圈的间隙为 0.001D（D 为轴承外径）
轴向和径向联合负荷	推力球面滚子轴承活圈承受局部负荷或摆动负荷	H7	正常情况
		J7	用于大的轴向负荷
	推力球面滚子轴承活圈承受循环负荷	K7	正常情况
		M7	用于大的径向负荷

五、安装与调整

（1）安装前的场地、工具准备。

（2）确认待安装的轴承、规格、型号等符合要求。

（3）清洗检查轴承座油孔（油道）及所有润滑路，保证通畅。

（4）轴承端盖、密封圈、衬套等相关零件准备齐全。

六、安装时注意事项

轴承的安装方法，应根据轴承的结构、尺寸及其与轴承部件的配合性质而定，安装时应注意。

（1）安装轴承时应垂直、均匀地用力向轴承内座圈侧面施力，切勿直接敲打轴承和外座圈，不得敲打保持架、密封板、滚动体。

（2）当热装时，将其加热到 80~120℃（不得超过 120℃），然后迅速装到轴上靠紧轴肩或轴肩垫上，热装时不得用明火直接加热。

（3）对内孔为圆柱形孔的轴承，安装时要注意轴承与轴及座孔的配合；对圆锥孔轴承要注意压进锥形配合面的深度，随时测量游隙；而对圆锥滚子轴承、角接触轴承及推力轴承，安装时注意检查调整轴向间隙。

（4）轴承内外圈轴向紧固，可调式轴承的轴向游隙应按图纸要求调整。表 3-51 列出了各种可调式轴承的轴向游隙，供安装调试时参考。

表 3-51　可调式轴承的轴向游隙

轴承内径（mm）	轴承系列	轴向游隙（mm）			
		角接触球轴承	单列圆锥滚子轴承	双列圆锥滚子轴承	双列推力轴承
≤30	轻型	0.02~0.06	0.03~0.10	0.03~0.08	0.03~0.08
	轻宽和中宽型	—	0.04~0.11	—	—
	中型和重型	0.03~0.09	0.04~0.11	0.05~0.11	0.05~0.11
30~60	轻型	0.03~0.09	0.04~0.11	0.04~0.10	0.01~0.10
	轻宽和中宽型	—	0.05~0.13	—	—
	中型和重型	0.04~0.10	0.05~0.13	0.06~0.12	0.06~0.12

续表

轴承内径 (mm)	轴承系列	轴向游隙 (mm)			
		角接触球轴承	单列圆锥滚子轴承	双列圆锥滚子轴承	双列推力轴承
50~80	轻型	0.04~0.10	0.06~0.13	0.06~0.12	0.06~0.12
	轻宽和中宽型	—	0.06~0.15	—	—
	中型和重型	0.05~0.12	0.06~0.15	0.07~0.14	0.07~0.14
80~120	轻型	0.05~0.12	0.06~0.15	0.06~0.15	0.06~0.15
	轻宽和中宽型	—	0.07~0.18	—	—
	中型和重型	0.06~0.15	0.07~0.18	0.10~0.18	0.10~0.18

（5）安装配对的止推轴承时，应使两只相同型号的轴承背对背或面对面组装，轴承压盖对外座圈的压紧力要保证轴承的轴向游隙。

七、日常维护与故障处理

1. 日常维护

（1）保证滚动轴承良好润滑，严格执行《石油化工设备润滑管理制度》。

（2）有条件时，可应用仪器对转动轴承进行状态监测。

2. 故障处理

罗茨风机常见故障处理见表3-52。

表 3-52 常见故障与处理

故障特征	原因分析	处理措施
轴承变成蓝色或黑色	使用时，因温度过高而被烧损过；采用加热法安装轴承时，加温过高而使轴承退火，降低了硬度	注意安装质量，用加热法安装轴承时，应按规定控制加热温度
轴承温升过高	安装或运转过程中，有杂质或污物侵入；使用不适当的润滑剂或润滑脂（油）；密封装置、垫圈、衬套等之间发生摩擦或配合松旷而引起摩擦；安装不正确，如内外圈偏斜，安装座孔不同心，滚道变形及间隙调整不当；选型错误，选择不适用的轴承代用时，会因过负荷或转速过高而发热	注意安装质量，加强维护保养，代用轴承应根据有关资料选用
运转时有异响	滚动体或滚道剥落重皮，表面不平；轴承零件安装不当，轴承附件有松动和摩擦；缺乏润滑剂，轴承内有铁屑或污物	拆卸检查或更换注意安装质量，按规定定时加润滑剂，拆卸、清洗或更换
滚动体严重磨损	轴承受了不当的轴向载荷；滚动体安装歪斜；润滑剂太稠，滚动体不滚动，产生滑动摩擦，以致磨伤轴承；温升过高，导致滚动体损伤；机械振动或轴承安装不当时，滚动体挤碎轴承；制造精度不高，热处理不当，硬度低，滚动体被磨成多棱形	按要求保证安装质量，按规定使用润滑剂或定期更换润滑剂，注意使用期间的维护
滚道出现坑疤	金属剥落，锈蚀缺少润滑剂，使用材料不当，轴承受冲击载荷，电流通过轴承产生局部高温，金属熔化	按轴承的工作性能正确选用轴承，按规定定时加润滑剂，严禁电气设备漏电，机器要有接地装置

第十一节　往复式压缩机

一、往复式压缩机结构

往复式压缩机由工作腔部分（气阀、气缸、活塞）、传动部分（连杆、曲柄、十字头）、机身部分和辅助设备（润滑系统、冷却系统）组成（图 3-21）。气阀和机身如图 3-22 所示，曲轴和连杆如图 3-23 所示。

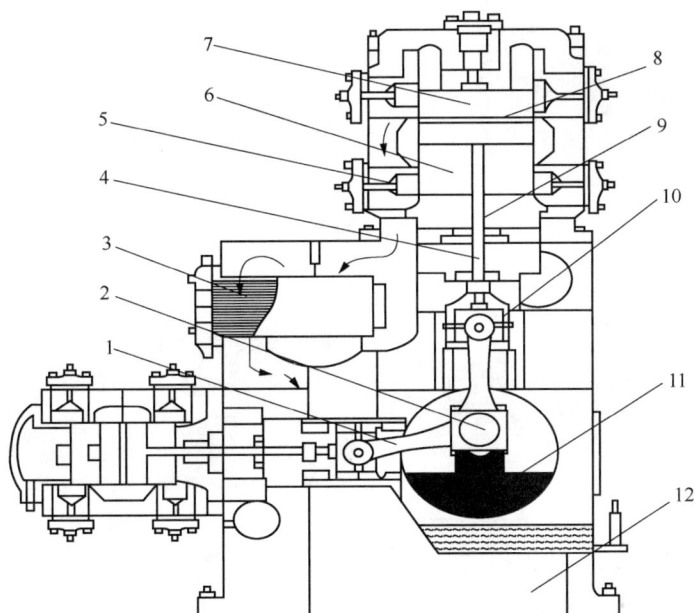

图 3-21　结构图

1—连杆；2—曲轴；3—中间冷却器；4—活塞缸；5—气阀；6—气缸；
7—活塞；8—活塞环；9—填料；10—十字头；11—平衡重；12—机身

(a) 气阀

图 3-22　气阀和机身

(b) 机身

图 3-22　气阀和机身（续图）

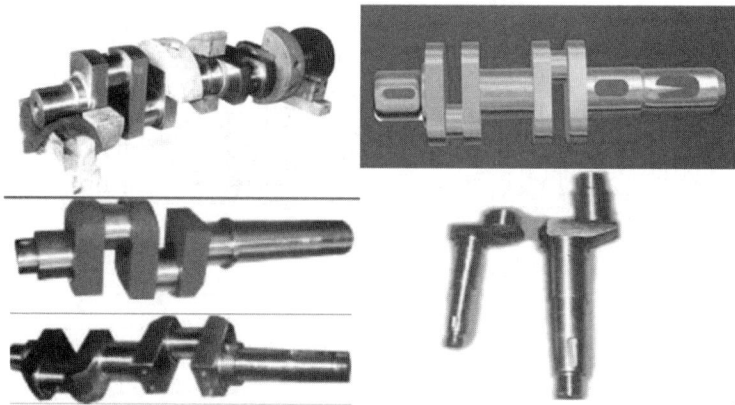

(a) 曲轴

(b) 连杆

图 3-23　曲轴和连杆

往复式压缩机的主要零部件包括活塞组件、气阀组件、密封组件、曲柄—连杆机构和气缸组件。

1. 活塞组件

活塞组件包括活塞（图3-24）、活塞杆（图3-25）、活塞环（图3-26）等。它们在气缸中做往复运动，与气缸一起构成压缩容积。

图3-24 活塞

图3-25 活塞杆

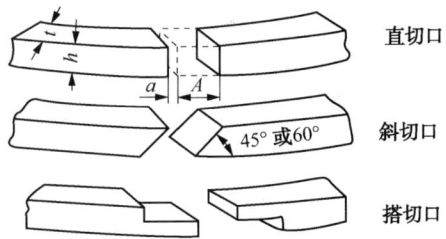

图3-26 活塞环切口形式

活塞杆连接活塞和十字头，传递作用于活塞上的力并带动活塞运动。

对活塞杆的主要要求如下：

（1）活塞杆要有足够的强度、刚度和稳定性。

（2）耐磨性好，并有较高的加工精度和表面粗糙度要求。

（3）在结构上尽量减少应力集中的影响。

（4）保证连接可靠，防止松动。

（5）活塞杆的结构设计要便于拆装活塞。

2. 气阀组件

气阀的作用是控制气缸中的气体吸入和排出。压缩机上的气阀都是自动气阀，即气阀的启闭不是用专门的控制机构，而是靠气阀两侧的压力差来自动实现及时启闭的。

1）气阀的结构

气阀的结构如图 3-27 所示。

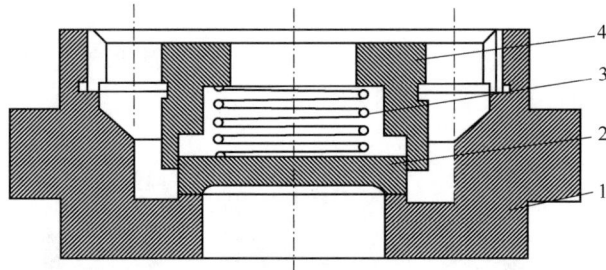

图 3-27　气阀结构图

1—阀座；2—阀片；3—弹簧；4—升程限制器

2）对气阀的要求

（1）气阀开闭及时，关闭时严密不漏气。

（2）气流通过气阀时，阻力损失小。

（3）气阀使用寿命长。

（4）气阀形成的余隙容积小。

（5）结构简单，互换性好。

3）气阀的种类

气阀的种类见表 3-53。

表 3-53　气阀的种类

阀型	机构特征	优点	缺点	适用场合
环状阀	阀片呈环状	形状简单，应力集中部位少，抗疲劳好。成本低，材料可套用，坏一环换一环，经济性好	各环动作不易一致，阻力大，无缓冲片，寿命短，导向部位易磨损	用于大、中、小气量，高低压压缩机，不宜用于无油润滑
网状阀	阀片呈网状	阀片动作一致，阻力比环状阀小，有缓冲片，无导向部分，磨损弹簧力适应阀片启闭的需要	形状复杂，易引起应力集中，结构复杂，加工困难，阀片上有一点坏即全部报废，经济性差	用于大、中、小气量，高低压压缩机，适用于无油润滑
碟形阀	阀片呈碟形	结构强度高，圆弧形密封口，阻力损失小，加工简便	流通面积小，不使用大气量，运动件质量大，影响及时启闭	用于高压或超高压压缩机，小型压缩机
条状阀	阀片呈条状	阀片本身有弹性，不需要弹簧，运动质量小，升程低，适应高速要求	阀片材料及制造要求高	使用较小
直流阀	阀片安装方向与气流方向一致	通道面积大，流向不变，阻力小。阀片轻，有利于及时启阀	阀片厚度小，受压低，寿命短	用于低压高速压缩机
塑料阀	阀片材料用尼龙，填充聚四氟乙烯	阀片轻，有利于及时启闭，冲击力小，寿命长。升程大，阻力小，密封性好，可节省高强度合金钢	强度低，热变形大，耐温性差	目前吸气阀用得多

阀型	机构特征	优点	缺点	适用场合
组合阀	吸排气阀组合在一起	在高压级上可省去较大的锻造缸头，余隙容积小	结构复杂，吸气阀温度高，降低了加热系数	小型压缩机的高压或超高压压缩机
多层环状阀	环状阀片多层结构	节省气阀安装面积	余隙容积大	用于大型低压安装面积受到限制的地方

4）气阀的材料

（1）阀座和升程限制器均受冲击载荷，阀座还承受阀两侧的气体压力差，要求材料耐冲击并有足够强度。阀座和升程限制器的材料可根据气体性质的不同和承受压力差的不同而选择相应的材料。

（2）阀片材料应具有强度高、耐磨、耐腐蚀性能。

（3）气阀弹簧一般采用碳素弹簧钢、合金弹簧钢及不锈钢等材料。

5）气阀的制造工艺要求

用灰铸铁或合金铸铁制造的低压阀阀座，密封表面应有特别细密的金相组织。用优质碳素钢或合金钢 30CrMnSi 制造的中压与高压阀座，密封表面要进行调质或表面硬化处理，硬度达 HRC 30~35。阀座密封面应进行研磨，表面粗糙度 Ra 不得高于 0.4μm。

3. 密封组件

1）密封组件简介

（1）为了密封活塞杆穿出气缸处的间隙，通常用一组密封填料来实现密封。填料是压缩机中易损件之一。压缩机中极少采用软质填料，常用的填料有金属或金属与硬质填充塑料。

（2）对填料的要求是：密封性好，耐磨性好，使用寿命长，结构简单，成本低，标准化，通用程度高。

（3）活塞杆与气缸间隙采用填料密封，其密封原理是靠气体压力使填料紧抱活塞杆，阻止气体泄漏。

（4）根据密封前后气体的压力差，常用的填料有适用于低压的平面填料（图 3-28）和适用于高压的锥形填料。

图 3-28 平面填料

2）填料密封整体结构

填料密封整体结构如图 3-29 所示。

3）密封室结构

密封室的结构如图 3-30 所示。

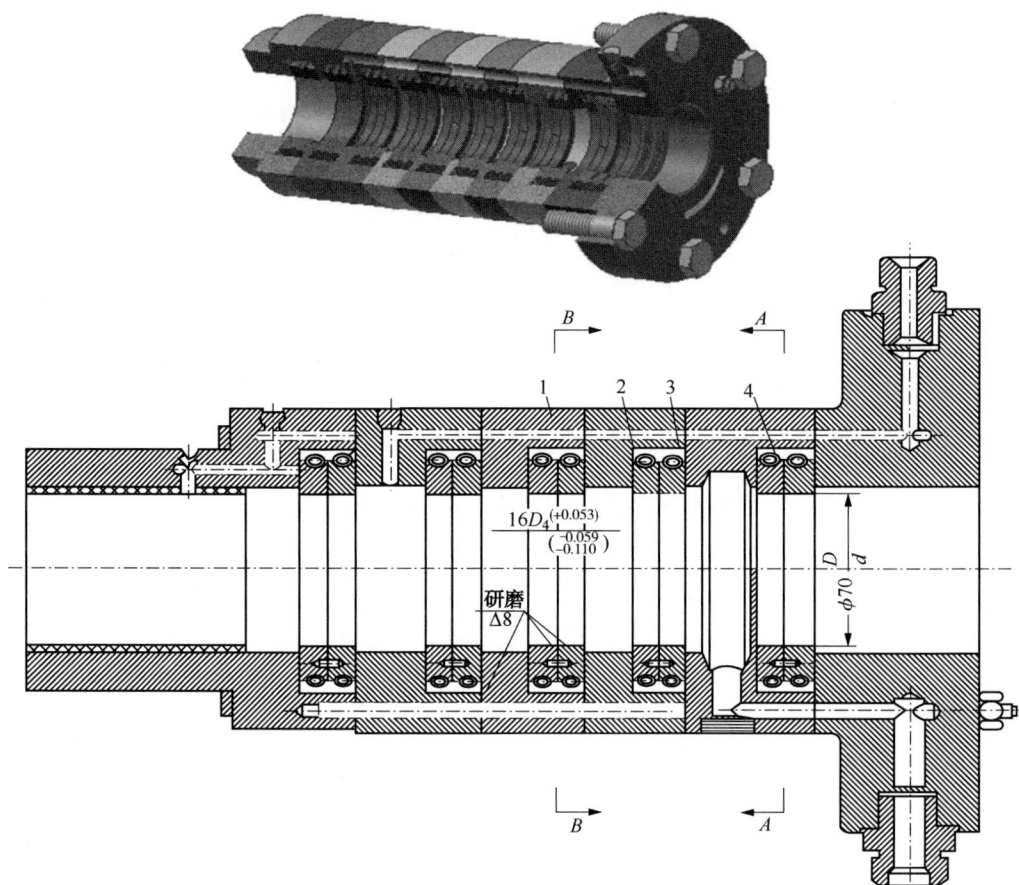

图 3-29 填料密封整体结构

1—密封盒；2—闭锁环；3—密封圈；4—镯形弹簧

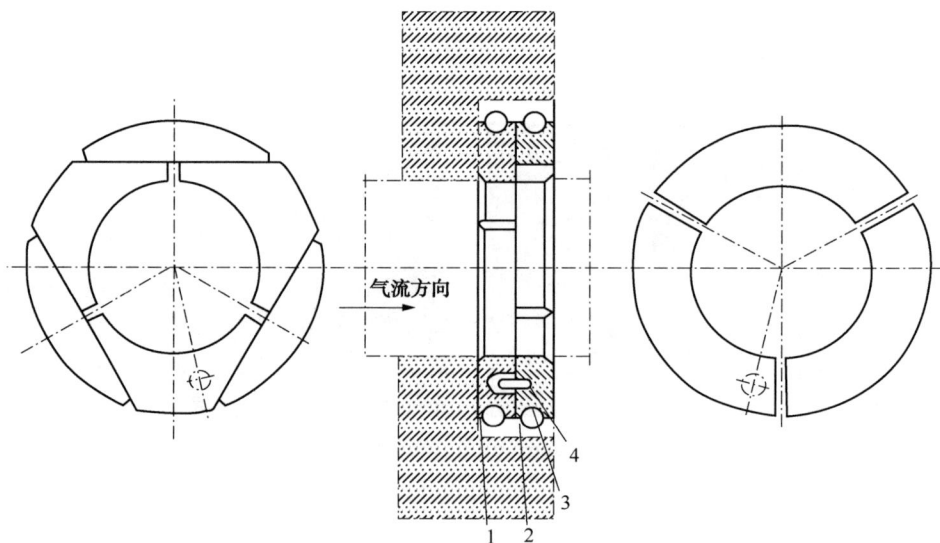

图 3-30 密封室的结构

1—三瓣密封圈；2—六瓣密封圈；3—镯形弹簧；4—圆柱销

4）填料密封材料

平面填料一般采用铸铁 HT200，特殊情况用锡青 AZQSn8-12，轴承采用合金 ZChSnSb11-6 以及高铅青铜等。在无油润滑压缩机中，密封圈可选用填充聚四氟乙烯，由于这种材料导热性差，并有冷流性，密封圈的端面及内圆面应有较高的表面粗糙度要求，端面应研磨，表面粗糙度 Ra 为 $0.2\mu m$。密封圈的两端面应平行，平面度为 100mm，长度不得大于 0.02mm，内孔圆度不大于直径公差之半。

4. 曲柄—连杆机构

1）作用及组成

（1）压缩机的曲柄—连杆机构不仅要将驱动的回转运动转换为活塞的往复直线运动，而且是传递动力的机构。

（2）曲柄—连杆机构包括曲轴、连杆、十字头等组件。

（3）要求它们应具有足够的强度、刚度，耐磨性好，结构简单、轻便，便于制造、拆装和维修。

2）曲柄

（1）压缩机中所用的曲柄有曲柄轴和曲拐轴两种。曲柄轴主要包括主轴颈、曲柄和曲拐等部分。

曲柄轴的结构特点是仅在曲拐销的一端有曲柄，曲拐销的另一端为开式，连杆的大头可从此端套入。因此，曲柄轴采用悬臂式支承。

（2）曲拐简称曲轴。其特点是：曲拐销的两端均有曲柄。曲轴一般用 40 或 45 优质碳素钢锻造或用稀土球墨铸铁锻造而成。

（3）常用的表面处理方法是表面淬火和氮化。

3）连杆

（1）连杆是连接曲轴与十字头（或活塞）的部件。连杆包括连杆、大头和小头 3 部分。

（2）开式连杆的大头为剖分式，通过连杆螺栓将连杆体与大头盖连接把紧，使大头孔与曲拐销配合。

（3）闭式连杆两端的大头为整体结构，连杆大头瓦与曲拐销的配合靠调整斜块来实现。

（4）连杆材料一般采用 35，40 及 45 优质碳素钢或球墨铸铁。高转速压缩机可采用 40Cr，30CrMo 等优质合金钢。

4）十字头

（1）十字头是连接连杆和活塞杆的部件，是将回转运动转化为往复直线运动的关节。

（2）对十字头的基本要求是：有足够的强度、刚度，耐磨损重量轻，工作可靠。

（3）十字头由十字头体、滑板、十字头销等组成。

（4）按十字头体与滑板的连接方式，可分为整体式和可拆式两种。

（5）按十字头与连杆小头的连接方式，可分为开式和闭式两种。

（6）十字头与活塞杆的连接主要有螺纹连接、连接器连接以及法兰连接等。

5. 气缸组件

1）对气缸的要求

（1）应具有足够的强度与刚度。

（2）要求气缸内部工作面及尺寸应有必要的加工精度和表面粗糙度，有良好的耐腐蚀性。余隙容积尽可能小些。

（3）应具有良好的冷却、润滑条件。

（4）气缸上的开孔和通道，在尺寸和形状等方面要尽可能有利于减小气体阻力损失。

（5）应有利于制造和便于检修，应符合系列化、通用化、标准化的"三化"要求，以便于互换。

（6）应力求结构简单，造价低。

2）气缸的结构形式

（1）按气缸容积的利用情况，分为单作用、双作用和级差式。

（2）按气缸冷却方式的不同，分为风冷式和水冷式。

（3）按气缸制造方法的不同，分为铸造气缸和锻造气缸。

3）气阀在气缸中的配置

气阀在气缸上有 3 种配置方式：

（1）气缸配置在气缸盖上。

（2）气阀配置在气缸体上。

（3）气阀轴线与气缸轴线呈非正交混合配置方式。

配置气阀的主要要求如下：

（1）尽量使气阀通道面积大些，以减小气流阻力损失。

（2）配置气阀力求气缸余隙要小。

（3）气阀安装维修方便。

（4）对于高压气缸，尽可能不要在气缸上开孔，以免削弱气缸或引起应力集中。

4）气缸的工作表面、缸套

工作表面（镜面）：与活塞外圆相配合的气缸（或缸套）的内壁表面（图 3-31）。

缸套：气缸的工作表面使用若干时间后，由于磨损，常因间隙过大或表面粗糙等原因不能继续使用。因此，可将工作表面再次加工或压入一个圆桶形的薄壁缸套。

缸套分类：干式缸套，不直接与冷却水接触的缸套；湿式缸套，直接与冷却水接触的缸套。

图 3-31　气缸的工作表面、缸套

二、压缩机维护检修——以卧式 VW-6.3/0.2-12 型活塞式压缩机为例

1. 检修周期与检修内容

1）检修周期

压缩机检修周期见表 3-54。

表 3-54 压缩机检修周期 单位：h

检修类别	小修	中修	大修
检修周期	2500~4000	8000~10000	15000~20000

2）检修内容

（1）小修。

①检查或更换一、二级阀座、阀片、弹簧，清理气阀部件上的结焦及污垢。

②检查各连接螺栓、螺母是否松动。

③检查机油粗滤器、滤清器是否需要更换。

④检查压力表、压力变送器、温度变送器的灵敏度。

⑤检查十字头销和十字头、十字头和活塞杆、连杆螺母、活塞和活塞杆的紧固情况。

⑥检查油泵，清洗油池，换上新油。

（2）中修。

中修除包括小修内容外，还包括如下内容：

①检查更换填料、刮油环。

②检查修理或更换活塞组件（活塞环、导向环、活塞杆、活塞等）。

③必要时活塞杆做无损探伤。

④检查机身连接螺栓和地脚螺栓的紧固情况。

⑤检查并调整活塞余隙。

（3）大修。

大修除包括中修内容外，还包括如下内容：

①检查或清洗气缸水套。

②检查曲轴主轴承、主轴颈和曲轴颈的磨损情况。

③检查或调整主轴水平度和中心位置，调整气缸及管线的支撑。

④检查运动部件各部位的磨损情况，十字头与滑道、连杆大头瓦与曲轴颈、连杆小头衬套与十字头销等视其磨损情况可进行必要的修理，对于易损件应酌情更换。

⑤检查气缸内壁磨损情况，必要时做镗缸、镶缸处理。

⑥十字头销、连杆螺栓、活塞杆、曲轴无损探伤；气缸螺栓、中体螺栓、主轴承紧固螺栓等必要时做无损探伤检查。

⑦检查或清洗级间冷却器及进、排气管，校检压力表、安全阀及其他阀门。

⑧清洗油池，更换润滑油。

2. 压缩机拆装

1）活塞和气缸拆卸、组装

（1）拆卸：

①拆卸气缸盖。

②将活塞转至外止点，此时，固定曲轴以防任意转动。

③整平十字头螺母的止动垫圈。

④利用十字头部扳手口，固定住十字头，旋松十字头螺母。

⑤固定住十字头螺母，从十字头旋下活塞、活塞杆（注：活塞螺母是用乐泰 640 高温

固持胶防松，因此在检修时可不必拆卸）。活塞、活塞杆（为便于拆卸，在活塞表面有两螺纹孔）。

⑥拆卸与气缸连接的气管路。

⑦拆卸气缸。

（2）组装：

①组装时，建议使用新的气缸垫片。

②装上气缸，同时注意气缸垫片的放置。正确的方法是：垫片上一较小的圆孔开口朝冷却器侧。

③为了避免活塞杆的螺纹损坏，以及在活塞杆通过填料时造成填料函受损，须在活塞杆螺纹端加上一圆锥形的直管件予以保护（厂方带）。

④把活塞、活塞杆装入气缸。将十字头螺母旋在活塞杆上。给十字头螺母装上新的止动垫圈。利用活塞螺母，将活塞、活塞杆拧在十字头上。

⑤安装带有气缸垫片的缸盖，同时注意气缸垫片应正确放置，方法同上。调节内、外止点间隙，使活塞与缸盖、缸座的间隙一样，可通过阀孔用铅丝测量。

⑥固定住十字头，按规定的拧紧力矩拧紧十字头螺母。

⑦用止动垫圈锁紧十字头螺母。

注：气缸与缸盖、缸座之间连接用螺栓、螺母，均用乐泰242螺纹锁固胶防松，因此当重新装配时须仍用此防松胶。

2）气阀拆卸、组装

两列气缸的气阀按同样方式排列，因此它们可用同样的方法拆卸和装配。装配时，注意必须按原装配关系组装，不允许更换进气阀和排气阀的装配位置或者旋转180°后安装。

（1）排气阀。

拆卸：

①取下排气阀侧盖。

②旋下压阀圈上的两个螺母，取下压阀圈，取出气阀及气阀垫圈。

组装：

①小心擦拭排气阀侧盖，清理净排气阀侧盖及阀座上的残留杂质。

②装入新的排气阀垫圈，把排气阀装入阀座上，安装压阀圈。

③用手拧紧压阀圈螺母，同时要注意压阀圈的4个支撑点应正确地放在排气阀上。

（2）吸气阀。

吸气阀的拆卸与组装和排气阀一样。

3）填料和刮油环拆卸、组装

填料和刮油环一般不需要维修，只有在大修或润滑油有泄漏的情况下，才需进行检修或更换。

拆卸：

（1）拆卸缸盖、活塞、活塞杆及气缸和缸座。

（2）用螺栓插入填料筒的中心孔，紧固螺栓，取出填料筒下部的孔用挡圈和支撑片。

（3）用带螺纹的两个小螺栓杆从填料筒中取出填料。

组装：压缩机的刮油环装在中体下面，因此，只要打开十字头导轨上的手孔盖，便可检查和装配刮油环。

4）连杆拆卸、组装

拆卸：

（1）使活塞位于外止点，并用楔子楔住。

（2）取出十字头销的轴用挡圈，用铜棒将十字头销击出。

（3）把连杆螺母的止动垫圈弄平，并旋下连杆螺母。

（4）把曲轴旋转至适当位置，从曲轴箱里与十字头导轨相对的开口中取出连杆。

组装：在组装时用扭矩扳手按表3-55规定的力矩拧紧连杆螺母，并使用新的止动垫圈。

表3-55 拧紧力矩表

项目		拧紧力矩（N·m）
压阀圈螺母		40
螺母	活塞杆	500
	十字头	700
曲轴平衡重螺栓		280
连杆螺栓		150
缸盖、缸座螺母		60
气阀螺母		M8：10~12 M12：36~44 M10：20~24 M16×1.5：90~110

3. 检修与质量标准

1）机体

（1）机体的纵向和横向水平度偏差不大于0.05mm/m。

（2）各列滑道中心线平行度为0.1mm/m。

（3）十字头滑道中心线与主轴承座孔中心线垂直度为0.01mm/m。

（4）曲轴箱用油面粉清理干净。

2）气缸

（1）气缸内壁表面应光洁，无裂纹、毛刺、砂眼、锈疤、沟槽、拉伤等痕迹。

（2）气缸内径圆柱度公差应符合表3-56要求；否则，应进行镗缸或更换气缸套。

表3-56 气缸内径圆柱度公差 单位：mm

气缸直径	圆柱度	气缸直径	圆柱度
<100	0.13	250~300	0.23
100~150	0.15	300~350	0.25
150~200	0.18	350~400	0.28
200~250	0.20	400~450	0.30

（3）当气缸内表面划伤超过周围1/4，并有严重沟槽，且沟槽深度大于0.4mm、宽度大于3mm时，应进行镗缸处理，表面粗糙度 Ra 达到1.6μm。

（4）气缸内表面只有轻微的擦伤或拉毛时，用半圆形的油石沿气缸圆周进行研磨修理。

（5）气缸经过镗缸处理后，其直径增大值不得超过原设计缸径的2%，气缸壁厚减少量不大于壁厚的1/12。

（6）带级差活塞的串联气缸，各级气缸镗去的尺寸应一致。

（7）镗缸后，如气缸直径增大值大于2mm时，应重新配置与新缸径相适应的活塞和活塞环。

（8）气缸经过镗缸或配镶缸套后，应进行水压试验。试验压力为操作压力的1.5倍，但不得小于0.3MPa，气缸水套水压试验压力为0.8MPa（或根据厂家规定执行）。在试验压力下稳压30min，然后降到操作压力检查，如无泄漏变形和裂纹，则视为合格。

（9）气缸中心与十字头滑道同轴度应符合表3-57要求，气缸水平度偏差不大于0.05mm/m。

表3-57　气缸中心与十字头滑道同轴度　　　　　　　　单位：mm

气缸直径	同轴度	
	平行度	倾斜
≤100	0.05	—
100～200	0.07	0.02
300～500	0.1	0.04
500～1000	0.15	0.06

3）气阀

（1）阀片应平整，如有裂纹、麻面等现象，需修复或更换。

（2）阀座密封面不得有腐蚀麻点、划痕，表面粗糙度 Ra 为0.8μm；阀座边缘不得有裂纹、沟槽等缺陷；阀座与阀片接触应连续封闭，金属阀片组装后应进行煤油试漏，在5min内不得有渗漏现象。

（3）阀弹簧应有足够的弹力，在同一阀片上各弹簧直径及自由高度基本保持一致。阀片升降自由，不得有卡涩及倾斜现象。阀片的升降高度应符合设计要求或表3-58要求。

表3-58　阀片的升降高度

转速（r/min）	阀片升程（mm）	转速（r/min）	阀片升程（mm）
≤250	4～5	500～1000	1.5～3
250～500	3～4		

4）活塞及活塞环

（1）活塞和活塞环表面应光滑，无裂纹、磨损、划伤、变形及铸造、机加工等缺陷。

（2）活塞与气缸的极限间隙，应符合 $(1.6～2.4)‰D$（ D 为气缸直径，单位为mm）。也可以参照说明书规定的数值（表3-59）。

表 3-59　主要零部件装配间隙　　　　　　　　　　　　　单位：mm

序号	项目		规定值
1	活塞环开口间隙（在气缸内）	一级	$4.8^{+1.5}$
2		二级	2.9^{+1}
3	导向环开口间隙（在气缸内）	一级	8^{+2}
4		二级	$5^{+1.5}$
5	活塞环与环槽的轴向间隙	一级	0.15~0.32
6		二级	0.15~0.32
7	活塞与气缸的径向间隙	一级	3.4~3.632
8		二级	3.2~3.425
9	一级活塞止点间隙	上	1.5~2
10		下	1~1.5
11	二级活塞止点间隙	上	1.5~2
12		下	1~1.5
13	曲柄销与连杆大头瓦的径向间隙		0.05~0.102
14	两连杆大头瓦与曲柄销的轴向间隙		0.3~0.43
15	十字头销与连杆小头瓦的径向间隙		0.024~1.04
16	十字头与其导轨的径向间隙		0.12~0.175

（3）活塞环在活塞槽内应活动自如，有一定的胀力，用手压紧时，活塞环应全部埋入环槽内，并应比活塞表面低 0.5~1.0mm。

（4）活塞环安装时，相邻两活塞环的搭接口应错开 120°，且尽量避开进气口。

（5）活塞环应有足够弹性，与气缸要贴合良好，活塞环外径与气缸接触线不得小于周长的 60%，或者在整个圆周上，漏光不多于两处，每处弧长不大于 45°，漏光处的径向间隙不大于 0.05mm。

（6）新更换的活塞环安装后，应能在各方向沿槽均匀移动，否则为不合格。

（7）四氟乙烯活塞环和导向环的热胀间隙也可按下列公式计算：

$$A = (2.8 \sim 3.2)\%D$$
$$S = 0.01h + H9/d9$$
$$B = (0.015 \sim 0.018)b$$

式中　A——活塞环和导向环的接口间隙，mm；

　　　D——活塞外径，mm；

　　　h——活塞环宽度，mm；

　　　S——活塞环在活塞槽中的侧间隙，mm；

　　　H9/d9——基孔制间隙配合极限值，mm；

　　　B——导向环的侧间隙，mm；

　　　b——导向环的宽度，mm。

（8）检查活塞环的平行度，将活塞环平放于平板上，用手指沿环的上表面四周轻敲，活塞环两端与平板之间无间隙。

5）活塞杆

（1）活塞杆做无损探伤检查，不得有裂纹及其他缺陷。

（2）活塞杆表面应光滑，无纵向划痕、镀层脱落等缺陷，表面粗糙度 Ra 为 $0.8\mu m$。

（3）活塞杆直线度公差值为 $0.06mm/m$，最大不大于 $0.1mm/m$。

（4）活塞杆圆柱度公差值见表 3-60。

表 3-60　活塞杆圆柱度公差
单位：mm

活塞杆直径	圆柱度公差	活塞杆直径	圆柱度公差
40~80	0.02~0.05	80~120	0.03~0.07

（5）用盘车方式检查活塞杆的摆动量，其值不大于 $0.10mm/m$。

（6）活塞杆拧入十字头或连接螺母时，用手摆动不得有松动现象，活塞杆螺纹不得有变形、断裂等缺陷。

6）十字头、滑板与导轨

（1）十字头、十字头销、滑板及导轨表面应无擦伤、裂纹等缺陷。

（2）十字头滑板与十字头体连接应紧密，不得有松动现象。

（3）十字头滑板与导轨之间的间隙应符合设计要求，或参照表 3-61 要求。

表 3-61　十字头间隙
单位：mm

十字头直径	安装间隙	十字头直径	安装间隙
50~80	0.09~0.20	180~260	0.29~0.34
80~120	0.20~0.24	260~360	0.34~0.39
120~180	0.24~0.29		

（4）十字头与连杆小头瓦之间的间隙应符合设计要求，或按经验公式计算。

衬套为铜合金时：

$$\delta = （0.0007~0.0012）d$$

衬套为轴瓦浇注巴氏合金时：

$$\delta = （0.0004~0.0006）d$$

式中　d——十字头销直径，mm。

（5）滑板与导轨应均匀接触，用涂色法检查接触面积不小于全面积的 70%，或接触点不少于 2 个/cm^2。

（6）十字头销最大磨损和圆柱度公差见表 3-62。

表 3-62　十字头销最大磨损及圆柱度公差
单位：mm

销直径	最大磨损	圆柱度	
		组装公差	磨损极限值
≤70	0.5	0.02	0.04~0.06
70~180	0.5	0.03	0.05~0.08

（7）十字头销孔中心线对十字头摩擦面中心线不垂直度不大于 $0.02/100mm$。

7）曲轴、连杆及轴承衬

（1）曲轴、连杆及连杆螺栓不允许有裂纹或其他缺陷。

（2）曲轴安装水平度误差不大于 0.15mm/m，曲轴中心线与气缸中心线垂直公差值不大于 0.15mm/m。主轴颈径向跳动公差不大于 0.05mm。

（3）曲轴最大弯曲度不大于 0.01mm/m。

（4）主轴颈中心线与曲轴颈中心线平行度偏差不大于 0.03mm/m。

（5）主轴颈及曲轴颈擦伤凹痕面积大于轴颈面积的 2% 时，轴颈上沟槽深度不大于 0.1mm。

（6）轴颈的圆柱度公差见表 3-63。

表 3-63　轴颈圆柱度公差　　　　　　　　　　　单位：mm

轴颈直径	圆柱度公差	
	主轴颈	曲轴颈
≤80	0.010	0.010
80~180	0.015	0.015
180~270	0.020	0.020
270~360	0.025	0.025

（7）对于主轴承为剖分结构的曲轴的臂距差值可按经验公式计算。

安装时：

$$\delta \leqslant 8S/100000$$

使用时：

$$\delta \leqslant 25S/100000$$

式中　S——活塞行程，mm。

测量时用内径百分表在距曲拐边缘 15mm 处测量。

（8）轴径与轴承应均匀接触，接触角 60°~90°（连杆大头轴承 60°~70°），接触点不少于 2 点/cm²，轴承衬套应与轴承座、连杆瓦窝均匀贴合，接触面积应大于 70%。

（9）轴承合金层与轴承衬接合良好，合金层表面不得有裂纹、气孔等缺陷，薄壁轴承不得用刮研方法修复。轴承合金的磨损不得超过缘厚度的 1/3。

（10）轴承与轴颈的径向间隙应符合设计要求，或参照表 3-64 规定。

表 3-64　轴承径向间隙　　　　　　　　　　　单位：mm

轴颈直径	安装间隙	极限间隙
50~80	0.08~0.10	0.06
80~120	0.10~0.13	0.20
120~180	0.13~0.18	0.28
180~220	0.18~0.20	0.32

①曲轴的轴向窜动，只能用一侧止推间隙控制，其间隙值符合设计要求，或控制在 0.15~0.20mm 范围内，其余各支承轴承轴向间隙为 0.60~0.90mm。

②主轴颈与滚动轴承配合为 H7/k6，滚动轴承与轴承座配合为 J7/h6。

③连杆螺栓的残余变形量不大于 2‰，连杆螺栓上紧时的伸长量或上紧扭矩应符合设计要求。

8）密封填料和刮油环

（1）填料函中心线与活塞杆中心线应保持一致。

（2）密封件根据需要清洗，并检查有无磨损、压碎现象。

（3）密封环内圆面和两端面应光洁，无划痕、磨伤、麻点等缺陷，表面粗糙度 Ra 为 0.8μm。

（4）密封圈与活塞杆接触面积应达 70%以上。接触点不少于 4 点/cm²，严禁用金刚砂研磨。

（5）组合式密封填料接口缝隙一般不小于 1mm，而锥面密封填料的接口缝隙一般不小于（0.1~0.02）d，其中 d 为活塞杆直径，各圈填料开口均匀错开组装，3 瓣的密封圈靠气缸侧，6 瓣的密封圈靠十字头侧。

（6）金属填料和石墨填料在填料盒内的轴向间隙应符合设计要求，或为 0.05~0.10mm，最大不超过 0.25mm，聚四氟乙烯填料轴向间隙比金属填料大 2~3 倍。

（7）填料轴向端面应与填料盒均匀接触。

（8）刮油环与活塞杆接触面不得有沟槽、划痕、磨损等缺陷，接触线应均匀分布，且大于圆周长的 70%。

9）联轴器

（1）联轴器检修时，严禁用手锤直接锤打，以免损伤联轴器。

（2）联轴器对中找正应符合设计要求，或参照表 3-65 要求。

表 3-65　联轴器对中误差　　　　　　　　　　　　　　　单位：mm

联轴器直径	刚性联轴器		弹性联轴器	
	轴向误差	径向误差	轴向误差	径向误差
200~400	≤0.03	≤0.04	≤0.04	≤0.07
400~600	≤0.04	≤0.05	≤0.05	≤0.08
600~800	≤0.05	≤0.06	≤0.06	≤0.09
>800	≤0.06	≤0.07	≤0.07	≤0.10

4. 试车与验收

1）试车前准备

（1）检查检修记录，确认检修记录准确无误，各部位间隙均符合要求。

（2）检查清理油箱，并加入足量合格的润滑油，其液位应在油标尺两刻度之间。

（3）检查确认各螺栓已按要求上紧。

（4）清理现场，检查各仪表、电器、水系统、油系统、进气系统均已具备试车条件。

（5）打开冷却水进、出水阀，检查冷却水的压力及回水情况。

（6）用手转动飞轮一圈以上进行盘车，检查有无撞击或其他声响。

2）试车

（1）空负荷试车。

①按操作规程启动机组，检查各部件有无异常（响声、温度、振动等）。

②检查油温、油压是否正常。检查润滑与冷却系统工作情况。

③连续运转 1~2h，若无任何异常现象，即可停机做必要的检查（紧固件有无松动等）。

（2）负荷试车。

①缸内通入介质，检查各密封部位有无泄漏。

②盘车检查气缸是否撞击。

③按机组操作规程启动机组，检查各传动部件及气缸有无异常。

④检查各吸气阀、排气阀温度是否正常。

⑤检查各级气缸进口、出口气体温度和冷却水温度是否正常。

⑥检查各级排气压力是否符合工艺要求。

⑦检查填料密封及刮油密封有无泄漏现象。

⑧检查压力表、电流表读数是否正常。

⑨压缩机所属的电气、仪表及各联锁报警装置应达到各专业技术规定的要求。

⑩运转过程每 2h 记录一次机组的运行参数，并及时处理运行中发现的问题。

3）验收

（1）各项检查完成后，负荷试运转 2~4h，各项技术指标均达到设计要求或能满足生产需要。

（2）检修记录齐全、准确，并符合本规程要求。

（3）机组达到完好标准要求，可按规定办理验收手续，移交生产使用。

5. 维护与常见故障处理

1）维护

压缩机在初次运转时，在 200h 以后更换一次润滑油，此后即可按定期维护要求换油。日常维护内容如下：

（1）定时巡检，并做好记录。

（2）检查润滑油压力，应在 0.15~0.4MPa 之间。

（3）检查润滑油温度，应不大于 70℃。

（4）检查冷却水排温，应不大于 40℃。冷却水压力应不小于 0.15MPa。

（5）检查一级、二级排气温度，在任何情况下不大于 150℃。

（6）检查一级排气压力不大于 0.31MPa，二级排气压力不大于 1.2MPa。

（7）检查各运动件有无异常响声，定期清理机组卫生。

2）常见故障与处理

压缩机常见故障处理方法见表 3-66。

表 3-66　常见故障与处理方法

故障	故障原因	处理方法
气量不足	进气阀腔温度较高	检修进气阀
	气阀的阻力损失过大	检修或更换气阀弹簧
	气缸与缸盖、缸座连接螺母松动，填料筒和安全阀密封不严等故障，气体外漏	上紧螺母，检修研磨
	气阀磨损或受阻碍，活塞环磨损或折断，气体内漏	检查清洗或更换
	电动机转速下降	检查电动机或电网电压

续表

故障	故障原因	处理方法
排气温度过高	进气温度过高	降低进气温度
	冷却水供应不足，水管破裂	检修管路调节水量
	水垢过多，影响冷却效率	清除水垢
	气缸壁有油垢及浮沫	清洗缸壁
	气阀漏气，压出高温气体漏回气缸，再经压缩而使排气温度增高	研磨阀座与阀片或更换损坏零件
	活塞环破损或精度不高，使气缸两端相互窜气	检修或更换活塞环
润滑油压不足	曲轴箱内润滑油不够	加润滑油
	粗滤油器被污染或堵塞	清洗
	旋转式机油滤清器受堵	更换
	油压表失灵	更换油压表
	油泵管路堵塞或破裂	检修或更换油泵管路
	油泵失去作用	检查油泵进油口、排油口面密封情况
	润滑油质量不符合规定，黏度过小	更换质量符合规定的润滑油
压缩机有异常响声	缸盖与活塞间落入金属块（如阀片或弹簧等破碎片）发生撞击声	及时停车取出金属块
	活塞、气缸镜面的粗糙度损坏，互相粘剥	拆下检修
	气缸内有积水	检查水路，清除积水
	气阀松动	检查并上紧气阀
	活塞杆与十字头紧固不牢，碰撞缸盖	调整两端止点间隙后，拧紧十字头螺母
	活塞杆与活塞连接螺母松动	检查螺母并按规定拧紧
	连杆大小轴瓦间隙过大	修复或更换大、小轴瓦
	连杆螺栓的螺母松动	锁紧螺母
	十字头与十字头导轨间隙大，产生敲击	检查并调整间隙
	进气阀、排气阀在缸头阀孔内松动，气体冲击，产生响声	上紧气阀
	轴承盖松动	拧紧轴承盖上螺母
	润滑油过多	调节油量
	轴瓦、轴颈磨损，椭圆度过大	修磨
冷却水排放时有气泡	冷却器内橡胶石棉垫破裂窜气	更换垫片
	冷却管破裂或与管板未胀牢而窜气	更换管子或重新胀管
	气缸垫片破裂窜气	更换垫片

第十二节　减　速　器

一、齿轮减速器

1. 齿轮减速器检修方法与质量标准

1）轴

轴与轴颈不得有裂纹、毛刺、划痕等缺陷，如轴颈处过度磨损，可用堆焊、喷涂或电镀等方法修复。键槽磨损后，在结构和强度允许的情况下，可比原设计放大一个级别，或原键槽的 180°或 90°处重新开键一次。轴中心线直线度为 $\phi 0.02mm$。

2）齿轮

齿轮内孔圆度、圆柱度和粗糙度必须符合要求。磨损过大可用扩孔镶套法修复。齿轮一侧齿面发生磨损或疲劳点蚀后，如结构上允许，可成对调向使用。如经济上许可，齿轮也可用堆焊、镶环或镶齿等方法修复。键槽磨损后同轴键槽磨损同样处理。

齿轮与轴的装配多数采用压力机压入。如采用加热法装配，加热温度一般不大于 350℃。

渐开线圆柱齿轮与轴装配后不得有偏心或歪斜现象。两齿轮啮合时，接触面必须均匀地分布在节圆线上下。圆锥齿轮与轴装配后不得有歪斜现象。两齿轮啮合时，接触面必须均匀地分布在节线上下，一般空载时接触面应靠近锥齿轮小端。齿轮啮合不贴实，可在大齿轮上修正齿形来调整。一般小齿轮的轴向定位以大齿轮的轴心线为基准来确定，而大齿轮一般通过调整侧向间隙确定轴向位置。

3）机壳

上下机壳的接合面可采用着色法检查，再根据着色情况进行机械或人工研磨。上下机壳的接合面在未紧固螺栓时，可用 0.05mm 塞尺检查剖分面接触的密封性，尺塞入深度不大于剖分面的 1/3。如达不到要求，可用着色法检查研磨，接触点不应少于 2.5 点/cm²。

轴承孔磨损后，可根据磨损情况，将上下机壳的接合面，各去掉约 1mm，并研磨合格，再用螺栓把上下机壳连接在一起，用镗床将孔加工至规定尺寸。轴承孔表面粗糙度 Ra 为 1.6μm，配合公差为 H7。

机壳局部破裂时，如强度上许可，可用镶补、贴补、粘接、焊接等方法修复。

机壳安装时，应在接合面上涂密封胶，以保证其密封性。

4）轴承

滚动轴承应转动自如，无杂音，滚珠、滚柱及内外圈的表面应无麻点、锈痕及分层现象。轴承的拆卸和安装须用专用工具，严禁用锤直接敲打。轴承与轴承座之间不允许放置垫片。

5）联轴器

联轴器须用专用工具拆卸，严禁用锤直接敲打。

2. 齿轮减速器的试运转及故障处理（一般同主机同时进行）

1）齿轮减速器的试运转

（1）试车前的准备工作。

①检查润滑油及油质,应符合要求。

②检查机体、零部件,应完整齐全,各连接件、紧固件不得有松动现象。

③各密封处及接合处不得有渗油现象。

④盘车无异常响声。

(2)空负荷试车。

①油路畅通,油泵工作正常。

②在额定转速下进行正、反向空载试验,时间不少于0.5h。

③运转平稳正常,不得有冲击、振动和不正常响声。

(3)负荷试车。

①额定负载和额定转速下,最高油温不超过85℃,电动机直联型最高油温不超过80℃。

②减速器运转平稳正常,不得有冲击、振动和不正常响声。

③负荷试车不少于8h。

(4)验收。

①检修质量达到本规程标准。

②试车达到各项规定要求。

③检修记录及试车记录齐全、准确。

④按规定办理验收交接手续。

2)常见故障与处理方法

齿轮减速器常见故障与处理方法见表3-67。

表3-67 齿轮减速器常见故障与处理方法

序号	现象	原因	处理方法
1	接合面或轴端漏油	油液面过高	放油至标准液面
		轴封损坏	更换轴封
		上下接合面螺栓没拧紧或平面变形	拧紧螺栓或研磨平面
		上下接合面密封失效	更换密封
2	温度过高	轴承损坏	更换轴承
		缺油	加油
		超负荷运转	降低负荷
3	运转时有杂音	各部轴承损坏	更换轴承
		齿轮磨损严重	更换齿轮
4	减速器振幅过大	连接轴不同心	调整使其同心
		地脚螺栓或连接件松动	紧固连接件
		零件损坏	更换零部件
5	电动机过热	输出轴扭力过载	检查零部件是否有传动过载、卡阻现象

二、行星摆线针轮减速器

行星摆线针轮减速器主要由输出轴、紧固环、机座、针齿销、针齿套、摆线轮、针齿壳、法兰盘、间隔环、销套、销轴、偏心套、输入轴、电动机等组成。

1. 行星摆线针轮减速器的检修

1）拆卸

（1）松开联连螺栓，将电动机和针齿壳分开。

（2）取出全部销套。

（3）取下轴用弹性挡圈后取出轴头的轴承及挡圈。

（4）取出上面的一片摆线轮及间隔环。

（5）取出转臂轴承（偏心套）。

（6）取出下面摆线轮。

2）检修方法与质量标准

（1）机座。

机座与针齿壳接合面应平整光滑，保证装配严密。壳体不应有裂纹和砂眼。

（2）针齿壳。

检查针齿壳销孔磨损情况，针齿壳销孔直径使用极限见表 3-68。

表 3-68　针齿壳销孔直径使用极限　　　　单位：mm

针齿壳销孔直径	公差标准	使用极限
≤10	+0.016~0.019	+0.030
10~20	+0.019~0.023	+0.037

针齿壳销孔磨损严重时，一般可用扩孔镶套法修复。

针齿壳销孔圆心对针齿壳中心径向跳动应符合表 3-69 规定。

表 3-69　针齿壳销孔圆心对针齿壳中心径向跳动　　　　单位：mm

针齿壳销孔公称直径	径向跳动
≤10	0.030
10~20	0.037

针齿壳销孔应均匀分布，两相邻孔距最大误差应符合表 3-70 规定。

表 3-70　针齿壳销孔两相邻孔距最大误差　　　　单位：mm

针齿壳销孔公称直径	孔距最大误差
≤10	0.05
10~20	0.06

针齿壳两端面的针齿壳销孔同轴度为 $\phi0.03$mm，针齿壳销孔对针齿壳两端度为 0.015mm。

（3）摆线齿轮。

摆线齿轮啮合面粗糙度 Ra 为 0.8μm，无毛刺、伤痕、裂纹等缺陷。

摆线齿轮内孔与轴承配合间隙应符合表 3-71 规定,当间隙超过使用极限规定时,应予更换。

表 3-71　摆线齿轮内孔与轴承配合间隙　　　　　　　　单位:mm

摆线齿轮内孔直径	配合间隙	使用极限
≤40	<0.05	0.10
60~121.5	0.05~0.08	0.13

摆线齿轮啮合面磨损超过表 3-72 规定,即应更换。

表 3-72　摆线齿轮啮合面磨损　　　　　　　　单位:mm

摆线齿轮直径	使用极限
≤250	0.05
>250	0.08

摆线齿轮轴向间隙为 0.2~0.25mm。

拆摆线齿轮时应注意标记,必须按标记进行组装。

(4) 输出轴。

轴与轴颈不得有裂纹、毛刺、划痕等缺陷。滚动轴承配合的轴颈表面粗糙度 Ra 为 0.8μm,配合公差为 H7/k6。

(5) 橡胶密封圈。

橡胶密封圈应无裂纹、老化等缺陷,内外圆密封面平滑光洁。每次拆装应更换。

(6) 针齿套与针齿销。

针齿套与针齿销不得有裂纹、毛刺、划痕等缺陷。针齿套外圆表面粗糙度 Ra 为 0.4μm,内圆表面粗糙度 Ra 为 0.8μm,与针齿销表面粗糙度 Ra 为 0.4μm。

针齿套与针齿销的间隙应符合表 3-73 的规定。

表 3-73　针齿套与针齿销的间隙　　　　　　　　单位:mm

针齿销直径	针齿套外径	间隙标准	使用极限
<10	<14	≤0.083	0.13
10~24	14~35	≤0.10	0.15
>24	>35	≤0.119	0.17

(7) 销轴与销套。

销轴与销套应无裂纹、毛刺、划痕等缺陷。销套外圆表面粗糙度 Ra 为 0.4μm,内圆表面粗糙度 Ra 为 0.8μm,销轴表面粗糙度 Ra 为 0.4μm。销轴与销套的圆度和圆柱度应符合表 3-74 规定。

表 3-74 销轴与销套的圆度和圆柱度　　　　　　单位：mm

直径	允差	使用极限
≤10	0.009	≤0.014
10~18	0.012	≤0.018
18~30	0.014	≤0.021
30~50	0.017	≤0.026
50~60	0.020	≤0.030

（8）滚动轴承。

滚动轴承应转动自如，无杂音，滚珠、滚柱及内外圈的表面应无麻点、锈痕及分层现象。轴承的拆卸和安装须用专用工具，严禁用锤直接敲打。轴承与轴承座之间不允许放置垫片。

（9）联轴器。

联轴器须用专用工具拆卸，严禁用锤直接敲打。

弹性柱销联轴器的找正应符合表 3-75 规定。

表 3-75 弹性柱销联轴器的找正　　　　　　单位：mm

外径	端面间隙	对中偏差	
		径向位移	轴向倾斜
φ90~160	2.5	<0.05	<0.2/1000
φ195~220	3	<0.05	<0.2/1000
φ280~320	4	<0.08	<0.2/1000
φ360~410	5	<0.08	<0.2/1000
φ480	6	<0.10	<0.2/1000

2. 行星摆线针轮减速器的试运转及故障处理（一般同主机同时进行）

1）减速器的试运转

（1）试车前的准备工作。

①检查润滑油及油质，应符合要求。

②检查机体、零部件，应完整齐全，各连接件、紧固件不得有松动现象。

③各密封处及接合处不得有渗油现象。

④盘车无异常响声。

（2）空负荷试车。

①油路畅通，油泵工作正常。

②在额定转速下进行正、反向空载试验，时间不少于 0.5h。

③运转平稳正常，不得有冲击、振动和不正常响声。

（3）负荷试车。

①额定负载和额定转速下，最高油温不超过 85℃，电动机直联型最高油温不超过 80℃。

②减速器运转平稳正常，不得有冲击、振动和不正常响声。

③负荷试车不少于 8h。

（4）验收。

①检修质量达到本规程标准。

②试车达到各项规定要求。

③检修记录及试车记录齐全、准确。

④按规定办理验收交接手续。

2）常见故障与处理方法

行星摆线针轮减速器常见故障与处理方法见表 3-76。

表 3-76　行星摆线针轮减速器常见故障与处理方法

序号	现象	原因	处理方法
1	密封环漏油	油液面过高	放油至标准液面
		密封环损坏	更换密封环
2	温度过高	转臂轴承损坏	更换轴承
		缺油	加油
3	有异常响动	各部轴承损坏	更换轴承
		针齿销轮磨损	更换新件
4	减速器振幅过大	连接轴不同心	调整使其同心
		地脚螺栓或连接件松动	紧固连接件
		零件损坏	更换零部件
5	电动机过热	输出轴扭力过载	检查零部件是否有传动过载、卡阻现象

第十三节　迷宫密封

一、迷宫密封的工作原理和特点

1. 工作原理

迷宫密封的结构导致气体流动为湍流。一个节流齿隙和一个膨胀空腔构成了一级迷宫，多级迷宫组成了实际应用的迷宫密封。齿隙的作用是把气体的势能（压力能）转变成动能，迷宫空腔的作用是通过气体的湍流混合作用尽可能地把气流经齿隙转化的动能转化为热能，而不是让它再恢复为压力能。因此流体动力学设计必须最大限度地分散经齿隙高速射出的流体动能。

如图 3-32 所示，密封前后气体有一定压力差，气体从高压端流向低压端，当通过密封齿和轴的间隙时，气流速度加快，气体压力和温度都要降低。由间隙流入下一个齿间空腔时，由于面积突然扩大，形成强烈的旋涡，在容积比间隙容积大很多的空腔中气流速度几乎等于零，动能由于旋涡全部变为热量，加热气体本身，因而气体温度又从流经间隙时的温度回升到流入间隙前的温度，但空腔中的压力回升很少，可认为保持流经间隙时的压力不变。气体从这个空间流经下一个密封齿和轴之间的间隙，又流入下一个齿间空腔，重复上述过程。气体每经过一次间隙和随后的较大空腔，气流就受到一次节流和扩容作用，随着气体流经间隙和空腔数量的增多，气体的流速和压降越来越大，待压力降至近似背压时，气体不再继续外流，从而实现了气体的密封。

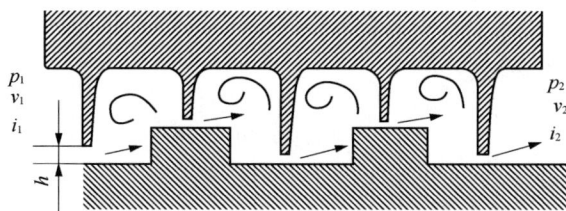

图 3-32　迷宫密封中的气体流动
p—压力；v—流速；i—热量

2. 特点

迷宫密封是气相介质的主要密封类型。各种透平机械的级间密封，大多选用迷宫密封结构。迷宫密封也能作为各类透平机械的轴端密封。迷宫密封还能作为活塞密封和防尘密封。

迷宫密封具有如下特点：

（1）迷宫密封是非接触密封，无固相摩擦，不需润滑，适用于高温、高压、高速和大尺寸密封条件。

（2）迷宫密封工作可靠，功耗少，维护简便，寿命长。

（3）迷宫密封泄漏量较大。增加迷宫级数，采取抽气辅助密封手段，可把泄漏量减小，但要做到完全不漏是很困难的。

二、迷宫密封的类型和结构

迷宫密封分为光轴式、高低式、曲折式和阶梯式 4 种类型（图 3-33）。就密封效果来说，曲折式效果最好，其次为阶梯式及高低式，光轴式较差。

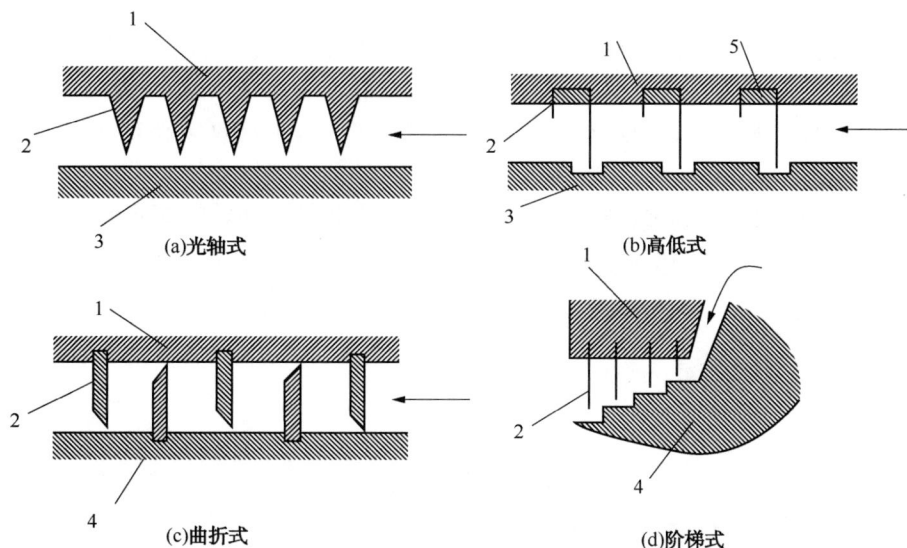

图 3-33　迷宫密封的类型
1—轴封环；2—梳齿片；3—转轴；4—密封套；5—压条

迷宫密封的密封片与密封环的结构与特点见表 3-77。

表 3-77 迷宫密封的密封片、密封环结构

名称	简图	结构说明	主要特点
密封片	(a)	密封片用不锈钢丝嵌在转子上的窄槽中	结构紧凑，接触时密封片能向两边弯折，减少摩擦；拆换方便；但装配不好易被气流吹倒 (b) 密封效果比（a）好，但转子上密封片有时会被离心力甩出
	(b)	转子和机壳上都嵌有密封片	
密封环	弹簧片　密封环	密封环由 6~8 块扇形块组成，装入机壳的槽中，用弹簧片将每块环压紧在机壳上，弹簧压紧力 60~80N	轴与齿接触时，齿环自行弹开，避免摩擦；结构尺寸较大，加工复杂；齿环磨损后须将整块密封环调换

由于构成迷宫密封的机械零件均接触工作介质，零件必然会发生热膨胀变形，密封须适应轴与壳体的热变形。另外，轴承的径向间隙对轴在静止和运转以及通过临界转速区时轴的径向位移具有重要影响。密封间隙减小，密封齿数增多，其密封效果就会越好，然而，密封间隙减小，易造成动静相磨，而密封齿数增多，导致轴向尺寸增加，同时随着密封齿数的增加，其密封效果逐级下降。根据轴的直径，并考虑热膨胀效应和轴的漂移效应，迷宫密封的径向间隙一般取 $0.2+0.6d/1000$（mm），d 为轴直径。齿间距通常为 5~9mm，齿尖厚度通常小于 0.5mm。

三、迷宫密封的装配

1. 装配步骤

（1）清理、检查各零部件，并测量各配合尺寸，看其是否符合要求，并做好记录。

（2）每台机组用密封块的数量可能不止一个，组装时不可搞错位置。位置搞错会给组装工作及间隙调整工作增加麻烦。故密封块（件）应及时打上标记。最好的标记方法是直接在密封块侧面或密封齿间分别打上表示环及环内位置的序号。

（3）弹簧片的材质因使用温度不同而不同。应根据材质分别保管，防止将低温部分使用的弹簧片误用到高温部分，以免在运行中因弹力消失而使密封间隙增大。

（4）在组装工作中除应注意气封块要对号组装外，对于不是对称的高低齿气封块，应注意不要装反。大多数气封块高低齿的位置一致（一般是高齿在机头侧），应掌握规律，防止装反，避免高齿被转子压损。

（5）气封块与槽道的配合为动配合 d9 或 d10，若配合过紧，应用锉刀仔细修锉，不允许强行打入槽内。气封块组装好后，弹簧片及气封块不允许高出接合面。各气封块接头要经过研合，一圈气封块之间的总膨胀间隙一般留 0.20mm 左右。

（6）为了使气封块具有自动调整间隙的性能，弹簧片不应过硬。一般要求用手能将气封块压入，松手后又能很快地自动恢复原位。但也不应过软，以致气封块不能保证组装位置，增加泄漏损失。弹簧片失去弹性后应更换，或进行恢复性的热处理后再使用。

（7）在拆装及起吊过程中，由于工作人员不慎，气封齿被碰撞打坏的事例也不少，特别是镶制的"丁"字形气封齿，常因多次撞倒反复平直，使其根部断裂损坏，必须特别小心。

（8）削尖气封齿应在漏出气的一侧刮削，并且特别注意尽量避免在齿尖刮出圆角。

（9）测量调整轴向、径向间隙。

（10）间隙调整后，各零部件清洗干净，仔细组装即可。

2. 径向间隙的测量和调整

平均间隙值通常是依据制造厂的规定，一般来说与结构形式有关。对于整体式钢制梳齿形，平均间隙值为 0.50～0.70mm；对于枞树形，平均间隙值为 0.30～0.45mm；对于"J"字形，平均间隙值一般为 0.40～0.60mm；铜齿的低压气封常为 0.30～0.40mm。

测量和调整间隙是一项较复杂的工作，径向间隙的测量比较困难，目前采用的测量方法各有不同，下面介绍 3 种常用的方法。

（1）压胶布测量。胶布贴在气封块上，在每一块气封块上贴上一道由数层粘叠在一起的白胶布带（医用胶布），一般胶布厚 0.25mm，因径向间隙为 0.30～0.70mm，故常用 3 层白胶布带。各层胶布宽度依次减少 5～7mm，呈阶梯形粘贴在一起，并顺着转子转动方向增加层数，以减少胶布被刮掉的可能性。暂时拆去弹簧，用木楔子顶住气封块，防止在压间隙时弹簧退让引起误差，并在转子气封凹凸台 200～300mm 弧段上均匀地抹上一层红丹，将隔板套、轴封套、转子、气缸大盖等依次做临时组合。在吊转子时，抹有红丹的弧段应朝上，落下后将其盘转到下方，以免在吊装过程中在胶布上抹上红丹印痕。拧紧部分气缸接合面大螺母，消除接合面间隙，使其符合组装状态，盘动转子转动数圈后重新分解各部件，检查胶布带上接触红丹印痕的轻重来判断间隙值的大小（表 3-78）。

表 3-78　压胶布法测量间隙值标准

胶布接触情况	间隙值（mm）	胶布接触情况	间隙值（mm）
3 层胶布没有接触	>0.75	3 层胶布表面被压光，颜色变紫	0.55～0.60
3 层胶布刚见红色	0.75	3 层胶布表面被磨光呈黑色，两层胶布刚见红色	0.45～0.50
3 层胶布有较深的红色	0.65～0.75		

（2）用塞尺直接测量。用塞尺测量径向间隙，塞尺塞入的力量要适当。最好用木楔或螺钉旋具插入气封块的背面弧处防止向外退让，以便加大塞入力量来保证测量的准确性，塞尺塞入的深度一般应在 30mm 以上。

（3）利用假轴测量。根据假轴测量调整轴封洼窝和调整气封间隙的方法是比较精确可靠的，对测量顶部和下部间隙更为方便。假轴可用 $\phi150\sim250$mm 的厚壁管子加工而成，若用铸铁管更好。假轴两端套上与轴颈直径相同的假轴套。转子轴颈和假轴套直径之差不得大于 0.05mm，圆柱度也应小于 0.05mm。另外，配置和轴封凸肩直径相同的假盘若干只，假盘内孔和假轴套内径与假轴的配合为间隙配合。

使用假轴测量间隙的方法如下：

在转子吊出气缸前，测量前后两道轴瓦挡油环的洼窝中心。假轴吊入后应复核以上洼窝中心，使假轴位置与转子位置一致。装有推力支持联合轴承的机组，往往由于假轴重量比转子重量轻得多，而联合轴承下的支持弹簧会将假轴顶起，以致洼窝中心有变化，因此，吊出转子前应用压板从两侧将轴瓦压住。

利用假盘，使用塞尺测量每个齿与假盘的间隙。短齿可根据转子上凸肩高度测量，用测出的数值修正真、假轴挠度差，假轴颈与真轴颈的直径差以及假盘直径与轴封凸肩直径差，即可求出实际间隙。

将测出的间隙按照机组规定质量标准进行调整。调整结束后，在转子上贴上厚度相当于气封允许最小间隙的胶布，组装上轴封套及隔板套，转动转子，检查胶布，以微碰为合格。

3. 轴向间隙的测量

轴向气封间隙应在保证叶轮与隔板不发生摩擦的前提下，调到最小值。枞树形及高低齿的梳齿形气封，还需正确地分配齿前后的间隙，以防止轴向磨损。

在大多数工况下运行时，转子比气缸膨胀得快，因而齿前的间隙总比齿后间隙大，一般用楔形塞尺测量轴向间隙。

第十四节　机　械　密　封

一、机械密封的工作原理

机械密封（图 3-34）亦称端面密封，是靠一对或数对垂直于轴做相对滑动的端面在流体压力和补偿机构的弹力（或磁力）作用下，依赖辅助密封的。

(a)HR进口型机械密封　　(b)ST80型机械密封　　(c)92N进口型机械密封　　(d)JB型机械密封

图 3-34　机械密封

配合与另一端保持贴合，并相对滑动，从而防止流体泄漏。

二、机械密封常用材料的选用

（1）清水，常温：（动）9Cr18，1Cr13 堆焊钴铬钨，铸铁；（静）浸树脂石墨，青铜，酚醛塑料。

（2）河水（含泥沙），常温：（动）碳化钨；（静）碳化钨。

（3）海水，常温：（动）碳化钨，1Cr13 堆焊钴铬钨，铸铁；（静）浸树脂石墨，碳化钨，金属陶瓷。

（4）过 100℃热水：（动）碳化钨，1Cr13 堆焊钴铬钨，铸铁；（静）浸树脂石墨，碳化钨，金属陶瓷。

（5）汽油，润滑油，液态烃，常温：（动）碳化钨 1Cr13 堆焊钴铬钨，铸铁；（静）浸树脂或锡锑合金石墨，酚醛塑料。

（6）汽油，润滑油，液态烃，100℃：（动）碳化钨，1Cr13 堆焊钴铬钨；（静）浸青铜或树脂石墨。

（7）汽油，润滑油，液态烃，含颗粒：（动）碳化钨；（静）碳化钨。

三、密封材料的种类及用途

密封材料应满足密封功能的要求。由于被密封的介质不同以及设备的工作条件不同，要求密封材料具有不同的适应性。一般地，对密封材料的要求如下：

（1）材料致密性好，不易泄漏介质。

（2）有适当的机械强度和硬度。

（3）压缩性和回弹性好，永久变形小。

（4）高温下不软化、不分解，低温下不硬化、不脆裂。

（5）腐蚀性能好，在酸、碱、油等介质中能长期工作，其体积和硬度变化小，且不黏附在金属表面上。

（6）摩擦系数小，耐磨性好。

（7）具有与密封面接合的柔软性。

（8）耐老化性好，经久耐用。

（9）加工制造方便，价格便宜，取材容易。

四、机械密封安装、使用技术要领

1. 检验与质量标准

1）动环和静环

（1）密封端面要光洁明亮，无崩边、点坑、沟槽、划痕、裂纹等缺陷。

（2）密封端面平行度：对于液相介质为 0.0006～0.0009mm；对于气相介质为 0.0001～0.0004mm（光波干涉法检查）。

（3）密封端面粗糙度：对于金属材料，表面粗糙度 Ra 应不大于 0.2μm；对于非金属材料，表面粗糙度 Ra 应不大于 0.4μm。

（4）与辅助密封圈接触部位的表面粗糙度 Ra 应不大于 1.6μm。

（5）动、静环的尺寸、形位公差应符合设计图样的规定。

2）辅助密封元件

（1）橡胶 O 形圈。

①橡胶材质应符合设计图样的规定。

②O 形圈表面光滑平整，不得存在凹凸不平、气泡、杂质等缺陷及老化迹象。

③O 形圈分型面应采用 45°，断面尺寸均匀，飞边径向长不大于 0.10mm、厚不大于 0.15mm。

④橡胶硬度和允许永久变形量应符合 ZBJ 22002—1988 标准。

⑤O 形圈尺寸公差应符合 ZBJ 22002—1988 标准。

⑥O 形圈一般不重复使用。

（2）橡胶波纹管。

对于橡胶波纹管辅助密封，表面应光滑平整，不得有气泡、杂质、凹凸不平等缺陷及老化迹象。

（3）聚四氟乙烯（包括填充聚四氟乙烯密封圈）。

①对于 O 形圈，表面粗糙度 Ra 应不大于 1.6μm，尺寸公差符合设计图样的规定。

②对于 V 形圈，唇口表面粗糙度 Ra 不大于 1.6μm，唇边厚不大于 0.10mm，内径尺寸公差为 H9，外径尺寸公差为 h9。

③对于 U 形圈，尺寸公差和表面粗糙度均应符合设计图样的规定；对于内有弹簧的 U 形圈，其弹簧弹性完好。

④对于楔形环，表面粗糙度 Ra 不大于 1.6μm，内径要比轴或轴套的外径小 0.15 ~ 0.30mm，外锥面半锥角要比其配合面的半锥角小 1°30′ ~ 2°，内锥面半锥角应符合设计图样的规定。

⑤对于波纹管组件，波纹管不得有内凹、裂纹等缺陷，必要时需做水压试验，当密封的工作压力高于 0.30MPa（内压），试验时间为 5min 时，波纹管不得有破裂或渗漏现象。

（4）氟塑料包橡胶 O 形圈。

对于氟塑料包橡胶 O 形圈（塑料常用聚四氟乙烯或聚全氟乙丙烯树脂），包层不得有破裂、脱层或划伤等缺陷及微孔渗漏现象，尺寸精度、表面粗糙度均符合设计图样的规定。

3）弹性元件

（1）弹簧。

①弹簧的材质和各部位尺寸，工作压力及两端面垂直度等公差值均应符合设计图样的规定。

②两端面需磨平的弹簧，磨平部分不少于圆周长的 3/4。

③波圈弹簧的受力部位及对应的安装面应光滑平整，当其磨损量超过原厚的 1/5 时应更换。

④对有绕向要求的弹簧，磨平部分不少于圆周长的 3/4。

⑤对于多弹簧机械密封，各弹簧自由高度偏差小于 0.30mm。

⑥旧弹簧要测量其弹力，弹力减小 20% 的要更换。

⑦具有防腐涂层的弹簧，其涂层应完好。

（2）金属波纹管组件。

①金属波纹管内外表面应无异物。

②对于焊接金属波纹管，焊缝应光滑均匀，无明显焊瘤。

③波纹管组件两端面平行度偏差不大于 0.50mm。

④重复使用的波纹管组件，要测量其弹力，弹力减小 10% 的要调整或更换弹性元件。

⑤在水或油中进行气密试验，试验压力（内压）为 0.10~0.20MPa，不得有气泡产生。

4）传动座与轴或轴套的配合

传动座与轴或轴套的配合要求应符合设计图样的规定。

5）其他零件的材质、尺寸、精度

其他零件的材质、尺寸、精度应符合设计图样的规定。

6）轴与轴套

（1）轴与轴套的配合要求应符合设计图样的规定，配合处不得有毛刺（包括二者配合所需的键和键槽）。

（2）机械密封对轴的静态窜量要求一般小于 0.50mm，常用的见表 3-79。

表 3-79　常用机械密封对轴的静态窜量

设备类型	轴的轴向窜量（mm）
釜的搅拌轴	≤0.5
转速<3000r/min 的普通离心泵及类似旋转机械	≤0.1

（3）轴或轴套在密封处的静态径向圆跳动偏差见表 3-80（当表中规定指标低于设备制造厂标准时，按制造厂标准执行）。

表 3-80　轴或轴套在密封处的静态径向圆跳动偏差　　　　　单位：mm

设备类型	轴径	径向圆跳动
釜的搅拌轴	20~80	≤0.4
	80~130	≤0.6
转速<3000r/min 的普通离心泵及类似旋转机械	10~50	≤0.04
	50~120	≤0.06

（4）安装动环辅助密封圈的轴或轴套端部与轴套外径夹角为 10°，倒角应圆滑连接，表面粗糙度 Ra 应不大于 1.6μm。

（5）高速旋转机械的转子组件必要时要进行整体动平衡校验。

（6）安装机械密封处的轴或轴套表面不应有轴向划伤，表面粗糙度 Ra 为 1.6~0.4μm，磨损的轴或轴套，可用表面堆焊、喷涂、电镀等办法修复。

7）密封端盖

（1）与静环辅助密封圈接触的表面应无毛刺、轴向划伤、腐蚀等迹象，表面粗糙度 Ra 应不大于 3.2μm。

（2）安装静环辅助密封圈的端盖或壳体内孔的端部倒角为 20°，倒角宽度见表 3-81，表面粗糙度 Ra 应不大于 3.2μm。

表 3-81　不同轴或轴套外径的倒角宽度　　　　　　单位：mm

轴或轴套外径	倒角宽度	轴或轴套外径	倒角宽度
10~16	1.5	48~75	2.5
16~48	2	75~120	3

（3）防转销与端盖装配应牢固可靠。

2. 修理与质量要求

（1）对于符合下列条件的动环、静环应通过研磨修复。

①石墨、填充聚四氟乙烯、青铜材质的密封环，其密封端面总的磨损量不大于 1mm。

②镶嵌或整体硬质合金密封环，其密封端面总的磨损量不大于 0.50mm。

（2）对于防转槽损坏的静环，可在对面或其他位置重新开槽。

（3）修复后的动环、静环应符合前文"动环和静环"检验与质量标准的规定。

3. 安装与质量标准

1）预装

（1）把机械密封零件清洗干净，密封端面应用镜头纸擦拭；橡胶辅助密封不允许用能溶解该种橡胶的溶剂清洗。

（2）依次组装好动环、静环等零件。

（3）用手压迫动环或静环组件（密封端面应垫镜头纸以防手直接接触），组件的浮动应无卡涩感，如带有卡环结构，卡环锁定应可靠。

（4）安装 O 形圈时应涂润滑油。

2）组装

（1）将轴或轴套、密封腔体、密封端盖及过滤器、冲洗管、换热器等密封辅助系统清洗干净并妥善保护，必要时更换过滤元件。

（2）轴或轴套上安装机械密封的表面、密封端盖内表面均要涂上薄薄的一层润滑油。

（3）机械密封压缩量要符合行业规定，安装偏差±0.50mm；对于端面修复或弹力减小的密封，必要时应进行调整，以保证规定的压缩量。

（4）推进动环、静环时，应用镜头纸保护密封端面，推力应平缓，不得施加冲击力；当密封是用弹簧传递扭矩时，应沿弹簧绕向旋进。

（5）动环固定环与轴垂直度偏差不大于 0.05mm，调整后要可靠固定。

（6）静环组件的销槽必须对准防转销，安装后经测量确认到位。

4. 试车检验与质量标准

（1）可单独试压的机械密封，在往主机上装配前应进行打压试验；对于双端面机械密封，当密封工作压力小于 1.6MPa 时，可在水中进行气密性试验，压力一般为 0.30~0.50MPa，以不产生连续性气泡为合格；对于单端面机械密封，水压试验的试验压力一般为密封工作压力的 1.25 倍，以不漏为合格。

（2）总装后盘车手感轻松，无卡涩现象，对于弹簧传递扭矩的密封，盘车方向应与泵的工作方向相同。

（3）冲洗、冷却、过滤等辅助系统应装配无误。

（4）充液检查密封，以基本无泄漏为合格。

（5）设备应连续运转3h，机械密封运转平稳，声音、温度无异常；机泵的密封平均泄漏量应符合表3-82规定。釜用密封平均泄漏量应符合表3-83规定（特殊条件下不受表中数值的限制）。

表 3-82　机泵密封平均泄漏量

轴或轴套外径（mm）	平均泄漏量（mL/h）
≤50	≤3
>50	≤5

表 3-83　釜用密封平均泄漏量

釜用机械密封形式	平均泄漏量（mL/h）
双端面机械密封	≤10
单端面机械密封	不产生连续气泡

5. 常见故障与处理

机械密封常见故障与处理见表3-84。

表 3-84　机械密封常见故障与处理

序号	故障现象	故障原因	处理方法
1	进料或静压时泄漏	密封端面损坏	修理或更换动静环
		密封圈损坏	更换损坏的密封圈
		动环、静环端面有异物	清理密封腔体，去除异物；检查密封面是否研伤，若损伤则更换
		动环、静环V形圈方向装反	按正确方向重新装配
		动环、静环密封面未完全贴合	重新安装
2	进料或静压时有方向的泄漏	弹簧力不均	更换弹簧
		密封面与轴垂直度不符合要求	调整
3	运转时经常性泄漏	端面比压过大引起的密封端面变形	减少压缩量
		摩擦热引起动环、静环变形，摩擦副磨损	保证封液充足，密封辅助系统畅通
		弹簧比压过小或封液压力不足	修理或更换动环、静环，增加端面比压
		密封圈老化、熔胀	更换
		有方向性要求的弹簧其旋向不对	更换
		动环、静环与轴或轴套间结垢或结晶，影响补偿	清理
		安装密封圈处的轴或轴套配合面有划伤	清理或更换

序号	故障现象	故障原因	处理方法
4	运转时周期性泄漏	转子组件轴向窜动量过大	调整轴向窜动符合要求重新找正
		联轴器找正不好造成周期性振动	检查清洗叶轮
		转子不平衡	叶轮及转子进行静平衡与动平衡
5	运转时突发性泄漏	弹簧断裂	更换
		防转销脱落	重新装配
		封液不足，密封件损坏	检查封液系统，更换密封件
		因结晶导致密封面损坏	调整工艺，更换密封件
		端面比压过大，石墨环损坏	减小比压，更换石墨环
6	停用一段时间再开动时发生泄漏	端簧锈蚀	更换
		端簧卡死	清洗或更换
		介质在摩擦副附近凝固或结晶	检修

五、机械密封冲洗方案及特点

冲洗的目的在于防止杂质集积、防止气囊形成、保持和改善润滑等，当冲洗液温度较低时，兼有冷却作用。冲洗主要有如下方式。

1. 自冲洗（内循）

1）正向冲洗

正向冲洗是从泵出口经过限流孔板到密封腔中。

2）反向冲洗

反向冲洗是从密封腔经过限流孔板到泵入口。

3）两向冲洗

对于双支承泵可采用两向冲洗，出口端密封腔中的压力高于入口端，将两端密封腔用管线连接起来，对泵出口端是反向冲洗，泵入口端是正向冲洗，故称为两向冲洗。

4）贯穿冲洗

冲洗液从泵出口经孔板引入密封腔中，冲洗后流向泵的入口。这种方式多用在低沸点液体的密封上。要求位于叶轮和密封之间的底套间隙较小。

上述各种自冲洗用在温度不高清洁流体的密封上。对于温度较高的清洁流体，则采用带有冷却的自冲洗。

2. 循环冲洗（外循）

循环冲洗是通过一个泵送装置使外加的密封流体进行循环。这里有两点需引起注意：一是"泵送装置"，可以是外加的油站和密封腔形成闭合回路进行循环，也可在密封腔中装设一个泵使流体循环。二是"外加的密封流体"。这种冲洗方式用在双端面或多端面密封上，在单端面密封上不采用。

3. 注入式冲洗

对于内装单端面密封，当被密封介质不宜作密封流体时，比如被密封介质含固体颗粒或温度高、黏度大，需从外部引入密封流体注入密封腔中，改善密封的工作环境。对于采用单端面密封的高温泵、易结晶或含固体颗粒以及腐蚀介质泵，均可采用注入式冲洗。

六、机械密封典型失效原因分析

1. 机械密封本身问题

（1）镶装不到位或不平整。

（2）载荷系数太大或端面比压设计不合理。

（3）材质选用不当。

（4）密封面不平。

（5）密封面太宽或太窄。

2. 辅助系统问题

（1）工况条件复杂，但没有冲洗等辅助设施。

（2）冲洗管堵塞。

（3）冷却管结垢。

3. 介质及工作条件问题

（1）介质腐蚀性强。

（2）介质中有固体颗粒。

（3）设备抽空。

（4）密封面结晶。

（5）介质黏度太大。

4. 泵的问题

（1）轴的加工精度不佳，串轴、跳动、安装间隙过大。

（2）泵开启后振动太大。

（3）压盖垫环不佳。

（4）密封箱不平。

（5）机械密封安装没有达到应有的压缩量。

七、常见的渗漏现象

机械密封渗漏的比例占全部维修泵的50%以上，机械密封的运行好坏直接影响到水泵的正常运行，现总结分析如下。

1. 周期性渗漏

（1）泵转子轴向窜动量大，辅助密封与轴的过盈量大，动环不能在轴上灵活移动。在泵翻转，动环、静环磨损后，得不到补偿位移。

对策：在装配机械密封时，轴的轴向窜动量应小于0.1mm，辅助密封与轴的过盈量应适中，在保证径向密封的同时，动环装配后保证能在轴上灵活移动（把动环压向弹簧能自由地弹回来）。

（2）密封面润滑油量不足引起干摩擦或拉毛密封端面。

对策：油室腔内润滑油面高度应加到高于动环、静环密封面。

（3）转子周期性振动。原因是定子与上、下端盖未对中或叶轮和主轴不平衡，汽蚀或轴承损坏（磨损），这种情况会缩短密封使用寿命和产生渗漏。

对策：可根据维修标准来纠正上述问题。

2. 由于压力产生的渗漏

（1）高压和压力波造成的机械密封渗漏由于弹簧比压及总比压设计过大和密封腔内压力超过 3MPa 时，会使密封端面比压过大，液膜难以形成，密封端面磨损严重，发热量增多，造成密封面热变形。

对策：在装配机封时，弹簧压缩量一定要按规定进行，不允许有过大或过小的现象，高压条件下的机械密封应采取措施。为使端面受力合理，尽量减小变形，可采用硬质合金、陶瓷等耐压强度高的材料，并加强冷却的润滑措施。

（2）真空状态运行造成的机械密封渗漏泵在启动、停机过程中，由于泵进口堵塞，抽送介质中含有气体等原因，有可能使密封腔出现负压，密封腔内若是负压，会引起密封端面干摩擦，内装式机械密封会产生漏气（水）现象，真空密封与正压密封的不同点在于密封对象的方向性差异，而且机械密封也有其某一方向的适应性。

对策：采用双端面机械密封，这样有助于改善润滑条件，提高密封性能。

3. 由于介质引起的渗漏

（1）大多数潜污泵机械密封拆解后，静环和动环的辅助密封件无弹性，有的已经腐烂，造成了机封的大量渗漏，甚至有磨轴现象。高温、污水中的弱酸、弱碱对静环和动环辅助橡胶密封件的腐蚀作用，导致机械渗漏过大。动环、静环橡胶密封圈材料为丁腈-40，不耐高温、不耐酸碱，当污水为酸性、碱性时易腐蚀。

对策：对腐蚀性介质，橡胶件应选用耐高温、耐弱酸、耐弱碱的氟橡胶。

（2）固体颗粒杂质引起的机械密封渗漏，如果固体颗粒进入密封端面，将会划伤或加快密封端面的磨损，水垢和油污在轴（套）表面的堆积速度超过摩擦副的磨损速度，致使动环不能补偿磨耗位移，"硬对硬"摩擦副的运转寿命要比"硬对石墨"摩擦副的长，因为固体颗粒会嵌入石墨密封环的密封面内。

对策：在固体颗粒容易进入的位置，应选用碳化钨对碳化钨摩擦副的机械密封。

4. 因其他问题引起的机械密封渗漏

机械密封中还存在设计、选择、安装等不够合理的地方。

（1）弹簧压缩量一定要按规定进行，不允许有过大或过小的现象，误差±2mm。压缩量过大，增加端面比压，摩擦热量过多，造成密封面热变形，加速端面磨损；压缩量过小，动环、静环端面比压不足，则不能密封。

（2）安装动环密封圈的轴（或轴套）端面及安装静环密封圈的密封压盖（或壳体）的端面应倒角并修光，以免装配时碰伤动环、静环密封圈。

八、机封正常运行和维护问题

1. 启动前的准备工作及注意事项

（1）全面检查机械密封以及附属装置和管线安装是否齐全，是否符合技术要求。

（2）机械密封启动前进行静压试验，检查机械密封是否有泄漏现象。若泄漏较多，应查清原因设法消除。如仍无效，则应拆卸检查并重新安装。一般静压试验压力为 2 ~ 3kgf/cm^2。

（3）按泵旋向盘车，检查是否轻快均匀。如盘车吃力或不动时，则应检查装配尺寸是否错误，安装是否合理。

2. 安装与停运

（1）启动前应保持密封腔内充满液体。当输送凝固的介质时，应用蒸汽将密封腔加热使介质熔化。启动前必须盘车，以防止突然启动而造成软环碎裂。

（2）对于利用泵外封油系统的机械密封，应先启动封油系统。停车后，最后停止封油系统。

（3）热油泵停运后不能马上停止封油腔及端面密封的冷却水，应待端面密封处油温降到 80℃ 以下时，才可以停止冷却水，以免损坏密封零件。

3. 运转

（1）泵启动后若有轻微泄漏现象，应观察一段时间。如连续运行 4h，泄漏量仍不减小，则应停泵检查。

（2）泵的操作压力应平稳，压力波动不大于 $1kgf/cm^2$。

（3）泵在运转中，应避免发生抽空现象，以免造成密封面干摩擦及密封破坏。

第十五节　设备联轴器同心度找正

一、电动机联轴器找正方法

联轴器的找正是电动机安装的重要工作之一，找正的目的是在电动机工作时使主动轴和从动轴两轴中心线在同一直线上。找正的精度关系到机器能否正常运转，对高速运转的机器尤其重要。两轴绝对准确的对中是难以达到的，对连续运转的机器要求始终保持准确的对中就更困难。各零部件的不均匀热膨胀、轴的挠曲、轴承的不均匀磨损、机器产生的位移及基础的不均匀下沉等，都是造成不易保持轴对中的原因。因此，在设计机器时规定两轴中心有一个允许偏差值，这也是安装联轴器时所需要的。从装配角度讲，只要能保证联轴器安全可靠地传递扭矩，两轴中心允许的偏差值越大，安装时越容易达到要求。但是从安装质量角度讲，两轴中心线偏差越小，对中越精确，机器的运转情况越好，使用寿命越长。因此，不能把联轴器安装时两轴对中的允许偏差看成是安装者草率施工所留的余量。

1. 电动机联轴器找正时两轴偏移情况的分析

电动机安装时，联轴器在轴向和径向会出现偏差或倾斜，可能出现 4 种情况，如图 3-35 所示。

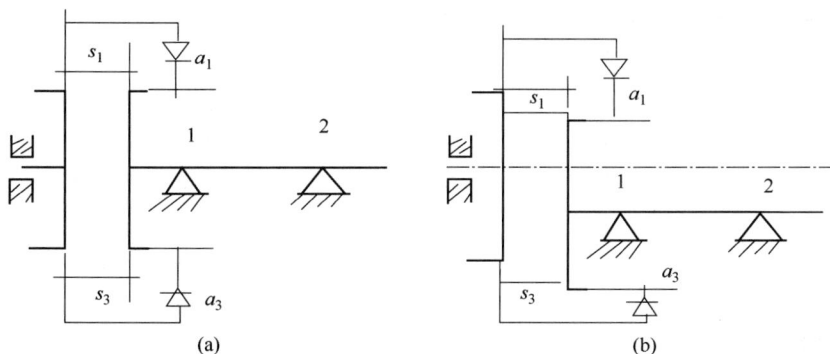

图 3-35　电动机联轴器找正时可能遇到的 4 种情况

(c)　　　　　　　　　　　　　　(d)

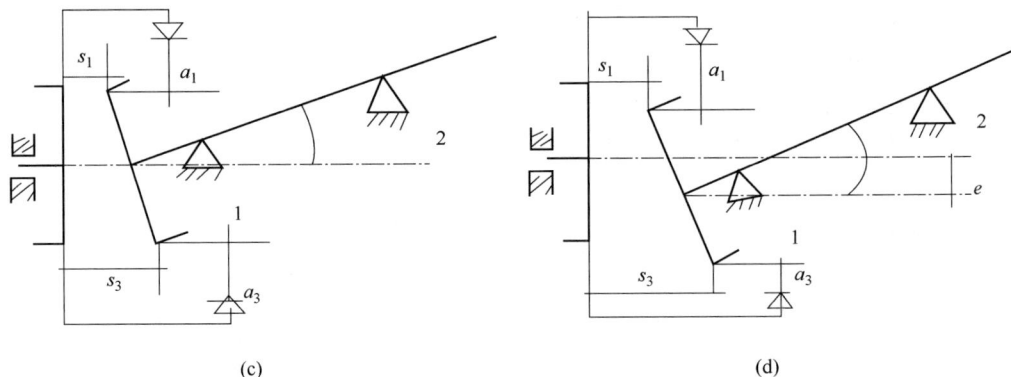

图 3-35　电动机联轴器找正时可能遇到的 4 种情况（续图）

a—测量表读数；s—轴间距离

根据图 3-35 所示，对主动轴和从动轴相对位置的分析见表 3-85。

表 3-85　电动机联轴器偏移的分析

图号	图 3-36（a）	图 3-36（b）	图 3-36（c）	图 3-36（d）
联轴器偏移分析				
	$a_1 = a_3$	$a_1 \neq a_3$	$a_1 = a_3$	$a_1 \neq a_3$
	两轴同心	两轴不同心	两轴同心	两轴不同心
	$s_1 = s_3$	$s_1 = s_3$	$s_1 \neq s_3$	$s_1 \neq s_3$
	两轴平行	两轴平行	两轴不平行	两轴不平行

2. 测量方法

安装电动机时，一般是在电动机中心位置固定并调整完水平之后，再进行联轴器的找正。通过测量与计算，分析偏差情况，调整电动机轴中心位置，以达到主动轴与从动轴既同心又平行。

联轴器找正的方法有多种，常用的找正方法如下。

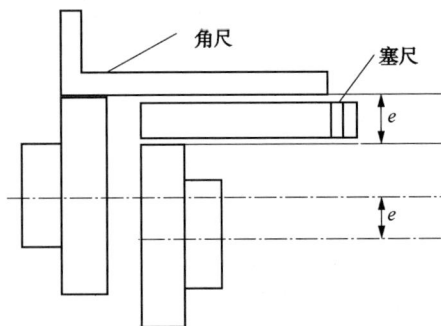

图 3-36　角尺和塞尺的测量方法

e—偏差距离

1）简单的测量方法

用角尺和塞尺测量联轴器外圆各方位上的径向偏差，用塞尺测量两半联轴器端面间的轴向间隙偏差，通过分析和调整，达到两轴对中（图 3-36）。这种方法操作简单，但精度不高，对中误差较大，只适用于电动机转速较低、对中要求不高的联轴器的安装测量。

2）用中心卡及塞尺的测量方法

找正用的中心卡（又称对轮卡）结构形式有多种，根据联轴器的结构、尺寸选择适用的中心卡，常见的结构如图 3-37 所示。中心卡没有统一规格，考虑测量和装卡的要求由钳工自行制作。

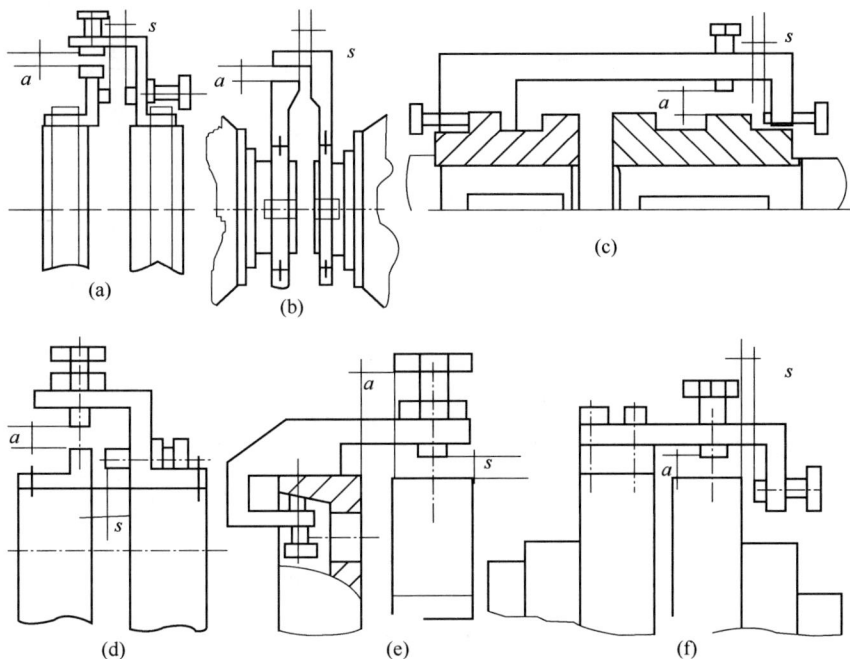

图 3-37　常见对轮卡形式

e—偏差距离；a—径向距离；s—轴向距离

（a）用钢带固定在联轴器上的可调节双测点对轮卡；

（b）测量轴用的不可调节的双测点对轮卡；

（c）测量齿式联轴器的可调节双测点对轮卡；

（d）用螺钉直接固定在联轴器上的可调节双测点对轮卡；

（e）有平滑圆柱表面联轴器用的可调节单测点对轮卡；

（f）有平滑圆柱表面联轴器用的可调节双点对轮卡

利用中心卡及塞尺可以同时测量联轴器的径向间隙及轴向间隙，这种方法操作简单，测量精度较高，利用测量的间隙值可以计算求出调整量，故较为适用。

3）百分表测量法

把专用的夹具（对轮卡）或磁力表座装在作基准的（常是装在电动机转轴上的）半联轴器上，用百分表测量联轴器的径向间隙和轴向间隙的偏差值。此方法使联轴器找正的测量精度大大提高，常用的百分表测量方法有如下 3 种：

（1）双表测量法。

用两块百分表分别测量联轴器外圆和端面同一方向上的偏差值，故又称一点测量法，即在测量某个方位上的径向读数的同时，测量出同一方位上的轴向读数。具体做法是：先用角尺对吊装就位准备调整的电动机上的联轴器做初步测量与调整。然后在作基准的主机侧半联轴器上装上专用夹具及百分表，使百分表的触头指向电动机侧半联轴器的外圆及端面，如图 3-38 所示。

测量时，先测 0° 方位的径向读数 a_1 及轴向读数 s_1。为了分析计算方便，常把 a_1 和 s_1 调整为零，然后两半联轴器同时转动，每转 90° 读一次表中数值，并把读数值填到记录图中。圆外记录径向读数 a_1，a_2，a_3 和 a_4，圆内记录轴向读数 s_1，s_2，s_3 和 s_4。当百分表转回到零

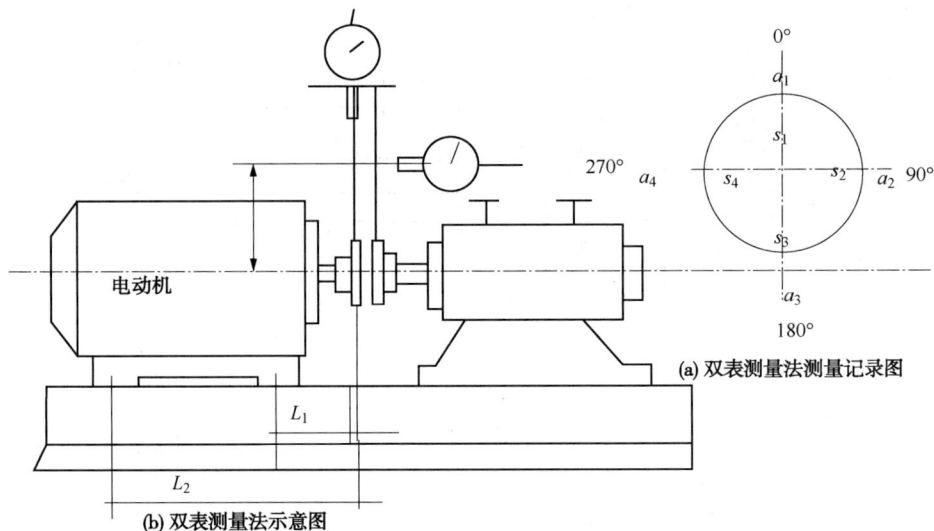

(a) 双表测量法测量记录图

(b) 双表测量法示意图

图 3-38　双表测量法

L_1—支点 1 到联轴器间的距离；L_2—支点 2 到联轴器间的距离

位时，必须与原零位读数一致；否则，需找出原因并将其排除。常见的原因是轴窜动或地脚螺栓松动，测量的读数必须符合下列条件才属正确，即：

$$a_1+a_3=a_2+a_4$$

$$s_1+s_3=s_2+s_4$$

通过对测量数值的分析计算，确定两轴在空间的相对位置，然后按计算结果调整。

这种方法应用比较广泛，可满足一般机器的安装精度要求。主要缺点是对有轴向窜动的联轴器，在盘车时其端面的轴向度数会产生误差。因此，这种测量方法适用于由滚动轴承支撑的转轴以及轴向窜动比较小的中小型机器。

（2）三表测量法。

三表测量法（又称两点测量法）与两表测量法的不同之处是在与轴中心等距离处对称布置两块百分表，在测量一个方位上径向读数和轴向读数的同时，在相对的一个方位上测其轴向读数，即同时测量相对两方位上的轴向读数，可以消除轴在盘车时窜动对轴向读数的影响，其测量记录图如图 3-39 所示。

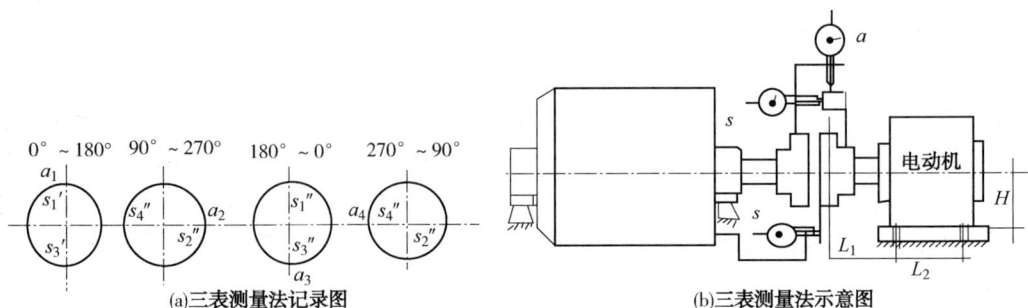

(a)三表测量法记录图

(b)三表测量法示意图

图 3-39　三表测量法

H—高度；L_1—支点 1 到联轴器间的距离；L_2—支点 2 到联轴器间的距离

根据测量结果，取 $0°\sim180°$ 和 $180°\sim0°$ 两个测量方位上轴向读数的平均值，即：

$$s_1 = \frac{s_1' + s_1''}{2} \qquad s_3 = \frac{s_3' + s_3''}{2}$$

取 $90°\sim270°$ 和 $270°\sim90°$ 两个测量方位上轴向读数的平均值，即：

$$s_2 = \frac{s_2' + s_2''}{2} \qquad s_4 = \frac{s_4' + s_4''}{2}$$

s_1，s_2，s_3 和 s_4 4 个平均值作为各方位计算用的轴向读数，与 a_1，a_2，a_3 和 a_4 4 个径向读数记入同一个记录图中，按此图中的数据分析联轴器的偏移情况，并进行计算和调整。这种测量方法精度很高，适用于需要精确对中的精密仪器或高速运转的机器，如汽轮机、离心式压缩机等。相比之下，三表测量法比两表测量法在操作与计算上稍繁杂一些。

（3）五表测量法（又称四点测量法）。

在测量一个方位上的径向读数的同时，测出 $0°$，$90°$，$180°$ 和 $270°$ 4 个方位上的轴向读数，并取其同一方位上的 4 个轴向读数的平均值作为分析与计算用的轴向读数，与同一方位的径向读数结合起来分析联轴器的偏移情况。这种方法与三表法应用特点相同。

（4）单表法。

它是近年来国外应用日益广泛的一种联轴器找正方法。这种方法只测定联轴器轮毂外圆的径向读数，不测量端面的轴向读数，测量操作时仅用一个百分表，故称单表法。

此种方法用一块百分表就能判断两轴的相对位置，并可计算出轴向和径向的偏差值。也可以根据百分表上的读数，用图解法求得调整量。用此方法测量时，需要特制一个找正用表架，其尺寸、结构由两半联轴器间的轴向距离及轮毂尺寸大小而定。表架自身质量要小，并有足够的刚度。表架及百分表均要求紧固，不允许有松动现象。图 3-40 为两轴端距离较大时找正用表架的结构示意图。

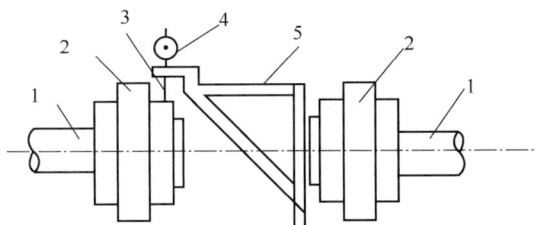

图 3-40　单表法找正

1—轴；2—半联轴器；3—百分表触头；4—百分表；5—支架

单表测量的操作方法是，在两个半联轴器的轮毂外圆面上各做相隔 $90°$ 的四等分标志点 $1a$，$2a$，$3a$，$4a$ 与 $1b$，$2b$，$3b$，$4b$。先在 B 联轴器上架设百分表，使百分表的触头接触在 A 联轴器的外圆面上的 $1a$ 点处，然后将表盘对到 "0" 位，按轴运转方向盘动 B 联轴器，分别测得 A 联轴器上的 $1a$，$2a$，$3a$，$4a$ 的读数（其中 $1a=0$），为准确可靠可复测几次。为了避免 A 联轴器外圆面与轴不同心给测量带来误差，可同时盘动 B 联轴器与 A 联轴器。然后再将百分表架设在 A 联轴器上，以同样方法测得 B 联轴器上 $1b$，$2b$，$3b$，$4b$ 的读数（其中 $1b=0$）。

测出偏差值后，利用图 3-41 所示的偏差分析示意图分析方法，可得出 A 与 B 两半联轴器在垂直方向和水平方向两轴空间相对位置的各种情况，见表 3-86 和表 3-87。

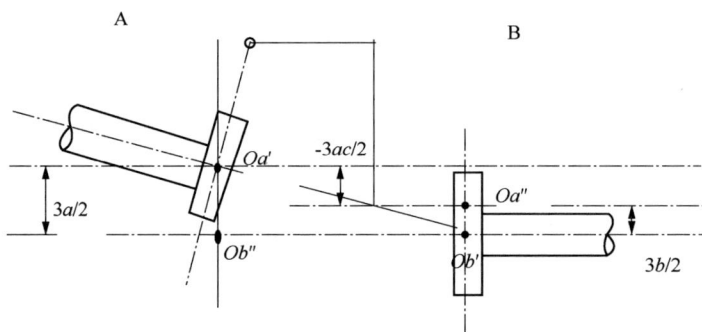

图 3-41　偏差值分析示意图

表 3-86　垂直方向两轴相对位置分析

序号	3a 数值	3b 数值	3ac 数值	两轴空间位置
1	3a<0	3b>0	3ac<0	
2	3a>0	3b<0	3ac<0	
3	3a<0	3b>0	3ac>0	
4	3a>0	3b<0	3ac>0	
5	3a>0	3b>0	3ac>0	
6	3a<0	3b<0	3ac<0	
7	3a<0	3b>0	3ac=0	
8	3a>0	3b<0	3ac=0	
9	3a=0	3b<0	3ac<0	
10	3a=0	3b>0	3ac>0	

注：$3ac=3a+3b$（代数和）。

表 3-87　水平方向两轴相对位置分析

序号	2a 数值	2b 数值	2ac 数值	两轴相对位置
1	2a'<0	2b'>0	2ac<0	

续表

序号	2a 数值	2b 数值	2ac 数值	两轴相对位置
2	$2a'>0$	$2b'<0$	$2ac<0$	
3	$2a'<0$	$2b'>0$	$2ac>0$	
4	$2a'>0$	$2b'<0$	$2ac>0$	
5	$2a'>0$	$2b'>0$	$2ac>0$	
6	$2a'<0$	$2b'<0$	$2ac<0$	
7	$2a'>0$	$2b'<0$	$2ac=0$	
8	$2a'<0$	$2b'>0$	$2ac=0$	
9	$2a'=0$	$2b'<0$	$2ac<0$	
10	$2a'=0$	$2b'>0$	$2ac>0$	

图中假设 B 轴向上平移，使 $0b'$ 与 $0a'$ 相重合，此时 $3b=0$，而 $3a$ 的读数则变为 $3ac$，由于 $3ac=3a+3b$（代数和），这时 $0'$ 与 $0''$ 的垂直距离也就是两轴在垂直方向的偏差值 $3ac/2$。因此，只要测得 $3a$ 与 $3b$ 的数值，可以求得 $3ac$ 的数值（要注意读数的正负号）。水平方向的偏差分析与垂直方向相同。

3. 调整方法

测量完联轴器的对中情况之后，根据记录图上的读数值可分析出两轴空间相对位置情况。按偏差值进行适当调整。为使调整工作迅速、准确进行，可通过计算或作图求得各支点的调整量。测量方法不同，计算方法也不同。

1）两表测量法、三表测量法及五表测量法

两表、三表及五表测量法都可得出同一方位上的径向读数和轴向读数，若测点位置及调整支点的位置如图 2-62 所示（请注意测量轴向读数百分表的指向），可用下式进行计算：

$$H_1=\frac{L_1\times(s_1-s_3)}{D}+\frac{(a_1-a_3)}{2}$$

$$H_2=\frac{(L_1+L_2)\times(s_1-s_3)}{D}+\frac{(a_1-a_3)}{2}$$

式中 H_1，H_2——支点 1 和支点 2 的调整量（正值时加垫，负值时减垫），mm；

s_1，s_3，a_1，a_3——0°和180°方位测得轴向和径向百分表读数，mm；

D——联轴器的计算直径（百分表触点，即测点到联轴器中心点的距离），mm；

L_1——支点1到联轴器测量平面间的距离，mm；

L_2——支点1与支点2之间的距离，mm。

应用上式计算调整量时的几点说明：

（1）式中s_1，s_3，a_1和a_3是用百分表测得的读数，应包含正负号一起代入计算公式。

（2）H的计算值由两项组成，前项$L(s_1-s_3)/D$中，L与D不可能出现负值，因此此项的正负取值于(s_1-s_3)。

$s_1-s_3>0$时，前项为正值，此时联轴器的轴向间隙呈V形，称为"上张口"；

$s_1-s_3<0$时，前项为负值，联轴器的间隙呈A形，称为"下张口"；

$a_1-a_3>0$时，后项为正值，此时被测的半联轴器中心（电动机轴中心）比基准的半联轴器中心（从动轴中心）偏低；

$a_1-a_3<0$时，被测的半联轴器中心偏高。

（3）电动机安装时，通常以电动机转轴（从动轴）做基准，调整电动机转轴（主动轴）。电动机底座4个支点于两侧对称布置，调整时，对称的两支点所加（或减）垫片厚度应相等。

（4）若安装百分表的夹具（对轮卡）结构不同，测量轴向间隙的百分表触点指向原动机（触点与被测半联轴器靠接合面一侧的端面接触）时，百分表的读数值大小恰与联轴器间实际轴向间隙方向相反，因此H值的公式前项s_1-s_3应改为s_3-s_1，即$s_3-s_1>0$时为"上张口"，$s_3-s_1<0$时为"下张口"。

（5）电动机在运转工况下因热膨胀会引起轴中心位置变化，联轴器找正时把轴中心线调整到设计要求的冷态（安装时的状态）轴中心位置，使电动机在热态（运转工况下）达到两轴中心线一致（既同心又平行）的技术要求。有的直接给定电动机冷态找正时的读数值；也有的给定各支点的温升数据，由图解法求出冷态找正时的读数值。在安装大型机组时，有的给出各类电动机在不同工况下的经验图表，通过查表或计算找出冷态找正时的读数值。经验丰富的安装人员还可从实践中得出一些经验数据。总之，对于安装者来说，要考虑电动机从冷态到热态支点处轴中心位置的变化，在工作中保证电动机能处于理想的对中状态。

（6）在水平方向上调整联轴器的偏差时，不需要加减垫片，通常也不计算。操作时利用顶丝和百分表，边测量边调整，直至达到要求的精度。一些大型的、重要的机组在调整水平偏差时，各支点的移动量可通过计算或作图求出。

2）激光对中仪找正

随着科技的发展，现在有了激光对中仪，也已经非常普及了。相对于其他的找正方式，它具有快捷、简单、准确性高的优势，尤其对于大型机组更为明显。它由激光发射器、激光接收器、控制液晶屏以及这三者之间的连接数据线和专用的链条式（或磁力表座）卡具（用来把激光发射和接收器固定在联轴器上）组成。在把激光发射器和激光接收器固定在联轴器上之后，将连线和控制屏接到一起，选择找正模式，按提示输入相应的数据，一般有激光发射器的回转直径、激光发射器和激光接收器之间的距离，以及调整各支脚到接收器的距离。一般只需盘车180°即可，之后各脚的加减垫片数据和水平方向移动调整数据将由控制液晶屏显示出来。一般经过两次调整即可完成。

无论用哪种方法求调整量，复查测量时仍可能产生一定的误差。联轴器找正与调整需要反复进行多次，最终将误差限制在允许的范围内。

二、电动机联轴器找正同心度误差的标准范围

电动机的转速越高，电动机轴与机械轴的同心度就越高，转速小于3000r/min的电动机联轴器找正同心度误差的标准范围见表3-88。

表 3-88　电动机联轴器找正同心度误差的标准范围　　　　　单位：mm

电动机转速	<3000r/min		<1500r/min		<1000r/min		<600r/min		<200r/min	
同心度	径向	轴向	径向	轴向	径向	轴向	径向	轴向	径向	轴向
刚性联轴器	0.01	0.02	0.01	0.03	0.02	0.04	0.03	0.04	0.03	0.04
弹性联轴器	0.01	0.02	0.01	0.05	0.02	0.05	0.03	0.06	0.03	0.07
齿式联轴器	0.01	0.02	0.01	0.05	0.02	0.05	0.03	0.06	0.03	0.07

加热炉移钢机的找正标准（图3-42）：

（1）移钢机电动机联轴器因磁力百分表表座无法在电动机内齿套上固定，无法用百分表测绘找正。对不能架磁力百分表表座的联轴器的轴，事先需要特制一个找正用表架，其尺寸、结构由两半联轴器间的轴向距离及轮圆尺寸大小而定。表架自身质量要高，并有足够的刚度。表架及百分表均要求固紧，不允许有松动现象，最好用带钢做专用卡子（图3-43）卡在内齿套或电动机轴上。

（2）将专用找正夹具在电动机联轴器内齿套上装好，百分表架在机械轮上。

（3）分别在0°，90°，180°和270°测出电动机与机械的高、低、左、右数据，控制误差在允许范围以内，由于此台电动机为4级840～1440r/min齿轮连接，径向控制误差在0.03mm以下，轴向控制误差在0.05mm以下，用量块或塞尺测出电动机与机械对轮的间隙，控制误差在0.02mm以下。

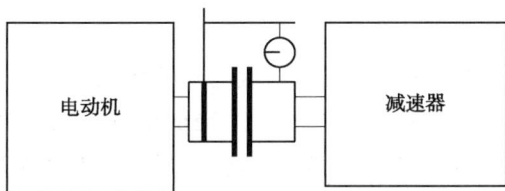

图 3-42　加热炉移钢机的找正标准

图 3-43　专用百分表卡子

④将电动机地脚螺栓紧固后，再复测水平间隙、垂直间隙和对轮间隙有无变化，如果误差变化大时需重新找正。

⑤确认在误差允许值之内，可空载试电动机，然后接联轴器，试重车。

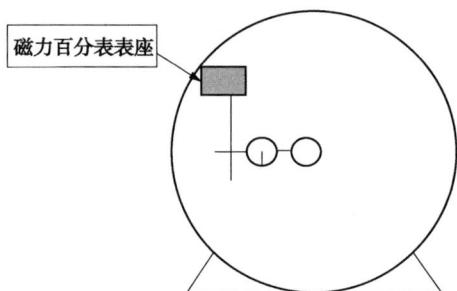

图3-44　电动机码盘找正示意图

三、电动机码盘找正的方法

电动机码盘找正示意图如图3-44所示。

（1）电动机码盘的传动方式有两种：一种是悬挂支撑传动式；另一种是直接坐在电动机后盖直接传动式。

（2）将磁力百分表表座吸在电动机后端盖上，将磁力百分表指向电动机后端输出轴调整好。

（3）盘动电动机转子，分别在0°，90°，180°和270°测出电动机后端输出轴，径向控制误差在0.01mm以下，轴向控制误差在0.02mm以下。

（4）如果径向误差大于0.02mm，轴向误差大于0.03mm，且无法调整时，需重新测绘加工电动机后端输出轴或电动机轴孔的同心度。

（5）对于大型电动机人工无法盘动电动机转子时，须用天车盘动电动机转子，将磁力百分表表座吸在电动机轴瓦侧面，来找电动机后端码盘输出轴（图3-45）的同心度，径向误差不大于0.02mm，轴向误差控制在0.03mm以下（但要考虑电动机轴与轴瓦的间隙）。在更换此类电动机码盘时一般只找码盘输出轴与电动机轴0°，90°，180°和270°的平行度即可，径向误差小于0.02mm，轴向误差控制在0.03mm以内。

图3-46为小电动机码盘安装形式图，此种形式电动机的轴承必须是滚动轴承。

图3-45　电动机轴与码盘连接轴的输出轴（小轴为码盘输出轴）

图3-46　小电动机码盘安装形式图

图3-47为小电动机码盘的安装及传动方式图，电动机轴与码盘之间的传动联轴器一般采用绝缘弹性联轴器，它能克服电动机轴承间隙（0.02~0.07mm）的挠动量对码盘的影响。

图3-48为大型电动机码盘安装传动方式图，它的精度主要是在电动机制造时码盘输出轴与电动机轴加工的同心度，因为大型电动机一般采用滑动轴承，轴承与瓦之间的气息一侧为0.20mm，码盘一般采用一侧支撑传动式，让码盘跟随电动机轴转动。

图 3-47　小电动机码盘的安装及传动方式图

图 3-48　大型电动机码盘安装传动方式图

四、电动机联轴器找正前的一般要求

1. 安装电动机前的准备工作

要事先了解电动机的用途、转速、联轴器形式、同心度允许误差范围（同心度允许误差范围表），对不能架磁力表座的联轴器，要事先制作专用表架和卡扣，以便在电动机联轴器找正时，卡在电动机联轴器内齿套或电动机轴上。

2. 准备找中心的仪器和工具

百分表、磁力百分表表架、钢板尺、游标卡尺、塞尺、水平仪、大锤、手锤、撬杠、活络扳手、敲击呆扳手、计算器、笔记本。

3. 电动机联轴器找正前的检查

（1）轴承座、台板各部分螺栓应紧固。

（2）联轴器的测量面打磨干净。

（3）检查电动机地脚螺栓未紧固时的接触情况，应无翘动现象。

（4）用百分表测量联轴器径向和轴向的晃动，晃动值不能大于 0.5mm。

（5）电气人员应对电动机进行空载试验且试验合格，方可进行联轴器找正工作。

第十六节　设备的状态监测与故障诊断

设备状态监测与故障诊断技术是一种了解和掌握设备在使用过程中的状态，确定其整体或局部正常或异常，早期发现故障及其原因，并能预测故障发展趋势的技术。

设备状态监测技术与设备故障诊断技术既有区别也有联系，监测是诊断的基础和前提，诊断是监测的最终结果。有时又将二者统称为设备故障诊断，可分为简易诊断和精密诊断两个层次。简易诊断即设备的"健康检查"，根据量值范围判断设备是正常还是异常。简易诊断的作用是监测和保护，目的是对设备的状态做出迅速而有效的概括和评价，由操作者、维护者实施。而精密诊断是在简易诊断基础上更深层次的诊断，目的是判断故障的性质（渐进性/突发性……）、原因（不平衡/不对中……）、部位（电动机/风机、轴承/齿轮……）、程度（一般故障/严重故障……）等，由专业诊断技术人员实施。

一、机械故障的监测方法

对一台机器或一个系统进行诊断时，首要工作就是要探测出它的故障信息，也可称为故障探测，简称信号采集。一般情况下，一个故障可能表现出若干特征信息，即故障特征信息可能包含在几种状态信号之中。往往需要同时测取几种状态信号进行综合诊断，以提高诊断的可靠性。

对于机械设备，常用的监测方法有直接观察法、磨屑（磨损残渣）的测定、噪声和振动信号的监测以及其他监测方法。

二、故障监测与诊断使用的技术

1. 振动诊断的概念

工程实际中存在大量的振动问题，零件原始制造误差、运动零部件间的间隙和摩擦或者回转部件中不平衡力的存在等都会引起振动。

所谓振动诊断，就是以系统在某种激励下的振动响应作为诊断信息的来源，通过对所测得的振动参量（振动位移、速度、加速度）进行各种分析处理，并以此为基础，借助一定的识别策略，对机械设备的运行状态做出判断，对于诊断有故障的机械，给出故障部位、故障程度以及故障原因等方面的信息。

（1）振幅：振幅是指振动的最大幅值，表示振动的强烈程度。运行正常的设备，其振动幅值通常稳定在一个允许的范围内，如果振幅发生变化，便意味着设备的状态有了改变。因此，对振幅的监测可以用来判断设备的运行状态。振幅可以分为位移振幅、速度振幅和加速度振幅。在旋转机械状态监测实际应用中，位移振幅通常用双振幅，即峰—峰值（P—P值）来表示；速度振幅通常用单振幅即振动烈度来表示；加速度振幅通常用最大单峰值来表示。

（2）频率：振动物体在其平衡位置往复一次所需要的时间为振动的周期 T，单位为秒（s）。周期的倒数为每秒振动的次数，定义为振动的频率 f，单位为 s^{-1}，称为赫兹（Hz）。当频率以弧度/秒（rad/s）表示时，称为圆频率 ω。振动频率可分为基频（周期的倒数）和倍频（各次谐波频率），它是描述机器状态的另一个特征参量，也是测量和分析的主要参数。

不同的结构、不同的零部件、不同的故障源，则产生不同频率，因此对振动频率的监测和分析在评定设备状态过程中是必不可少的。

（3）相位：相位是表示物体振动部分对其他振动部分或固定部分相对位置关系的物理量。

为了能够做到对设备的预防维修，从设备维修角度，首先必须建立起与设备有关的状态监测与诊断技术体系，即根据被诊断对象选定相应的监测方法和仪器。一般情况下，主要是依据设备自身的重要性来选用监测与诊断方案。

2. 机械振动监测与诊断的对象及模式

（1）一般设备：对于一般的、不重要的小设备，有备用设备的，即使出现故障停车处理，也不会造成停产。因此，可选用简单的便携振动测量仪进行定期或不定期现场测量，参照振动标准值，以检查设备是否有故障或出现劣化。

（2）重要设备：对于一些比较重要的设备，可能会造成小部分停产或安全风险的，可采用离线故障诊断分析系统进行监测、诊断。定期在现场进行数据采集，异常情况下采集或在一段时间内连续采集。将采集的数据通过仪器，由专业技术人员进行诊断分析。

3. 振动测量参数的选择

测量振动可用位移、速度和加速度 3 个参数表述。这 3 个参数代表了不同类型振动的特点，对不同类型振动的敏感性也不同。一般认为，对振动频率在 10Hz 以下位移量较大的低频振动，选择位移为检测量。另外，对于某些高速旋转的机器的振动，旋转精度要求较高时，也用位移来衡量。多数机器用速度来评价振动强度。经验表明，在 10~1000Hz 的频带上，速度测量完整地表示了机器振动的严重程度。而加速度测量的适用范围可以达到 10000Hz 以上，在宽频带测量、高频振动和存在冲击振动的场合都测量加速度。在检测实践中，往往对位移、速度和加速度进行联合测量。

4. 振动监测周期的设置

振动监测周期设置过长，容易捕捉不到设备开始恶化信息；周期设置过短，又增加了监测的工作量。当设备处于稳定运行期时，监测周期可以长一些；当设备出现缺陷和故障时，应缩短监测周期。如果实测振动值接近或超过该设备停机值，应及时停机安排检修。如果因生产原因不能停机时，要加强监测，监测周期可缩短。

5. 振动测量的方位和测量点的选择

测量位置通常选择在振动的敏感点，传感器安装方便、对振动信号干扰小的地方，如轴承附近部位。一般测量相互垂直的 3 个方向的振动，即轴向（A 向）、径向（H 向，水平方向）和垂直方向（V 向），如图 3-49 所示。

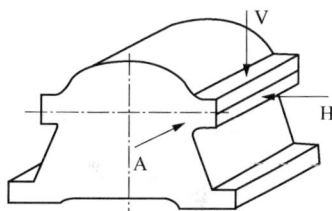

图 3-49　振动测量方向示意图

6. 设备状态评价

实际工作中建立评价设备状态标准的方法有许多，常见的有振动标准法、类比判断法、趋势图法等。建立振动的标准还可以参考设备制造商的建议，当然最好是长期监测设备，创建特定设备的标准。还要总结实践经验和参照维修数据进行分析，丰富和修正使用的标准。

（1）绝对判断标准：此类标准是对某类设备长期使用、维修、测试的经验总结，由行业协会或国家制定的图表形式的标准。使用测出的振动值与相同部位的判断标准的数值相比较来做出判断。一般这类标准是针对某些重要回转机械而制定的。例如，国际通用标准 ISO 2372 和 ISO 3945，见表 3-89。

（2）相对判断标准：在同一设备的同一部位定期进行检测，按时间先后做出比较，以初始正常值为标准，以后实测振动值超过正常值的多少来判断。

（3）类比判断标准：在相同工作条件下，多台相同规格的运行设备，对各台设备的同一部位进行振动测量，根据结果判断，如果某台设备的振动值超过其余设备的振动值一倍以上，视为异常。在无标准可参考的情况下可采用此方法。

表3-89　ISO 2372和ISO 3945标准

ISO 2372（适用于转速为10~200r/s，信号频率在10~1000Hz范围内的旋转机械）						ISO 3945（适用于转速为10~200r/s的大型机器）	
振动烈度		小型机器（≤15kW）	中型机器（15~75kW）	大型机器	透平机	支承分类	
范围	v_{max}（mm/s）					刚性支承	柔性支承
0.28		A	A	A	A	好	好
0.45	0.28	A	A	A	A	好	好
0.71	0.45	A	A	A	A	好	好
1.12	0.71	B	A	A	A	好	好
1.8	1.12	B	B	A	A	好	好
2.8	1.8	C	B	B	A	满意	好
4.5	2.8	C	C	B	B	满意	满意
7.1	4.5	D	C	C	B	不满意	满意
11.2	7.1	D	D	C	C	不满意	不满意
18	11.2	D	D	D	C	不能接受	不满意
28	18	D	D	D	D	不能接受	不能接受
45	28	D	D	D	D	不能接受	不能接受
71	45	D	D	D	D	不能接受	不能接受

注：A表示设备状态良好，B为容许状态，C为可忍受状态，D为不允许状态。

三、机组常见振动故障的机理与诊断

1. 数据采集与处理

技术人员使用便携式工作测振仪进行数据采集，通过振动分析系统进行数据管理并对数据进行处理数据转化成振动趋势图、时域波形图、频域波形图等。

1）时域波形图

常用工程信号都是时域波形的形式，时域波形有直观、易于理解等特点。时域波形图是传感器实际测量得到振动变化在时间上的反映，是进行其他图形转换的最原始的信号，因此包含的信息量大，但缺点是不太容易看出所包含信息与故障的联系。而对于某些故障信号，其波形具有明显的特征，这时可以利用时域波形做出初步判断，如图3-50所示。例如，对于旋转机械，其不平衡故障较严重时，信号中有明显的以旋转频率为特征的周期成分；而转轴不对中时，信号在一个周期内，旋转频率的2倍成分明显加大，即一周波动2次。

2）振动趋势图

振动趋势图反映振动幅值随时间的变化关系，如图3-51所示。它在简易诊断中经常使用，也称为恶化趋势图，表示设备具体的恶化进程，根据趋势图，即可识别和预测设备的状态。

3）幅值图

幅值图也就是频谱图，表示信号中各频率成分的幅值大小沿频率轴分布情况，如图3-52所示。

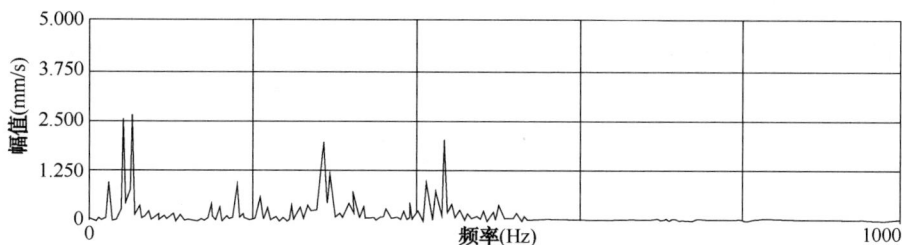

图 3-50　时域波形图

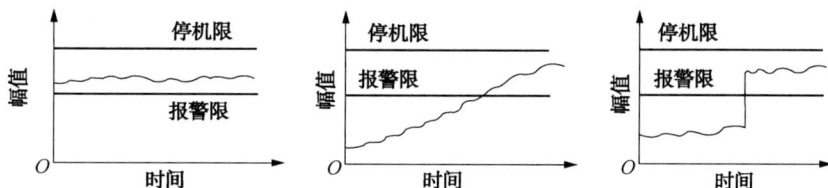

图 3-51　几种不同性质的振动变化趋势图

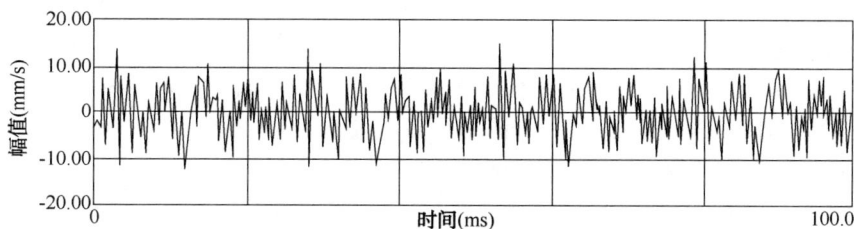

图 3-52　幅值谱

2. 不平衡

1）不平衡的故障机理

转动件由于加工误差、装配误差、材质不均匀，以及运行中由于腐蚀、磨损、结垢、零部件脱落等原因，具有偏心质量。众所周知，交变的力（方向、大小均发生周期性变化）会引起振动。转子的质量不平衡所产生的离心力始终作用在转子上，转子每旋转一周，就在转子或轴承的某一测点处产生一次振动响应。因此，它的振动频率就是转子的转速频率。转速频率也称为工频（即工作频率），这种频率成分很容易在频谱图上观察到。转速频率的高次谐波值很低，因此反映在时域上的波形接近于一个正弦波。

单一的质量不平衡将会在转子径向方向上形成一个不变的旋转离心力，如果轴承在水平和垂直方向上的刚度相同，则在离心力作用下，转子运动的轴心轨迹趋近于一个圆。如果轴承在两个方向上刚度不相同，则轴心轨迹为一椭圆。

2）不平衡故障的诊断

转子不平衡故障的主要振动特征如下：

（1）振动的时域波形为正弦波，如图 3-53 所示。

（2）在转子径向测点的频谱图上，转速频率成分具有突出的峰值，并且会出现较小的高次谐波，使整个频谱呈所谓的"枞树形"，如图 3-54 所示。除了悬臂转子之外，对于普通两端支承的转子，轴向测点上的振动值一般不明显。

（3）当工作转速一定时，相位稳定。

（4）敏感参数为工作转速。

（5）转子启动时，振幅随转速的增大而增大，临界转速时出现最大峰值，超过临界转速时振幅逐渐减小而趋向于一定值。

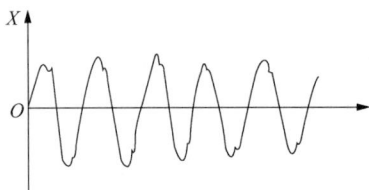

图 3-53　不平衡故障的时域波形　　　　图 3-54　转子不平衡故障谱图

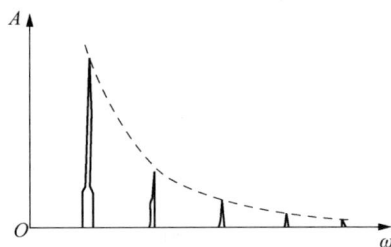

3）故障诊断注意要点

不平衡的故障诊断在现有技术条件下必须综合上述多个特征进行，不能凭单一特征来下结论，这样，很容易造成误诊。比如：频谱图上转速频率的出现和增高，不一定意味着单一的平衡不良，还有其他滑动轴承间隙过大、基础松动、共振、轴弯曲、轴裂纹、轴颈和轴承偏心等方面，需综合考虑振动方向性、与转速的关系、相位关系等因素。基础共振时机组各点都以同一频率和相位进行，而由不平衡造成的振动，沿旋转方向上各点的振动存在相位差；偏心类振幅随负荷变化而变化，与转速关系不敏感；弯曲类振动在轴向上振幅也较大，而不平衡则在轴向测点上的振动值不明显。

3. 不对中

1）不对中的机理

机组各转子之间通过联轴节连接，以传递运动和扭矩。转子之间由于安装误差以及转子的制造、承载后的变形和环境温度变化的影响等造成对中不良。转子对中不良的轴承，由于联轴节的受力作用，改变了转子轴颈与轴承的实际工作位置，不仅改变了轴承的工作状态，也降低了转子轴系的固有频率，因此转子不对中是导致转子发生异常振动和轴承早期损坏的重要原因。

联轴节的类型很多，在化工企业中常用的联轴节有固定式刚性联轴节和挠性联轴节，如齿轮联轴器和膜片式联轴器，由于它们的结构特点不同，其振动机理也有区别。

（1）挠性联轴节：当转子轴线有径向位移时，齿轮联轴节的内、外两齿套通过滑动，膜片式联轴节的膜片通过变形来补偿转子轴线的位移偏差，当转子旋转时，联轴节中间接筒的质心便以轴线的径向位移量为直径做圆周运动，其频率为转子旋转频率的 2 倍。当机组的转子轴线发生偏角位移时，其传动不仅是转子每回转一周变动两次，而且其变动的强度随着偏角的增大而增大，因而从动转子由于传动比的变化所产生的角加速度激励转子而产生振动，其径向振动频率亦是转子旋转频率的两倍。在实际生产中，机组各转子之间的连接对中情况，往往既有径向位移，又有偏角位移，因而转子发生径向振动的机理是两者的综合结果。

另外，由于联轴节所产生的附加轴向力以及转子偏角位移的作用，从动转子每回转一周，其在轴向往复运动一次，因而转子轴向振动的频率与回转频率相同。

（2）刚性联轴节：用刚性联轴节连接不对中的转子时，转子由于强制连接而产生弯曲变形，联轴节接合面在转子每回转一周时，相对移动两周，因此其振动频率为工作转速的两倍，而轴向振动频率与工作转速同步，其振动特征与挠性联轴节的振动规律相同。

2）不对中故障的诊断

转子不对中故障的振动特征如下：

（1）振动的时域波形为一个一倍频的余弦波和一个二倍频的余弦波叠加，如图 3-55 所示。

（2）径向振动频谱由工频、二倍频及其调制谐波组成，二倍频谐波振幅较大，为特征频率。轴向振动频谱由工频及其谐波组成，工频具有峰值，如图 3-56 所示。

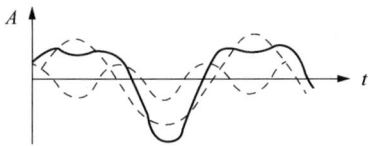

图 3-55　不对中的时域波形　　　　图 3-56　不对中的频谱图

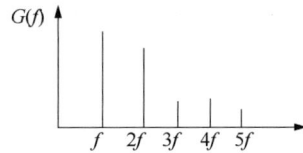

（3）敏感系数：对载荷变化敏感，振动随载荷增加而增大，对环境温度变化敏感。

（4）靠近联轴节的轴承处振动较大。

故障诊断注意要点：不对中频谱特征和裂纹的频谱特征类似，均以两倍频为主。二者的区别主要是相位的稳定性，不对中的相位比较稳定，而裂纹故障时的相位对裂纹变化敏感。

4. 其他常见振动故障的振动特征

1）机器松动故障振动特征

（1）时域波形为工频、分数谐波、高次谐波的叠加波形。

（2）频谱特征：除工频外，有分数谐波（$1/2f$，$1/3f \cdots$）。

（3）轴心轨迹紊乱。

（4）相位特征不稳定，与工作转速同步。

（5）工作转速增大或减小到某一值时，振幅会突然增大或减小，有跳跃现象。

2）动静件摩擦故障的振动特征

（1）径向摩擦的振动特征：

①波形图上会发生单边波峰的"削波"现象。

②频谱中除工频外，高频谐波均很丰富。

③振动方向为径向。

④轴心轨迹紊乱。

⑤相位特征为反向位移，有突变。

（2）轴向摩擦的振动特征：转子与静止件发生轴向摩擦时，转子的振动特征几乎与正常状况一致，没有明显的异常特征，因此不能用波形、轴心轨迹和频谱方法去识别。当发生轴向摩擦时，系统阻尼由于摩擦力的存在显著升高，因此系统的变化可作为诊断轴向摩擦的识别特征。

3）转子配合过盈不足故障的振动特征

（1）时域波形为次谐波叠加波形。

（2）特征频率为次谐成分，常伴 1× 与 2× 成分，且振动值不稳。

（3）轴心轨迹不稳定，波动大，正向进动。

（4）相位特征杂乱。

（5）振动方向为径向。

（6）振动与转速、负荷变化明显。

4）转轴横向裂纹故障的振动特征

（1）时域波形为叠加波形。

（2）振动带有非线性性质，出现旋转频率的 2× 与 3× 等高倍分量。

（3）振动方向为径向、轴向。

（4）轴心轨迹为双椭圆或不规则，正进动。

（5）振动随转速变化而变化，负荷影响没有规律性。

第四章　安全生产及制度规范

由于维修钳工的工作对象是大型的、通电的机械设备，具有极高的危险性，因此必须要求维修钳工做到安全防护、安全操作，以免因操作不当引发安全事故。

钳工作业危险因素有：（1）劳保穿戴不当，易造成人身伤害；（2）检修前不切断电源，易导致触电事故；（3）切断电源未挂警示牌，他人误合闸，造成触电事故；（4）高处作业未系安全带，易导致高处坠落；（5）高处作业各种器物摆放不稳，易导致物体坠落伤人；（6）拆卸，安装零件配合不当，易造成人身伤害；（7）工具使用不当，易造成人身伤害。

第一节　钳工常用工具作业安全控制措施

一、钳工台

（1）钳工台一般必须紧靠墙壁，人站在一面工作，对面不准有人。如果对面有人时，钳工台必须设置密度适当的安全网。钳工台必须安装牢固。不得作铁砧。

（2）钳工台上使用的照明电压不得超过36V。

（3）钳工台上杂物要及时清理，工具和工件要安放在指定地方。

二、虎钳

（1）虎钳上不要放置工具，以防滑下伤人。

（2）使用转座虎钳工作时，必须把紧固螺钉锁紧。

（3）虎钳的丝杠、螺母要经常擦洗和加油，定期检查保持清洁，如有损坏，不得使用。

（4）钳口要经常保持完好，磨平时要及时修整，以防工件滑脱。钳口固紧螺钉要经常检查，以防松动。不准使用已经滑扣的螺钉。使用垫片时，必须符合要求，圆形工件要使用小型垫片。

（5）用虎钳夹持工件时，只许使用钳口最大行程的2/3，不许使用管子套在手柄上或用手锤击手柄。

（6）工件必须放正夹紧，手柄朝下。

（7）工件超出钳口部分太长，要加支撑。装卸工件时，还必须防止工件摔下伤人。

三、手锤

（1）手锤柄必须用硬质木料做成，大小长短要适宜，锤柄应有适当的斜度，锤头上必须加铁楔，以免工作时甩掉锤头。

（2）两人击锤，站立的位置要错开方向。扶钳、打锤要稳，落锤要准，动作要协调，以免击伤对方。

（3）手锤使用前，应检查锤柄与锤头是否松动，是否有裂纹，锤头上是否有卷边或毛刺。如有缺陷，必须修好后再使用。

（4）手上、手锤柄上、锤头上有油污，必须擦净方能使用。

（5）锤头淬火要适当，不能直接打硬钢及淬火的部件，以免崩伤。抡大锤时，对面和后面不准站人，并要注意周围人员的安全，大锤手柄长度不宜过长。

四、扁铲（錾子、凿子）、冲子

（1）不准用高速钢做扁铲和冲子。

（2）使用时，柄上顶端切勿沾油，以免打滑。同时不准对着人铲工件，应该使用防护网罩，防止铁屑伤人。

（3）顶端如果有卷边时，要及时修磨消除隐患。有裂纹时，不准使用。

（4）工作时，应该把视线集中在工件上，不要四周观望和与他人交谈。不得铲、冲淬火材料。

（5）一般錾子不得短于 150mm，刃部淬火要适当，不能过硬，淬火段与后面未淬火部分应有过渡区域。使用时要保持适当刃角。不准用废钻花代替冲子。

五、锉刀、刮刀

（1）木柄必须装有金属箍，禁止使用没有手柄或手柄松动的锉刀和刮刀。

（2）锉刀、刮刀杆不准淬火。使用前要仔细检查有无裂纹，以防折断发生事故。

（3）推挫要平，压力和速度要适当，回拖要轻，以防发生事故。

（4）锉刀刮刀不能用手锤、撬棒和冲子使用，以防折断。

（5）工件或刀上有油污时，要及时擦洗，以防打滑；使用锉刀，也要防止打滑。

（6）使用三角刮刀时，应该握住木柄工作，工作完毕把刮刀装入套内。

（7）使用刮刀时，刮削方向禁止站人，以防伤人。

（8）清除铁屑，应该应用专门工具，不准用嘴巴吹或者用手擦。

六、扳手

（1）扳手钳口上或者螺轮上不准沾有油脂，以防滑脱。

（2）扳手与螺轮要紧密配合，防止使用时打滑，在高处作业时，尤其注意。

（3）禁止扳口加垫或者扳把接管。在扳紧螺母时，不可用力过猛，要逐渐施力，慢慢拧紧。

（4）扳手不能当作手锤使用。使用活扳手时，应该把死面当作施力点，活面当作辅助面；否则，容易损坏扳手或者伤人。

（5）使用电动扳手，应该检查电源插头、插座、开关及导线是否完好，如果漏电或缺损，不得使用。

（6）爪部变形或破裂的扳手，不准使用。

七、螺丝刀

（1）螺丝刀的平口，必须平整，厚薄要适当，与槽口配合要好。螺丝刀用力时，其用力的方向不要对着自己或别人，以防脱落。

（2）使用螺丝刀时，姿势要正确，场地要开阔。用力要均匀。在狭窄、站立不便的地方使用螺丝刀时，尤其要注意。

（3）不能把木柄螺丝刀当錾子、撬棒使用，也不准当作试电笔去测试、接触带电体。

（4）使用电动螺丝刀时应该注意绝缘良好，防止触电。

八、手锯

（1）工件必须夹紧，不准松动，以防锯条折断伤人。

（2）锯割时，锯要靠近钳口，方向要正确，压力和速度要适宜。

（3）安装锯条时，松紧程度要适当，以锯条略有弹性为宜，操作方向要正确，不准歪斜。

（4）工件将要被锯断时，要轻轻用力，同时将工件抬扶一下，以防压断锯条或者工件落下伤人。

九、板牙、丝攻和铰刀

（1）攻螺纹、套螺纹和铰孔时要对正对直，用力要适当，以防折断。

（2）攻螺纹、套螺纹和铰孔时，不要用嘴吹孔内的铁屑，以防伤眼。不要用手擦拭工件表面，以防铁屑刺手。

十、梯子

（1）梯子梯挡应均匀，不得过大或缺挡，否则不准使用。

（2）梯子的顶端应有安全钩子。梯脚应有防滑装置，梯子离电线（低压）至少保持 2.5m。

（3）放梯子的角度以 75° 为宜，人登梯子时，下面必须有人扶梯，禁止两人同登一梯。不准在梯子顶挡工作。

（4）梯梁及踏板折断或有裂纹，应及时修理，否则禁止使用。人字梯的梯梁中间必须用可靠的拉绳或撑杆牵住。

十一、行灯

（1）使用行灯，必须绝缘良好。用前要检查，以防漏电。

（2）行灯的供电必须是安全电压（小于 50V），使用前要检查，防止误插入 220V 电源。其变压器应采用隔离变压器，不得接用自耦式等不符合安全要求的变压器供电。对于金属容器内或潮湿触电危险较大的环境，应使用 24V 以下的安全电压。

（3）使用行灯必须在灯泡部分装有网罩，手柄把不得破裂、老化，电线中间应无接头。插头、插座应完好，不得用手将线头直接插入插座内。

（4）行灯电源线及接线柱部分应符合安全规定，不应有电气裸露。电源线不应放置在有尖硬、棱角的地方；不得浸泡在水中、油污之中。

十二、千斤顶

（1）千斤顶，必须爱护使用，做好日常维护保养工作，及时加油。丝杠弯曲或液压失灵应及时更新。

（2）使用时，底面必须加平垫垫牢实，受力点要选择适当，柱端不准加垫，要稳起稳落，以免发生事故。

（3）不允许将千斤顶作为受力支撑，应在千斤顶顶起工件后，另外再加垫将工件垫实，谨防千斤顶失稳。

十三、手电钻

（1）使用手电钻时，属Ⅰ类工具时应同时领取漏电保护器及绝缘橡皮手套或配用隔离变压器。使用Ⅱ类工具在潮湿环境、容器内或狭窄的金属壳体内工作时，应领用漏电保护器或配用隔离变压器。

（2）发生故障，应找专业电工检修，不得自行拆卸、装配。

（3）在潮湿地方工作时，必须站在绝缘垫或干燥的木板上进行。

（4）电气线路中间不应有接头。电源线严禁乱放、乱拖。

（5）手电钻未完全停止转动时，不能拆卸、换钻头。

（6）停电、休息或离开工作场地时，应立即切断电源。

（7）如用力压手电钻时，必须使用手电钻垂直工件，而且固定端要特别牢固。不得用扁担、杠子压手电钻。

（8）胶皮手套等绝缘用品，不许随便乱放。工作完毕时，应将手电钻及绝缘用品一并放到指定地方。

第二节　钳工安全操作规范

（1）所用工具必须齐备、完好、可靠才能开始工作，禁止使用不符合安全要求的工具。

（2）开动设备首先应检查防护装置、紧固螺钉以及电动、油动、气动等动力开关是否完好，并进行空载试车检验，方可投入工作。操作时应严格遵守所用设备的安全操作规程。

（3）设备上的电器线路和器件以及电动工具发生故障时，应找电工修理，不准自己动手敷设线路和安装临时电源。

（4）工作中注意周围人员及自身的安全，防止因挥动工具、工具脱落、工件及铁屑飞溅造成伤害。两人以上一起工作要注意协调配合。

（5）高空作业工作首先应检查梯子，脚手架是否坚固、可靠，工具必须放在工具袋里，安全带应扎好，并系在牢固的结构件上。不准穿硬底鞋。

（6）采用梯子登高要有防滑措施，必要时设专人看护。

（7）登高作业平台不准置于带电的母线和高压线下面，平台台面应有绝缘垫层以防触电，平台应设立栏杆。

（8）清除铁屑必须使用工具，禁止用手拉嘴吹。

（9）钳台上使用的照明电压不得超过 36V。

一、维修钳工

（1）工作开始时首先检查电源、气源是否断开。在高空作业时，必须戴好安全带或安全绳防止坠落伤人。

（2）在梯子上工作时，必须有专人扶梯子或在梯子上要有防护措施或防滑装置。

（3）在钻床钻孔时，绝对禁止戴手套操作，防止绞伤。

（4）在检修某一设备时，必须先切断电源，而后才准修理。

（5）在对面工作台上铲活时，工作台中间必须设有防护网。

（6）在铲活时，使用的手锤把要牢固，扁铲不准有卷刃和毛刺，以免打飞伤人。

（7）用油清洗零件时，不得在工作现场动用明火。

（8）在工作中使用的刀、刮刀必须安装把柄，禁止用没有把柄的刀、刮刀操作。

（9）机床修好后试车时，必须遵守机床的安全操作规程。

（10）拉运设备时要有专人指挥，统一行动。用撬杠、滚杠时要注意防止伤手伤脚。

二、装配钳工

（1）将要装配的零件，有秩序地放在零件存放架或装配工位上。

（2）按照装配工艺文件要求安装零部件并进行测量。

（3）不得在总装输送线步移或连续运行时横跨装配线行走或传递物件。

（4）采用压床压配零件时，零件要放在压头中心位置，底座要牢靠。压装小零件时要用夹持工具。

（5）采用加热炉、加热器或感应电炉加热零件时应遵守有关安全操作规程和采用专用夹具来夹持零件。工作台板上不准有油污，工作场地附近不准有易燃易爆物品，热套好的组件不得随地乱放，以免发生烫伤事故。

（6）大型产品装配，多人操作时，要有一人指挥，同行车工、挂钩工要密切配合。停止装配时，不许有大型零件吊、悬于空中或放置在有可能滚滑的位置上，中间休息时应将未安装就位的大型零件用垫块支稳。

（7）产品试验前加强防护、保险装置安装牢固，并检查机器内是否有遗留物。严禁将安全保险装置有问题的产品交付试车。

三、划线钳工

（1）划线平台四周要保持整洁，1m内禁止堆放杂物构件。

（2）工件一定要支牢垫好，在支撑大型工件时，必须用方木垫在工件下面，必要时用行车帮助垫放支块，不要用手直接拿着千斤顶，严禁将手臂伸入工件下面。

（3）搬运划线用角板、方箱、垫铁、大平尺等辅具时要小心轻放，以免滑下伤人。

（4）划针盘用完后，一定要将划针落下紧好，放置适当。

（5）所用的紫色酒精在3m内不准接触明火。

（6）划线台上使用的照明电压不得超过36V。

四、管道钳工

（1）用锯截割管子时，在铁管快锯断时不要用力过猛，以免把手碰伤。

（2）禁止在有压力的各种管道及附件上修理工件。修理易燃易爆气体或蒸汽、液体输送管时，应先与有关部门联系，切断气、液来源，清除余气、液，采取安全措施后才能工作。

（3）送气时阀门必须缓慢开动，且应站在阀门侧面进行。

（4）在电线附近工作影响安全时应断电，在停电之前禁止工作，以免触电伤人。

（5）在道路上施工影响通行时，应用红旗标志，晚上应用红灯标志。

（6）紧固导管及零件时，只准一只手用力，另一手应攀住固定物。

（7）递接工具材料禁止投掷，起吊和放下物件时，禁止人在物件下面站立和通行。

（8）在地沟暗处操作，要有足够照明设备，灯泡电压应在 36V 以下。在地沟内工作必须戴好安全帽，并要有两人以上一起工作。

（9）在有毒气体的地方工作要戴好防毒面具。

（10）在工棚内工作时，严禁烟火。

参 考 文 献

［1］任晓善．化工机械维修手册［M］．北京：化学工业出版社，2004．

［2］张麦秋．化工机械安装维修［M］．北京：化学工业出版社，2007．

［3］靳兆文．化工检修钳工实操技能［M］．北京：化学工业出版社，2010．

［4］李桐林，李军．装配钳工［M］．北京：化学工业出版社，1997．

［5］李善春．石油化工机器维护与检修技术［M］．北京：石油工业出版社，2000．

［6］杨国安．机械设备故障诊断［M］．北京：石油工业出版社，2007．

［7］黄志远，杨存吉．维修钳工［M］．北京：化学工业出版社，2004．

［8］中国石油化工集团公司人事部，中国石油天然气集团公司人事服务中心．机泵维修钳工［M］．北京：中国石化出版社，2007．